Os números (não) mentem

Charles Seife

Os números (não) mentem

Como a matemática pode ser usada para enganar você

Tradução:
Ivan Weisz Kuck

Revisão técnica:
Samuel Jurkiewicz
Professor da Politécnica e da Coppe/UFRJ

ZAHAR

Tradução autorizada da primeira edição americana,
publicada em 2010 por Viking Penguin, uma divisão
de Penguin Group, de Nova York, Estados Unidos

Grafia atualizada segundo o Acordo Ortográfico da Língua Portuguesa de 1990, que entrou em vigor no Brasil em 2009.

Título original
Proofiness: The Dark Arts of Mathematical Deception

Capa
Sérgio Campante

Foto da capa
© Piksel / iStockphoto

Preparação
Angela Ramalho Vianna

Revisão
Eduardo Farias
Vania Santiago

Indexação
Nelly Praça

CIP-Brasil. Catalogação na fonte
Sindicato Nacional dos Editores de Livros, RJ

S46n Seife, Charles
Os números (não) mentem: como a matemática pode ser usada para enganar você / Charles Seife; tradução de Ivan Weisz Kuck, revisão técnica de Samuel Jurkiewicz. — 1ª ed. — Rio de Janeiro: Zahar, 2012.

Tradução de: Proofiness: The Dark Arts of Mathematical Deception.
Inclui bibliografia e índice
ISBN 978-85-378-0824-5

1. Matemática – Miscelânea. I. Título.

12-2180 CDD: 510
CDU: 51

EDITORA SCHWARCZ S.A.
Praça Floriano, 19, sala 3001 — Cinelândia
20031-050 — Rio de Janeiro — RJ
Telefone: (21) 3993-7510
www.companhiadasletras.com.br
www.blogdacompanhia.com.br
facebook.com / editorazahar
instagram.com / editorazahar
twitter.com / editorazahar

Sumário

Introdução

Falácias matemáticas

> "A mentalidade americana parece extremamente vulnerável à crença de que qualquer conhecimento exprimível em números na verdade é tão definitivo e exato quanto as cifras que o expressam."
>
> RICHARD HOFSTADTER, *Anti-Intellectualism in American Life*

"EM MINHA OPINIÃO, o Departamento de Estado, um dos mais importantes do governo, está totalmente infestado de comunistas."

Mas não foram essas as palavras que, pronunciadas diante de um pequeno grupo de mulheres do estado da Virgínia Ocidental, projetaram o desconhecido senador do Wisconsin para o centro das atenções públicas. Foi a frase que vinha logo a seguir.

Brandindo um maço de papéis, o carrancudo Joe McCarthy conquistou seu lugar nos livros de história com uma afirmação impudente: "Tenho aqui em minhas mãos uma lista de 205. ... Uma lista de nomes, de conhecimento do secretário de Estado, que são membros do Partido Comunista e, apesar disso, continuam trabalhando e ditando os rumos no Departamento de Estado."

Aquele número – 205 – foi como uma descarga elétrica que levou Washington a agir contra os comunistas infiltrados. Pouco importa que fosse mentira. A conta chegou a 207 e voltou a cair no dia seguinte, quando McCarthy escreveu ao presidente Truman dizendo: "Conseguimos compilar uma lista de 57 comunistas no Departamento de Estado." Alguns dias depois, o número se estabilizou em 81 "riscos à segurança". McCarthy fez um longo discurso no Senado, fornecendo mais detalhes sobre grande número de casos (menos de 81), mas não revelou dados suficientes para que se checassem as afirmações.

Na fato, não importava se a lista tinha 205, 57 ou 81 nomes. O simples fato de McCarthy associar um número às acusações lhes conferia uma aura de verdade. Será que o senador faria declarações tão específicas se não tivesse provas? Ainda que as autoridades da Casa Branca desconfiassem de um blefe, os números faziam com que elas duvidassem de si mesmas.[1] As cifras davam peso às acusações de McCarthy; eram muito sólidas, específicas demais para serem ignoradas. O Congresso foi obrigado a realizar audiências na tentativa de salvar a reputação do Departamento de Estado – e do governo Truman.

O fato é que McCarthy mentia. O senador não fazia a menor ideia se o Departamento de Estado abrigava 205, 57 ou um só comunista; atirava a esmo e sabia que as informações em que se baseava de nada valiam. Porém, de uma hora para outra, depois de tornar pública a acusação e de o Senado declarar que realizaria audiências sobre o assunto, precisava encontrar alguns nomes. Assim, procurou o magnata da imprensa William Randolph Hearst, anticomunista inflamado, para ajudá-lo a compor uma lista. Como se recorda Hearst: "Joe nunca teve nenhum nome. Ele nos procurou. 'O que eu vou fazer? Vocês precisam me ajudar.' Então, demos a ele um punhado de bons repórteres."

Nem o auxílio de meia dúzia de repórteres e colunistas de Hearst pôde dar alguma substância à lista de McCarthy. Quando começaram as audiências, em março de 1950, ele não foi capaz de apresentar o nome de um só comunista a serviço do Departamento de Estado. Isso não fazia a menor diferença. As acusações numéricas de McCarthy haviam chegado no momento certo. A China acabava de se tornar comunista e, no final das audiências, a Coreia do Norte invadiu a do Sul. Os Estados Unidos estavam aterrorizados com a crescente onda comunista no mundo, e o blefe do parlamentar o transformou, quase do dia para a noite, num símbolo de resistência. Um obscuro senador do baixo clero havia se tornado uma das figuras políticas mais famosas e polêmicas. Seu discurso sobre os 205 comunistas foi uma das mentiras mais eficientes da história americana.

A força do discurso de McCarthy vinha de um número. Embora fosse uma ficção, aquilo conferia credibilidade às mentiras do senador, sugerindo que o maço de papéis em suas mãos estava cheio de fatos incriminadores sobre funcionários específicos do Departamento de Estado. O número 205 parecia uma "prova" sólida de que as acusações do parlamentar deviam ser levadas a sério.

Como sabia McCarthy, os números podem ser uma arma poderosa. Em mãos ágeis, dados adulterados, estatísticas fajutas e matemática ruim podem dar aparência de verdade à ideia mais fantasiosa, à falsidade mais acintosa. Podem ser usados para oprimir os inimigos, destruir os críticos e pôr fim à discussão. Algumas pessoas, aliás, desenvolveram uma habilidade extraordinária no uso de números forjados para provar falsidades. Tornaram-se mestres da falácia matemática: a arte de empregar argumentos matemáticos enganosos para provar algo que nosso coração diz ser verdade – ainda que não seja.

Nossa sociedade hoje está submersa em falsidades numéricas. Usando um punhado de técnicas poderosas, milhares de pessoas forjam números sem fundamentos e nos fazem engolir inverdades. Anunciantes adulteram números para nos convencer a comprar seus produtos, políticos manipulam dados para se reeleger. Gurus e profetas usam cálculos fraudulentos para nos fazer acreditar em previsões que parecem nunca se realizar. Negociantes usam argumentos matemáticos enganosos para tomar nosso dinheiro. Pesquisas de opinião fingem ouvir o que temos a dizer e usam falácias matemáticas para nos dizer em que acreditar.

Às vezes, essa gente recorre a essas técnicas para tentar nos convencer de bobagens e absurdos. Algumas pessoas, inclusive cientistas, já lançaram mão de números falsos para mostrar que, um dia, os velocistas olímpicos vão romper a barreira do som e que existe uma fórmula exata para determinar quem tem a bunda perfeita. Não há limites para o grau de absurdo das falácias matemáticas.

Ao mesmo tempo, esses truques têm consequências gravíssimas. Invalidam eleições, coroando vencedores sem legitimidade – tanto republicanos quanto democratas. Pior ainda, são usados para manipular os resultados de eleições futuras; políticos e juízes empregam cálculos distorcidos para influenciar distritos eleitorais e comprometer o recenseamento que determina quais americanos serão representados no Congresso. As falsificações numéricas, em grande medida, são responsáveis pela quase destruição de nossa economia – e pelo desaparecimento de mais de US$ 1 trilhão do Tesouro, que desceram pelo ralo. Promotores e magistrados recorrem a números enganosos para inocentar culpados e condenar inocentes – e até para sentenciá-los à morte. Em suma, a matemática ruim está solapando a democracia nos Estados Unidos.

A ameaça vem tanto da direita quanto da esquerda. Aliás, algumas vezes parece que a falácia matemática é a única coisa que une republicanos e democratas. Contudo, é possível reagir a ela. Quem já aprendeu a reconhecê-la consegue identificá-la em quase toda parte, enredando o público numa teia de falsidades evidentes. Os mais atentos encontram nesses truques uma fonte diária da maior diversão – e da mais negra indignação.

Quando conhecemos os métodos empregados na transformação de números em falsidades, ficamos imunizados contra eles. Quando aprendemos a remover as adulterações matemáticas do caminho, alguns dos temas mais controvertidos passam a ser simples e diretos. Por exemplo, a questão de quem de fato venceu a eleição presidencial de 2000, nos Estados Unidos, fica clara como água. (A resposta é surpreendente, e quase ninguém – nem Bush nem Al Gore, e quase nenhum dos eleitores dos dois candidatos – estaria disposto a aceitá-la.) Entenda as falácias matemáticas, e você será capaz de revelar muitas verdades encobertas por um nevoeiro de mentiras.

1. Falsos fatos, falsas cifras

> "Fatos são teimosos; sejam quais forem nossos desejos, nossas tendências ou os ditames de nossa paixão, eles não podem alterar os fatos e os dados concretos."
>
> JOHN ADAMS

> "Os fatos são estúpidos."
>
> RONALD REAGAN

SE VOCÊ QUISER CONVENCER alguém de uma bobagem sem tamanho, basta acrescentar um número. Mesmo a tolice mais absurda parece plausível quando expressada em termos numéricos.

Seriam as pessoas louras uma espécie ameaçada de extinção? Há alguns anos, a mídia estava em polvorosa por causa de um estudo da Organização Mundial da Saúde (OMS) provando que os louros naturais logo seriam coisa do passado. A British Broadcasting Company (BBC) declarou que os louros "estariam extintos até 2202". O programa *Good Morning America* informou aos telespectadores que os louros naturais "desapareceriam da face da Terra em duzentos anos", pois o gene louro "não é tão forte quanto o moreno". A história correu solta pelo mundo até que a OMS divulgou uma declaração inusitada:

> A OMS gostaria de esclarecer que jamais realizou pesquisas sobre o tema. Nem, até onde sabemos, divulgou relatório algum afirmando que os louros naturais provavelmente estariam extintos até 2202. A OMS desconhece

a origem dessas notícias; gostaríamos, porém, de ressaltar que não temos nenhuma opinião acerca da existência futura dos louros.

Já deveria estar claro que a história era falsa, mesmo antes do desmentido da OMS. Um geneticista inclusive já dissera isso à BBC. "Um gene não se extingue, a não ser que ele represente uma desvantagem", afirmou o cientista. "Eles não desaparecem." Mas a BBC suspendera sua faculdade de descrer. A explicação, em parte, está em um número forjado. A especificidade, a aparente certeza matemática da previsão de quando nasceria o último louro, dava à história uma aura de plausibilidade, enganando jornalistas que não deveriam ser tão ingênuos.

Não importa o quanto uma ideia seja idiota ou inacreditável, os números podem lhe conferir credibilidade. "Cinquenta e oito por cento de todos os exercícios feitos nos Estados Unidos são transmitidos pela televisão", declarou a apresentadora da MSNBC Deborah Norville, em 2004, com a cara mais séria do mundo. "Por exemplo, dos 3,5 bilhões de abdominais executados em 2003, 2,3 milhões [sic] foram feitos em programas de ginástica pela TV." Sem parar para pensar, Norville engoliu as estatísticas fajutas e vomitou-as para a plateia; bastaria um momento de reflexão para revelar que a história era absurda.[1] Os cálculos provocaram um curto-circuito no cérebro da apresentadora, tirando toda sua capacidade crítica. É de praxe. Os números exercem esse poder sobre nós porque, em sua forma mais pura, um número é sempre verdadeiro.

O mundo frio e cristalino dos algarismos nos oferece o que há de mais raro: a certeza absoluta. Dois mais dois são sempre quatro. Isso foi assim desde muito antes de nossa espécie pisar a superfície da Terra, e continuará sendo muito depois do fim de nossa civilização.

Mas há números e números. Os números puros pertencem ao domínio dos matemáticos – indivíduos curiosos que os estudam em abstrato, como ideias platônicas, revelando uma verdade maior. Sob o olhar de um matemático, os números são interessantes em si mesmos. Para o resto da humanidade, não.

Da perspectiva de um não matemático, os números só são interessantes quando dão informações sobre o mundo. Um número adquire significado na vida cotidiana apenas quando nos diz quantos quilos ganhamos desde o mês passado, ou quantos dólares custará um sanduíche, ou quantas semanas faltam para o pagamento dos impostos, ou quanto dinheiro temos do fundo de previdência. Não estamos nem aí para as propriedades do número cinco. Somente quando ligados a uma unidade de medida – "quilos", "dólares" ou "semanas", que indicam seu significado no mundo real –, os números despertam o interesse dos não matemáticos.

Um número sem unidade de medida é etéreo e abstrato. Com uma unidade, ganha sentido – mas, ao mesmo tempo, perde sua pureza. Atreladas a unidades, as cifras não podem mais habitar o reino platônico da verdade absoluta; ficam maculadas pelas incertezas e imperfeições do mundo real. Para os matemáticos, os números são a representação de verdades indubitáveis; para o restante de nós, significam medições intrinsecamente impuras.

ESSA INCERTEZA É INEVITÁVEL. Toda unidade representa uma medição implícita. Os centímetros, por exemplo, representam uma medida de extensão. Falar que uma mesa de centro tem 45cm de largura significa dizer que, se a medíssemos com uma régua, a mesa teria largura equivalente a 45 daqueles risquinhos que chamamos de centímetros. Quando alguém diz que tem oitenta quilos, isso representa que, se o pesassem numa balança de banheiro, o mostrador indicaria o número oitenta. Todo número com significado no mundo real está relacionado, ao menos implicitamente, a algum tipo de medição. Os litros relacionam-se a uma medida de volume. Metros quadrados representam uma medida de área. Watts, uma medida de potência. Medidas de velocidade são expressas em quilômetros por hora ou nós. A riqueza é medida em dólares, euros ou yuans. Quem afirma ter cinco dedos está querendo dizer que, se os contarmos – e contar objetos também é uma forma de medição –, o resultado será cinco dedos.

É universal: no mundo concreto, há uma medição por trás de cada número. Por serem intrinsecamente sujeitas a erros (afinal, são feitas por seres humanos, usando instrumentos criados pelo homem), as medições não são totalmente confiáveis. Até o mero ato de contar objetos está sujeito a erros, como veremos. Por isso, toda medição e todo número do mundo real tem um quê de imprecisão, de incerteza. Trata-se de um reflexo imperfeito da realidade. Números são sempre impuros: uma mescla de verdade, erro e incerteza.

As falácias matemáticas nos afetam porque somos cegos para essa impureza. Números, cifras e gráficos têm sempre uma aura de perfeição. Parecem verdades absolutas, inquestionáveis. Mas isso não passa de ilusão. Os números de nosso mundo cotidiano – aqueles com os quais nos importamos – são falhos, e não só porque as medições são imperfeitas. Podem ser alterados e remendados, manipulados, torcidos e virados de cabeça para baixo. Por trajarem o alvo manto do fato irrefutável, são dotados de um incrível poder. É por isso que as falsidades matemáticas são tão perigosas.

É VERDADE: toda medição é imperfeita. Algumas, porém, são mais imperfeitas que as outras. Assim, os números não estão todos igualmente sujeitos a erro. Alguns, baseados em medições extremamente confiáveis e objetivas, chegam bem perto da verdade absoluta. Outros – extraídos de medições não confiáveis, subjetivas ou absurdas – se aproximam da falsidade absoluta. Nem sempre é fácil dizer qual é qual.

Em geral, os números verdadeiros se originam de boas medições. Uma boa medição deve ser reprodutível: repita-a duas, dez ou quinhentas vezes: as respostas não podem variar muito. Uma boa medição deve ser também objetiva. Diferentes observadores, usando instrumentos diferentes, devem concordar quanto aos resultados. Medições de tempo ou extensão, por exemplo, são objetivas e reprodutíveis. Se distribuirmos cronômetros para uma dúzia de espectadores do mesmo evento – o hipódromo de Kentucky, por exemplo – pedindo que cronometrem a corrida, todas chegarão mais ou menos ao mesmo resultado (se forem competentes). Num estádio lotado, onde cada um usa um cronômetro, relógio ou dispositivo diferente, todos concordariam que a prova levou, digamos, cerca de um minuto e 59 segundos para ser completada, com uma diferença de poucas frações de segundos, para mais ou para menos. Da mesma maneira, podemos também pedir a dez pessoas que meçam um objeto como um lápis; não fará diferença se recorrem a uma régua, a uma fita métrica ou a um laser. Terminada a medição, todos concordarão que o lápis tem, digamos, 11,5cm, com uma diferença milimétrica. O resultado obtido não depende de quem mede nem do equipamento usado – a resposta é sempre aproximadamente a mesma. Esta é uma característica essencial da boa medição.

Medições ruins, por outro lado, nos induzem a crer em falsidades – às vezes de forma deliberada. E o que não falta são maus medidores. Felizmente, existem sinais de alerta que nos dizem quando uma medição não presta.

Um desses sinais é quando se pretende mensurar algo mal definido. Por exemplo, "inteligência" é um conceito difícil de se definir – ninguém consegue precisar o que a palavra significa –, mas isso não impede alguém de tentar medi-la. Há toda uma indústria que se dedica a atribuir números ao nosso cérebro. Dezenas e mais dezenas de testes pretendem medir a inteligência, a capacidade ou a aptidão intelectual. (Os candidatos a ingressar na Mensa, a associação dos indivíduos de alto QI, podem escolher entre mais de trinta exames para provar sua superioridade intelectual.) Os testes são apenas a ponta do iceberg multimilionário. Algumas empresas, após medir nossa inteligência, vendem uma série de exercícios que nos ajudam a melhorar nossa pontuação nas avaliações, "provando" que ficamos mais espertos. Os argumentos questionáveis estão por toda parte: videogames, DVDs, fitas e livros prometem nos tornar mais inteligentes – por um preço. Até a BBC tentou lucrar com a moda de aperfeiçoar a inteligência. Em 2006, um programa da BBC prometia que poderíamos ficar "40% mais inteligentes em sete dias", seguindo uma dieta recomendada e fazendo alguns exercícios cerebrais. Houve alguma elevação súbita no número de britânicos capazes de entender a física quântica? É pouco provável. Enquanto não houver consenso entre os cientistas sobre o que é inteligência, e menos ainda sobre como medi-la, podemos estar certos de que os "40%" prometidos não querem dizer nada. Na verdade, eu pessoalmente garanto um aumento instantâneo de 63% na inteligência do leitor que ignorar tais promessas.

Mesmo que um fenômeno tenha uma definição razoável, com a qual todos concordem, nem sempre é fácil mensurá-lo. Às vezes, não há maneira consensual e confiável de medir algo – não existe nenhum instrumento ou outro mecanismo de medida que permita a observadores diferentes obter os mesmos números em suas tentativas de quantificar o fenômeno –, o que é outro sinal de que a medida é questionável. A dor e a felicidade, por exemplo, são difíceis de mensurar. Não há dorômetros ou feliciscópios que forneçam uma leitura direta e reprodutível do que um indivíduo está sentindo.[2] Na falta de dispositivos capazes de medir essas experiências diretamente, os pesquisadores são forçados a usar métodos grosseiros e pouco confiáveis para tentar compreender o grau de dor ou felicidade sentido por alguém. São empregados questionários para avaliar a dor que uma pessoa está sentindo (marque a cara franzida que corresponde ao seu nível de dor) ou o quanto ela se sente bem (marque o número que representa sua felicidade). Para tornar as coisas ainda mais difíceis, dor e bem-estar são experiências subjetivas. Cada um sente-os de um jeito – alguns têm uma tolerância extrema à dor, outros são muito sensíveis. Alguns são emotivos e atingem píncaros de bem-estar com regularidade, enquanto outros são mais equilibrados. Isso significa que, mesmo que um cientista pudesse, de alguma maneira, conceber um experimento no qual as pessoas experimentassem exatamente a mesma quantidade de dor ou alegria, seria quase certo haver diferenças nas respostas aos questionários, pelas variações pessoais da percepção. Um chute de leve na canela provoca uma careta horrenda em alguém com baixa tolerância à dor, outro, mais estoico, quase não moveria um músculo. Quando indivíduos racionais dão respostas diferentes a uma mesma questão – quanto dói um golpe na cabeça, se uma pessoa numa foto é mais feia ou mais bonita, um livro é fácil ou difícil de ler, um filme é bom ou ruim –, a medição pode ter algum valor, mas o número sem dúvida estará distante do reino da verdade absoluta.

Mas esse ainda não é o número mais distante. Tal honra cabe àqueles relacionados a medições adulteradas – medidas falsas, sem sentido ou mesmo inexistentes. As cifras desse tipo estão por toda parte, mas os rótulos de produtos parecem ser seu hábitat preferido. Você seria capaz de imaginar o tipo de medição feito pela L'Oreal para determinar que a Máscara de Colágeno Extra Volume dá aos cílios "doze vezes mais impacto"? (Talvez tenham contratado alguém para piscar enquanto mediam o ruído produzido pelo impacto.) E até que ponto a Vaseline se empenhou em pesquisas até concluir que seu novo hidratante "fornece 70% mais de umidade em cada gota". (O produto provavelmente fornece menos umidade que a água, que, afinal, é 100% úmida.) Por mais ridícula que seja uma ideia, expressá-la sob a forma numérica faz com que ela soe respeitável, ainda que a medição subentendida seja claramente absurda. É por isso que os pesquisadores da paranormalidade não hesitam em afirmar, com a cara mais séria do mundo, que 29% dos santos cristãos eram dotados de poderes psíquicos.

Forjar medições de aparência científica já é uma antiga tradição. Os fabricantes de cigarros costumavam ser mestres nessa prática, envolvendo seus anúncios numa espessa névoa de absurdos. "Da primeira à última tragada, Chesterfield oferece uma fumaça *mensuravelmente* mais suave... mais bacana... melhor para você!", afirmava um anúncio de 1955. São dados tão difíceis de medir quanto o impacto de um cílio. Ainda que se tentasse avaliar a suavidade ou o impacto, os resultados não teriam valor algum. São medições forjadas. Lembram atores fantasiados com jalecos de laboratório – parecem cientistas, mas não há um pingo de verdade neles. Por isso, os números associados a essas medidas não têm o menor sentido. São estatísticas forjadas: *números de Potemkin*.

Reza a lenda que o príncipe Grigory Potemkin não queria que a imperatriz da Rússia soubesse que certa região da Crimeia era um deserto árido. Ele precisava convencê-la de que a área era pujante e cheia de vida. Para tanto, erigiu fachadas elaboradas ao longo do trajeto – estruturas de madeira grosseiramente pintadas, concebidas para dar a impressão de vilas e cidades quando vistas de longe. Mesmo desabitadas – quem as examinasse mais de perto saberia que estava diante de meras imitações –, as "vilas de Potemkin" eram boas o bastante para enganar a imperatriz, que passou direto por elas, sem descer de sua veloz carruagem.

Os números de Potemkin são o equivalente matemático dessas vilas. São fachadas numéricas que se assemelham a dados reais. Números dotados de significado no mundo real correspondem a medições razoavelmente confiáveis, ao menos de maneira implícita. Os números de Potemkin não fazem sentido; ou bem se originam de medições absurdas, ou bem não têm relação com nenhuma mensuração genuína, brotando prontas da cabeça de seu inventor.

Por exemplo, em 16 de outubro de 1995, Louis Farrakhan, líder da Nação do Islã, promoveu uma enorme manifestação, "A marcha de um milhão de homens". Claro, o nome já estava definido antes mesmo que alguém pudesse prever se o evento contaria de fato com 1 milhão de participantes. Quando ônibus, trens e aviões lotados começaram a convergir para o National Mall, em Washington, D.C., o que se viu foi mesmo gigantesco, mas será que a marcha fez jus ao nome? Como era de se esperar, o organizador disse que sim. Sua estimativa não oficial da multidão superou 1 milhão de pessoas. Contudo, a cifra de Farrakhan era um número de Potemkin. Já se podia dizer de antemão que os organizadores da "Marcha de 1 milhão de homens" declarariam o comparecimento de 1 milhão de manifestantes – qualquer outro cálculo seria motivo de vergonha. O Park Service, responsável por fornecer uma estimativa oficial do número de pessoas, sentia-se pressionado a inflar os cálculos. "Se declarássemos que [os participantes] eram 250 mil, diriam que era meio milhão", declarou um policial da U.S. Park Police ao *Washington Post* pouco antes da manifestação. "Se dissermos meio milhão, dirão que foi 1 milhão. Qualquer coisa menos que 1 milhão, e pode apostar que vamos ouvir alguma queixa." Ainda assim, o órgão cumpriu seu papel, analisando fotos aéreas e contando cabeças na tentativa de estimar o tamanho da multidão. Como previsto, quando os cálculos oficiais foram divulgados – 400 mil pessoas, com margem de 20%, para mais ou para menos –, Farrakhan, enfurecido, ameaçou processar a instituição.[3] Por esse motivo, o Park Service passou mais de uma década sem estimar o tamanho de multidões, deixando o caminho livre para que os organizadores de manifestações fabricassem números de Potemkin sem medo de serem desmentidos por uma fonte confiável.

Em todo evento público de grandes proporções, existe alguém interessado em forjar números que agigantem a multidão. Quase todo ano, os organizadores da Rose Parade de Pasadena anunciam (provavelmente para o ouvido dos patrocinadores) que o público estimado é de 1 milhão de espectadores. O número real deve ser a metade disso. Em determinado momento, o público da posse de Barack Obama foi estimado em mais de 5 milhões de pessoas – provavelmente duas ou três vezes mais que o número de participantes. A direita é tão culpada quanto a esquerda ao fraudar a quantidade de pessoas. Em setembro de 2009, alguns comentaristas de direita afirmavam que a ABC News estimara que os protestos contra o governo, promovidos pelo movimento Tea Party, em Washington haviam reunido mais de 1 milhão de manifestantes. Na verdade, a emissora avaliara que a multidão estava entre 60 mil e 70 mil pessoas. Dois meses depois, a deputada republicana Michele Bachmann alardeava, no conservador *Sean Hannity Show*, que um protesto organizado por ela atraíra entre 20 mil e 45 mil cidadãos revoltados – e imagens editadas mostrando uma multidão turbilhonante pareciam confirmar suas palavras. Tais números, porém, estavam longe da realidade – o *Washington Post* calculou cerca de 10 mil participantes. E, o que é mais grave, algumas das imagens exibidas haviam sido reciclada de um protesto muito maior, realizado em setembro, fazendo a multidão parecer bem mais robusta do que de fato era.[4]

Os criadores de números de Potemkin não dão a menor importância para os fundamentos reais de suas cifras. De longe, porém, os dados parecem convincentes, e o número de Potemkin pode ser um instrumento poderoso para apoiar um argumento frouxo ou intimidar um oponente teimoso. Até a mais frágil dessas invenções pode provocar danos terríveis. A famosa declaração de Joe McCarthy, de que conhecia 205 comunistas no Departamento de Estado, por exemplo, era evidentemente falsa, mas, ainda assim, fez dele uma celebridade nacional.

O uso de números de Potemkin é a forma mais evidente de falácia matemática. Sua execução exige pouca habilidade. Afinal, é facílimo fabricar um número que se encaixe em qualquer tese que queiramos defender.

(É por isso que os números de Potemkin são tão comuns: 78% de todas as estatísticas são inventadas na hora.)[5] Porém, seu poder é limitado. Sua força começa a evaporar assim que alguém tem o cuidado de examinar melhor os números. Há outras formas mais sutis – e perigosas – de falsificação matemática com que nos preocupar.

CONTA-SE QUE, num museu de história natural, trabalhava um guia já idoso. Todos os dias, o funcionário conduzia os visitantes, deixando sempre por último a atração mais espetacular do acervo. Era o esqueleto de um dinossauro assustador – um tiranossauro rex –, que se elevava imponente acima dos olhos arregalados do grupo. Certo dia, um adolescente aponta para o fóssil e pergunta:

– Qual a idade dele?

– Sessenta e cinco milhões e 38 anos – responde orgulhoso o guia.

– Como você sabe? – rebate o jovem.

– Simples! No dia que comecei a trabalhar aqui, fiz a um cientista essa mesma pergunta. Ele me disse que o esqueleto tinha 65 milhões de anos. Isso foi há 38 anos.

O caso não é tão engraçado, mas ilustra um ponto importante. O número informado pelo guia – 65 milhões e 38 anos – é absurdo. O acréscimo dos 38 anos é um pecado numérico que faz da resposta uma falsidade. Ele incorreu numa falácia matemática.

Quando o cientista disse que o dinossauro tinha 65 milhões de anos, sua resposta trazia implícito um conjunto de medições. De alguma maneira, os paleontólogos mediram a idade do animal – talvez pela análise do decaimento de materiais radioativos do esqueleto, ou pelo estudo da idade dos estratos rochosos que envolviam o fóssil – chegando ao montante de 65 milhões de anos. Mas esse é apenas um cálculo aproximado. A datação de fósseis pode envolver erros de centenas de milhares ou mesmo de alguns milhões de anos. Os 65 milhões de anos não têm uma precisão absoluta. Nenhuma medição tem. Há sempre uma dose de erro que obscurece a verdade.

Sendo muito cuidadosos nas medições, usando instrumentos sofisticados e precisos, podemos errar menos. Os enganos cometidos com uma régua comum são da ordem de 0,5mm. Se usarmos essa ferramenta para medir um lápis, por exemplo, e formos bastante diligentes, fechando um olho para ter certeza de que o objeto medido está bem-alinhado com as marcações, podemos estar seguros de que o resultado (150mm) não se afasta mais de 1mm da verdade. Esta, porém, não é a última palavra. Se quisermos, podemos obter resultados ainda mais precisos. Mas, para isso, teríamos de usar equipamentos mais caros e melhores. Uma régua de engenheiro, por exemplo, com marcações ultraprecisas ou, melhor ainda, um paquímetro ou um micrômetro capaz de medir o mesmo objeto com precisão muito maior. Com essas ferramentas, podemos reduzir o erro até um milésimo ou décimo de milésimo de milímetro. Enquanto uma velha régua de madeira diz que um lápis tem 150mm, com uma variação de 0,5mm para mais ou para menos, com um paquímetro mais caro poderíamos determinar que o objeto tem 150,112mm, com uma margem de 0,001mm. Errando menos, o paquímetro nos deixa mais perto da verdade que a régua.

Em um laboratório, usando interferômetros a laser e atômicos ou outros instrumentos, os pesquisadores conseguem fazer medições ainda mais precisas, ultrapassando a casa de 0,0000001mm. Teoricamente, alguém poderia descobrir que o lápis tem 150,1124835mm de comprimento, com uma variação de minúsculas frações de milímetros para mais ou para menos. Quanto mais precisas (e caras) nossas medições, menores os erros inerentes a elas, e maior nossa aproximação da verdade.[6] O erro, porém, nunca desaparece totalmente. Por maior que seja nosso cuidado, uma medição, em certo sentido, é sempre uma mera aproximação do real, um reflexo imperfeito da verdade. O erro obscurece a realidade, acrescentando um toque de falsidade e incerteza às medições. Podemos nos desviar 0,5mm, 0,001mm ou 0,000001mm, mas o erro ainda estará lá, obscurecendo um pouco a resposta verdadeira.

O erro assegura que qualquer medição só será verdadeira até certo ponto – ditado pela natureza do instrumento empregado.[7] É inútil tentar ir além da precisão de nossas ferramentas. Mesmo com a mais sofisticada das réguas, não conseguiremos medir um lápis sem errar por ¼ ou ⅒ de milímetro. Não importa o cuidado que se tome, o número de vezes que medimos e voltamos a medir, o quanto esprememos os olhos para ler as marcações, é impossível extrair da régua um resultado muito melhor do que "cerca de 150,1mm" para o comprimento de um lápis. Esse é o máximo de precisão que conseguimos com esse instrumento.

Ouvidas com a devida atenção, as cifras nos dizem que não passam de aproximações. Revelam seus limites – ou, o que é ainda melhor, nos informam até onde podemos confiar nelas. Essas informações estão codificadas no modo como falamos sobre os números; é algo que já incorporamos, mesmo sem nos dar conta disso. Quando alguém declara que um lápis mede 150,112mm, já pressupomos uma medição extremamente precisa. Por outro lado, quando ouvimos que o objeto tem 150mm, consideramos um procedimento bem mais grosseiro. Números redondos transmitem uma mensagem subliminar de que estão ligados a medições com grandes erros – estão anunciando que não se deve confiar muito neles, pois são apenas aproximações imperfeitas. Números longos e ultraespecíficos transmitem a mensagem contrária: que foram obtidos por medições mais confiáveis e próximas da verdade absoluta. Todos os números da vida real se comportam assim. Quando alguém fala que seu carro custou US$ 15.000 supomos logo que a conta é bem inexata – o preço real devia estar em algum lugar na casa dos 15 mil, com uma variação de algumas centenas de dólares para mais ou para menos. Porém, quando uma pessoa diz ter gastado US$ 15.232 num carro, presumimos que ela pagou exatamente isso, com alguns centavos de diferença. Da mesma maneira, quando alguém fala que tem dezoito anos, imaginamos que o indivíduo está em algum ponto entre os dezoito e dezenove anos. Se ele afirma ter dezoito anos, dois meses e três dias, sabemos que a imprecisão, no máximo, é de algumas horas – e que ele provavelmente é um pouco obsessivo. O fato de um número ser mais ou menos redondo nos dá pistas sobre seu grau de precisão e sobre até que ponto podemos levá-lo a sério.

Está é a chave para o caso do dinossauro. Quando um cientista diz que um esqueleto tem 65 milhões de anos, este é um sinal de que se trata de uma aproximação bastante grosseira. O erro de medição é da ordem das dezenas ou centenas de milhares de anos.[8] Na verdade, o tiranossauro pode ter 64.963.211, ou, quem sabe, 65.031.844 anos. Contudo, as medições dos paleontólogos não eram precisas o bastante para revelar a verdade. Ao declarar que o fóssil tinha 65 milhões de anos, ele estava admitindo que suas contas envolviam grandes erros – a idade era de 65 milhões de anos, com uma diferença de dezenas, centenas, milhares ou mesmo milhões de anos para mais ou para menos.

O guia do museu se confundiu quando levou ao pé da letra a datação de 65 milhões de anos. Ignorando os erros inerentes às medições – erros assinalados pelo número redondo –, ele supôs que o esqueleto tivesse *exatamente* 65 milhões de anos quando começou a trabalhar na instituição. Só assim sua hiperprecisa cifra de 65.000.038 anos faria sentido. Porém, como os erros de medição tornam insignificante o tempo de serviço do funcionário do museu, o cálculo de 65.000.038 anos é ridículo. O fóssil continua tendo 65 milhões de anos – e sua idade ainda será a mesma daqui a cem ou mil anos. O guia errou por confiar mais do que devia na medição. Ele cometeu um erro de *desestimativa*.

Desestimativa é o ato de tomar um número muito ao pé da letra, subestimando ou ignorando as incertezas envolvidas. A desestimativa confere uma precisão indevida aos números, apresentando uma medição como verdade absoluta em vez de apresentá-la como o que ela realmente é, uma estimativa sujeita a erros. Trata-se de uma forma sutil de falácia matemática: faz um número parecer mais fidedigno do que é – e o resultado pode ser tão estúpido e sem sentido quanto o dinossauro de 65.000.038 anos do funcionário do museu.

De tantos em tantos anos, o governo e a imprensa realizam uma forma ritual de desestimativa sempre que o crescimento populacional atinge um marco importante. Os demógrafos do Census Bureau e de todo o mundo estão sempre estimando a população de cada país. Seus cálculos são muito bons, prevendo, por exemplo, quando a população mundial chegará a

6 bilhões – podem até dizer quando nascerá o hexamilionésimo habitante, com uma margem de algumas horas. Seria difícil que qualquer mensuração demográfica possível ultrapassasse esse ponto. As populações estão em constante flutuação, com gente nascendo e morrendo a intervalos irregulares, muitas vezes longe dos olhos dos responsáveis pelos cálculos, de modo que é impossível saber o verdadeiro número de pessoas que vivem no planeta em um dado momento. Não obstante, em 13 de outubro de 1999, com flashes a espocar ao seu redor, o secretário geral da ONU, Kofi Annan, segurava no colo um bebê bósnio e lhe dava as boas-vindas ao mundo como a hexabilionésima pessoa na face da Terra. (A ONU insistia que a presença de Annan em Sarajevo não passava de mera coincidência. Foi por um golpe de sorte que o hexabilionésimo habitante do mundo tenha nascido justamente na cidade onde o secretário estava.)

Ninguém seria capaz de dizer qual bebê veio a ser a hexabilionésima pessoa na face da Terra. As imprecisões na medição são enormes. Jamais poderíamos saber se um bebê é o número 6.000.000.000, ou 5.999.346, ou 6.000.001.954, e a margem de erro seria provavelmente de vários milhares. Somente desestimando, isto é, ignorando a imprecisão dos números demográficos, alguém poderia afirmar com certeza quem foi a hexabilionésima pessoa a nascer. Mesmo assim, a cada marco populacional, autoridades do mundo todo e a imprensa encenam o mesmo espetáculo bizarro. Em 2006, o *Chicago Sun-Times* declarou que uma criança nascida na cidade – Alyzandra Ruiz – era o trecentésimo milionésimo residente dos Estados Unidos. (Tiveram a esperteza de se antecipar a todos, fazendo a declaração arbitrária quase uma hora antes que a estimativa oficial da população atingisse a marca de 300 milhões.) E, quando a população mundial chegar a 7 bilhões, provavelmente no início de 2012, as autoridades escolherão um bebê de sorte, que será declarado o heptabilionésimo habitante do planeta, ignorando solenemente o fato de que isso é uma mentira.

As desestimativas têm um fôlego bem maior do que o dos números de Potemkin. Enquanto estes são meras fantasias criadas para enganar, aquelas se originam de medições reais, significativas e feitas de boa-fé – a questão é que não tomamos a cifra resultante com a necessária pulga atrás da orelha. É um problema bastante sutil. Em consequência, as desestimativas podem ser difíceis de identificar. E, ao contrário dos números de Potemkin, elas não se desmancham quando examinadas mais de perto. Desmentir uma desestimativa que ganhou a confiança pública pode ser um trabalho infernal. Por exemplo, pergunte a si mesmo: qual a temperatura normal do corpo humano? Se você mora nos Estados Unidos – um dos poucos países que ainda usa a antiquada escala Fahrenheit –, é quase certo que sua resposta será 98,6°F (37°C). Quando vê aquela linhazinha líquida subir acima da seta, você provavelmente conclui que está com febre. Mas o que você talvez não saiba é que os 98,6°F são uma desestimativa.

A ideia de que a temperatura normal do corpo é de 98,6°F tem origem nas pesquisas feitas no fim da década de 1860 pelo médico alemão Carl Wunderlich. Ainda que o número pareça extremamente preciso e oficial, a exatidão é ilusória. Existem algumas boas razões para não o levar ao pé da letra.

Wunderlich pode ter falsificado seus dados. O alemão afirmava haver medido, com uma precisão incomum, a temperatura de 1 milhão de pessoas (algo bastante questionável). Depois de todas essas medições, chegou à conclusão de que a temperatura "normal" era de 37°C – número redondo na escala adotada na maior parte do mundo. Convertidos para o sistema Fahrenheit, os 37°C se transformam em 98,6°F, o que, de imediato, faz o número parecer mais preciso do que é na realidade. Fora isso, Wunderlich mediu a temperatura da axila, portanto, ainda que seus dados fossem válidos e precisos, a definição de "normal" não se aplicaria à temperatura corporal medida na boca ou em outros orifícios, pois estes apresentam temperaturas ligeiramente diferentes. A temperatura do corpo não é uniforme – o resultado obtido depende de onde é feita a medição. Esta é uma enorme fonte de erros ignorada pela maioria. Outro fator que parece ser desprezado é a necessidade de compensar as drásticas variações da temperatura ao longo do dia, e o fato de que o "normal" varia muito de pessoa para pessoa. Não existe nenhuma definição pronta e acabada da normalidade, muito menos uma definição precisa até a casa de um décimo de grau, como o número 98,6°F dá a entender. Ainda assim, nos aferramos a essa ficção – até alguns dicionários médicos definem a febre como uma temperatura corporal superior a 98,6°F. Todos nós conferimos enorme importância a esse número extremamente preciso, ainda que a definição de temperatura "normal" seja imprecisa, nebulosa e um tanto arbitrária. Esse é um caso de desestimativa, mas de uma desestimativa que persistiu por um século e meio.

Pela sua sutileza e longevidade, a desestimativa pode ser uma forma particularmente perniciosa de adulteração matemática. Ainda que não sejam absurdos completos, ao contrário dos números de Potemkin, as desestimativas misturam fatos e uma boa dose de ficção. Deixar de reconhecer as limitações inerentes a uma medida pode ser muito perigoso, pois pode dar origem a números que, embora soem autênticos, estão muito longe do território da verdade.

Há muitos caminhos que levam a falácias matemáticas. Os números de Potemkin produzem estatísticas sem significado. A desestimativa distorce os números, transformando-os em falsidades, ao ignorar suas limitações inerentes. Um terceiro método, o do *empacotamento de frutas*, é ligeiramente diferente. Neste método, os números, tomados isoladamente, não são falsos; a apresentação, a embalagem dos dados, é que produz a adulteração.

Os supermercados selecionam, arrumam e embalam as frutas de maneira que até um lote medíocre pareça delicioso. De modo semelhante, os empacotadores de frutas numéricos selecionam e organizam os dados de forma que pareçam impecáveis, ainda que duvidosos. Os mais habilidosos nessa prática são capazes de fazer com que os números mais sólidos mintam, apenas colocando-os no contexto errado. É uma técnica de eficiência surpreendente.

Uma arma especialmente poderosa no arsenal dos empacotadores de frutas é a chamada *colheita de cerejas*. Colher cerejas é selecionar com apuro os dados, escolhendo aqueles que apoiam a tese defendida, deixando em segundo plano ou ignorando os que a contrariam.

Como os números do mundo real são inexatos, as questões numéricas nem sempre têm uma resposta bem-determinada. Se medirmos a mesma coisa de diferentes maneiras, os resultados podem ser diversos. Alguns números serão grandes demais, outros muito pequenos, e, com sorte, ainda outros estarão razoavelmente próximos da resposta certa. A melhor maneira de descobrir onde está a verdade é analisar o conjunto de dados, identificando as vantagens e desvantagens de cada tipo de medição, de modo a chegar o mais perto possível da realidade. Em vez disso, um colhedor de cerejas seleciona os dados favoráveis à sua tese e os apresenta isolados, excluindo de propósito os números menos favoráveis, ainda que estes possam estar mais próximos da verdade. Colher cerejas é mentir por omissão para tornar um argumento mais convincente. Isso é extremamente comum, em especial no mundo da política.[9] Todo político faz isso, pelo menos até certo ponto.

Al Gore comete colheita de cerejas no filme *Uma verdade inconveniente*. Numa sequência crucial do documentário de 2006, o político mostra simulações em computação gráfica dos efeitos do aquecimento global sobre a superfície da Terra. Numa série de mapas, ele exibe o desaparecimento das regiões litorâneas de todo o mundo sob a superfície dos oceanos que se elevam. Quase toda a Flórida e a Louisiana ficarão submersas, e a maior parte de Bangladesh será tragada pelas ondas. As animações são impressionantes e deixam os espectadores convencidos de que o aquecimento global mudará radicalmente a face do planeta. Contudo, essas simulações se baseiam num número obtido pela colheita de cerejas: as projeções de Gore consideram que o derretimento das geleiras elevará em seis metros o nível do mar.

Muitos cientistas tentaram elaborar um modelo dos efeitos do aquecimento global, e a maioria chegou a uma conclusão muito diferente. Os estudiosos tendem a concordar que o fenômeno é verdadeiro, que a mão humana é responsável por uma parcela considerável do aquecimento, e que o nível do mar vai de fato subir ao longo do próximo século.[10] É possível que, num caso extremo (como o derretimento quase total das camadas de gelo da Groenlândia e da Antártida Ocidental), o nível do mar se eleve em seis metros ou mais. Porém, a maioria das estimativas sérias projeta uma elevação muito menor que a adotada por Gore. Alguns climatologistas dizem que os oceanos subirão cerca de meio metro no próximo século, outros chegam a prever uma elevação de pouco mais de um metro – no momento, são essas as melhores previsões científicas disponíveis. Contudo, Gore ignora as estimativas mais modestas e seleciona o modelo mais extremo para a elevação do nível do mar – aquele dos seis metros –, o que lhe permite exibir na tela seus gráficos aterradores. A plateia ficou boquiaberta, mas foi apenas mais um caso de colheita de cerejas.

George W. Bush é tão culpado de colheita de cerejas quanto seu antigo oponente. Como todo presidente, ele tenta apresentar seus projetos preferidos da melhor forma possível. Nenhuma Criança Deixada para Trás, por exemplo, foi o nome de uma mudança na estratégia educacional adotada no início de seu governo. O ato, assinado por Bush em 2002, oferecia dinheiro aos estados em troca de testes obrigatórios e outras concessões. A medida foi polêmica. Vários anos depois, no discurso sobre o estado da União, o presidente declarou que o projeto fazia prodígios nas escolas americanas. "Há cinco anos, nós nos erguemos acima das diferenças partidárias para aprovar o Nenhuma Criança Deixada para Trás, ... e, por termos agido, os estudantes estão se saindo melhor na leitura e na matemática." Este é um raro exemplo de dupla colheita de cerejas.

Em primeiro lugar, para afirmar categoricamente que os estudantes têm melhor desempenho na matemática e na leitura, Bush teve de colher algumas cerejas. Os dados foram obtidos no Departamento de Educação, que promove um conjunto de testes nacionais periódicos para avaliar como os estudantes se saem em diversas disciplinas. Os resultados mostram que a pontuação dos estudantes do 4º e do 9º anos de fato aumentou na leitura e na matemática desde o início do projeto. Mas há outros dados ignorados. O desempenho dos estudantes do 3º ano do ensino médio na leitura caiu no mesmo período. E, embora isso seja um pouco mais complicado (o modelo do teste mudou, dificultando a interpretação da tendência), a pontuação do 3º ano em matemática também parece haver sofrido um ligeiro declínio. Assim, dizer que os estudantes estão se saindo melhor na leitura e na matemática só é verdadeiro se ignorarmos os resultados do último ano do ensino médio, que apontam em outra direção. Enfatizar o positivo, excluir o negativo. Eis a primeira colheita de cerejas.

Em segundo lugar, para atribuir a melhoria no desempenho de matemática e leitura ao projeto Nenhuma Criança Deixada para Trás, também é preciso colher algumas cerejas. Se analisarmos os números com atenção, veremos que a pontuação do 4º e do 8º anos, em matemática, vem melhorando mais ou menos no mesmo ritmo desde os anos 1990, muito antes da aprovação do projeto. Na leitura, a situação é parecida, as notas do 4º e do 8º anos subiram mais ou menos na mesma (modesta) proporção durante o período. Ignorando os dados anteriores a 2002, Bush fez parecer que a melhoria se devia ao programa, embora esteja claro que a tendência se mantém fundamentalmente a mesma ao longo dos anos. O projeto só parece ser responsável pelas pontuações mais altas quando omitimos os dados anteriores, que põem os resultados em seu devido contexto. Eis a segunda safra de cerejas.[11] *Voilà*. Bush já pode declarar que a iniciativa é um sucesso – mesmo que isso não seja verdade.

As estatísticas educacionais são um terreno fértil para os empacotadores de frutas. Não é nada fácil introduzir melhorias no sistema escolar. É preciso muito dinheiro, muito tempo e muitos esforços para provocar mudanças numa burocracia gigantesca, na qual a inércia é enorme. O que é ainda pior, do ponto de vista dos políticos, passam-se anos até que um governo possa colher os frutos de uma boa política educacional. Seu mandato pode acabar bem antes que os cidadãos percebam que as escolas melhoraram. O empacotamento de frutas serve de atalho, permitindo que os políticos desfrutem dos benefícios da melhoria escolar sem ter o árduo trabalho de mudar a política.

Em Nova York, os resultados dos testes estaduais de leitura e matemática passaram por uma melhoria expressiva desde 2005. Basta que um político tenha alguma relação com os rumos da educação no estado para que possa colher os louros do aumento anual das notas. Em 2008, por exemplo, o prefeito de Nova York, Michael Bloomberg, declarou que a "fabulosa tendência ascendente" na pontuação dos testes estaduais mostrava que as escolas públicas da cidade estavam "num patamar diferente" do que quando tomou posse. Contudo, logo depois da aplicação dos testes, em 2005, professores disseram aos jornalistas que as avaliações foram muito mais fáceis que no ano anterior. "Que diferença das provas de 2004", declarou o diretor de uma escola do Bronx ao *New York Times*. "Fiquei tão feliz pelos meninos – eles se sentiram bem depois de fazer as questões de 2005." As pontuações nos testes estaduais subiram ano após ano, um aumento espetacular e improvável. Já nos testes nacionais, o estado de Nova York não é propriamente um caso de sucesso. Na cidade de Nova York, por exemplo, os resultados nacionais ficaram mais ou menos na mesma. É evidente que o estado andou fazendo experiências com o grau de dificuldade das provas. Ao elaborar um teste mais fácil a cada ano, obtém-se uma melhoria artificial no desempenho dos alunos. Parece que as crianças estão se saindo melhor, mas o fato é que o aumento na pontuação não quer dizer nada. Os pontos de 2004 não têm o mesmo significado que os de 2006, que, por sua vez, não podem ser comparados aos de 2008. Ao fingir que os testes se equivalem, o estado de Nova York incorre em outro tipo de empacotamento de frutas: *comparar laranjas com bananas*.

Nesse truque, joga-se com as unidades. Como já foi mencionado, a cada número da vida real corresponde uma unidade – uma etiqueta, como "metros", "segundos", "quilos" ou "dólares", que nos informa a que gênero de medida o número está ligado. Quando comparamos dois números para determinar qual é o maior, o importante é garantir que as unidades sejam as mesmas, do contrário a comparação não fará sentido. Há casos em que isso é óbvio (o que é mais longo, 55cm ou 1,9m?), mas as vezes não é tão fácil descobrir que as unidades não são exatamente iguais. O que é melhor: 50% de acertos no teste A ou 70% no teste B? A comparação não tem o menor cabimento, a menos que tenhamos como converter os resultados do teste A em resultados do teste B, e vice-versa.

De nada nos serve a comparação direta entre pontuações de anos diferentes, a não ser que os responsáveis pelas provas garantam que o valor de uma dada nota permanece sempre o mesmo. E foi exatamente isso o que o estado de Nova York fez, explorando esse problema de laranjas e bananas para criar a impressão de melhoria no sistema educacional. O resultado é bem semelhante ao da colheita de cerejas: ao comparar bananas com laranjas, o estado distorceu o significado dos números, fazendo com que as estatísticas parecessem servir de base a uma tese que na verdade não se sustenta.

As comparações de bananas com laranjas podem ser muito difíceis de identificar, pois as unidades conseguem ser bastante fluidas. Algumas mudam de significado ao longo do tempo. O dólar, por exemplo, é a unidade usada pelos americanos para medir o dinheiro. Como unidade de riqueza, porém, seu valor está sempre mudando. Folheie uma revista velha e dê uma olhada nos anúncios. A variação no valor do dólar salta à vista. Um exemplar da *Esquire* de dezembro de 1970, guardado em meu escritório, revela que um carro popular de duas portas custava US$ 1.899. Uma mala de grife saía por US$ 17. Um par de sapatos masculinos produzidos em larga escala valia US$ 19. Hoje (2010), um automóvel simples de duas portas equivalente custa cerca de US$ 12 mil. Uma mala de grife sai por US$ 130. Um par de sapatos comuns vale uns US$ 100. Ainda que todas essas quantias sejam precedidas do mesmo símbolo – US$ –, US$ 1 de 1970 é uma unidade muito diferente de US$ 1 de 2010. Em 1970, US$ 1 comprava mais que 5% de um par de sapatos. Hoje, não compra nem 1%. Naquele tempo, o valor do "US$" era bem maior que agora. Se repararmos bem os preços publicados nessa revista de 1970, logo chegaremos à conclusão de que o poder de compra do dólar da época era entre cinco e sete vezes o do dólar em 2010. (Precisamos de 6,3 vezes mais dólares para comprar um carro hoje do que em 1970, por exemplo.) O dólar de 1970 é uma unidade bem diferente do dólar de 2010, tanto quanto um galão é diferente de um litro.

Como você deve saber, essa mudança é provocada pela inflação. Os bens e serviços ficam um pouco mais caros de um ano para o outro – geralmente em torno de 3%. Ano após ano, precisamos de mais dólares para comprar a mesma lata de tinta, contratar um pintor, pegar um ônibus e praticamente tudo o que precisamos pagar. Assim, o todo-poderoso dólar vai se desvalorizando um pouco a cada ano que passa. Isso cria certa dificuldade para comparar despesas ao longo do tempo. É preciso considerar a inflação, levando em conta as mudanças no valor do dólar. Porém, as pessoas às vezes "se esquecem", de modo conveniente, de fazer a conversão, para que seus pontos de vista pareçam mais fortes. Em novembro de 2005, um grupo de congressistas democratas (a "Blue Dog Coalition") deu uma alfinetada em George W. Bush:

> Durante os primeiros 224 anos (1776-2000) da história de nosso país, 42 presidentes americanos tomaram emprestado um total de US$ 1,01 trilhão de governos estrangeiros e instituições financeiras, segundo o Departamento do Tesouro dos Estados Unidos. Somente nos últimos quatro anos (2001-2005), o governo Bush já tomou incríveis US$ 1,05 trilhão emprestados.

As cifras são todas verdadeiras, e, sim, Bush era mesmo um gastador deficitário. A comparação, porém, não faz o menor sentido, pois compara bananas e laranjas – dólares de 2005 ou 2001 são muito diferentes dos de 1776, 1803 ou 1926. A Louisiana foi comprada por US$ 15 milhões; o Alasca, barganhado por cerca da metade disso. Na época, foram gastos enormes, que só podiam ser bancados por estados ricos. Hoje, a mesma soma compra uma cobertura de luxo em Manhattan. Os presidentes do passado, que elevaram a dívida nacional, fizeram-no em cifras muito menores, simplesmente porque, em dólares, elas representavam um poder de compra bem maior do que representariam hoje.

A comparação de bananas com laranjas pode ser muito eficaz. Em mãos habilidosas, faz o falso parecer verdadeiro e o verdadeiro parecer falso. Por exemplo, em 2005, o diretor da National Science Foundation (NSF) gabava-se, sem muito alarde, da proposta de orçamento da entidade para o ano seguinte. A NSF, declarou ele, receberia "US$ 132 milhões, ou 2,4%, a mais que [no ano fiscal] em 2005. Esse modesto aumento nos permitirá assumir novas responsabilidades, cumprir nossos compromissos atuais e contratar mais gente." À primeira vista, um aumento de US$ 132 milhões parece motivo de comemoração. Mas o número era uma fantasia de empacotadores de frutas. Foi obtido comparando dólares de 2006 com de 2005, sem levar em conta a inflação. O dólar de 2006 valia menos que o de 2005, de modo que o orçamento "aumentado" de 2006 seria na verdade menor que o do ano anterior. Se fizermos as contas corretas, veremos que o aumento de US$ 132 milhões foi um desastre. Na verdade, a NSF estaria *perdendo* cerca de US$ 30 milhões (em dólares de 2006). Não haveria dinheiro extra para novas responsabilidades ou novas contratações. O diretor da NSF estava mentindo, transformando uma derrota em vitória.

Comparando laranjas com bananas, uma autoridade habilidosa pode fazer uma redução parecer um aumento, o alto parecer baixo, e o preto, branco. É um fenômeno orweliano – a comparação de bananas com laranjas pode transformar fatos em ficção e ficção em fatos.[12]

Há ainda outra variedade de empacotamento de frutas, o *polimento de maçãs*, usado para dar um toque final aos dados, manipulando-os de modo que pareçam mais favoráveis do que são na realidade. Assim como os verdureiros empregam artifícios sutis para dar uma aparência mais fresca e apetitosa às mercadorias – esfregar e polir as maçãs para que pareçam mais frescas, aplicar gás para amadurecer os tomates, empilhar os melões escondendo os defeitos –, os empacotadores de frutas matemáticos maquiam os números, polindo os algarismos com sutileza para torná-los tão atraentes quanto possível.

Existem inúmeras maneiras de polir maçãs matemáticas; seria impossível descrevê-las todas, sobretudo porque a criatividade dos empacotadores de frutas está sempre inventando métodos novos. Mas há alguns truques mais comuns, que devem ser mencionados.

Redução típica da taxa de colesterol

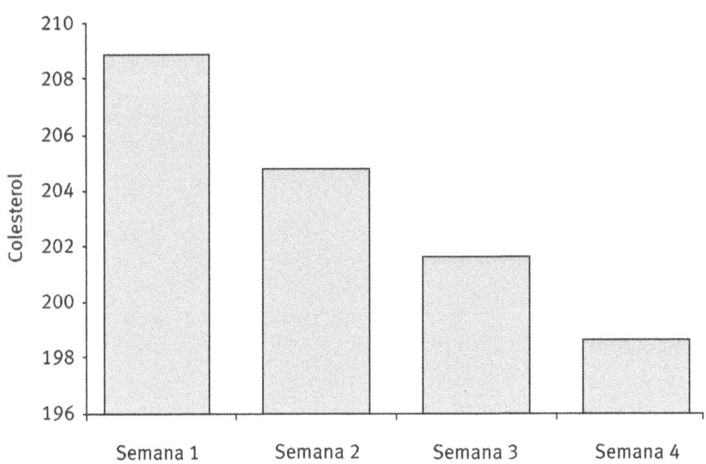

FIGURA 1 Gráfico enganoso da Aveia Quaker.

Os gráficos – representações visuais de dados – são especialmente vulneráveis ao polimento de maçãs. Os empacotadores de frutas dispõem de uma infinidade de maneiras de apresentar os dados, jogando com a aparência para que, no gráfico, os números pareçam mais impressionantes do que são na realidade.

Vejamos o caso da Aveia Quaker. É um produto neutro, sem muita graça – difícil de ser explorado numa campanha publicitária. Mas as pessoas comem qualquer coisa que acreditem ser boa para a saúde, de modo que os executivos partiram para o ataque, vendendo as indigestas fibras da aveia como um aspirador de pó medicinal, capaz de sugar o colesterol da corrente sanguínea. O argumento ganhou destaque num gráfico.

A mensagem era clara: coma Aveia Quaker, e, em poucas semanas, seu nível de colesterol sofrerá uma drástica redução. Contudo, examinando com atenção, perceberemos que o gráfico é enganador. Em geral, consideramos que a linha inferior do quadro representa uma taxa zero de colesterol – as maquininhas de fibra de aveia teriam engolido até a última gota de colesterol do sangue. Mas, se examinarmos o eixo vertical, notaremos que a base não é zero, mas 196. Isso faz com que os dados pareçam bem mais espetaculares do que são na realidade, como podemos ver num gráfico mais honesto.

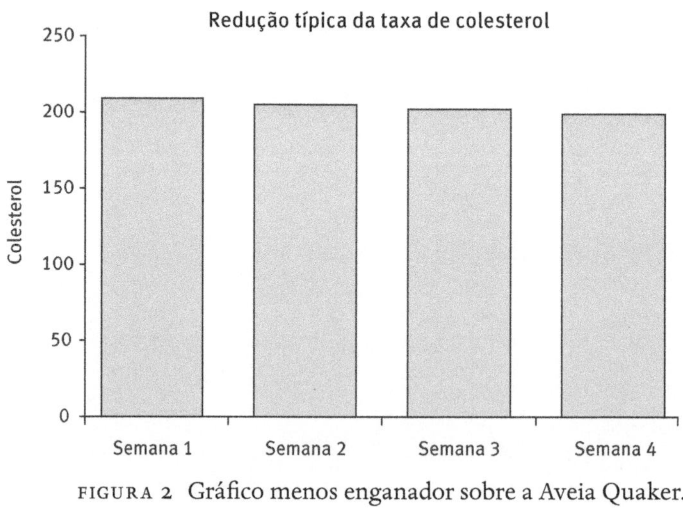

FIGURA 2 Gráfico menos enganador sobre a Aveia Quaker.

Manipulando dessa maneira a escala do gráfico, a Quaker fez parecer que o efeito da aveia era enorme, quando não era. (Depois de receber reclamações, a empresa retirou a figura de circulação.) Dentre os diversos artifícios para manipular dados em gráficos, este provavelmente é o mais comum.

Outra forma de polir maçãs explora o termo "média" para fazer com que os números pareçam menores ou maiores do que são. A maioria das pessoas pensa que "médio" significa "típico". Isto é, se, por exemplo, o salário médio numa empresa é de US$ 100 mil, cada funcionário ganha mais ou menos US$ 100 mil. Na verdade, as coisas muitas vezes não são assim.

A média de um conjunto de números tem um significado matemático preciso: primeiro somamos tudo, depois dividimos pelo número de elementos somados. Por exemplo, se temos uma empresa de dez empregados, cada um ganhando mais ou menos US$ 100 mil, somamos os dez salários (US$ 100.000 + US$ 101.000 + US$ 98.500 + US$ 99.700,00 + US$ 103.200 + US$ 100.300 + US$ 99.000 + US$ 96.800 + US$ 100.000 + US$ 101.500 = US$ 1.000.000). Nesse caso, a média de US$ 100 mil de fato representa um salário típico. Pense, porém, numa empresa em que o presidente ganha US$ 999.991 por ano, e há nove estagiários ganhando, cada um, US$ 1. A média será, mais uma vez, a soma de todos os salários (US$ 999.991 + US$ 1 + US$ 1 + US$ 1 + US$ 1 + US$ 1 + US$ 1 + US$ 1 + US$ 1 + US$ 1 = US$ 1.000.000), dividida pelo número de salários (US$ 1.000.000 : 10 = US$ 100.000). Assim, também nesse caso, o salário "médio" é de US$ 100 mil. Porém, não faria o menor sentido dizer que este é um valor "típico". Se tomássemos um funcionário qualquer, ao acaso, provavelmente seria alguém que ganha um magro dólar. Portanto, nesse caso, é enganoso afirmar que "médio" é o mesmo que "típico".[13] Se o presidente quisesse atrair novos empregados, enfatizando os US$ 100 mil de salário médio na empresa, estaria polindo maçãs. Os novos contratados teriam um choque quando recebessem o primeiro contracheque.

Sempre que um político anuncia um corte nos impostos, é quase certo que lançará mão do mesmo truque para fazer com que a redução pareça maior. Ele fará um discurso falando da restituição "média" – o corte médio –, proporcionando grande felicidade aos eleitores. Contudo, a "média" costuma estar longe do típico. A maioria dos cidadãos ficará decepcionada ao receber seus cheques de restituição pelo correio. Por exemplo, George W. Bush fez dos cortes nos impostos um dos pontos centrais de seu governo, e sempre polia maçãs ao tratar do tema. Um caso típico se deu no fim do primeiro mandato, quando o presidente declarou "O corte de impostos foi aprovado. Este ano, 11 milhões de contribuintes pagarão US$ 1.086 a menos". (A Casa Branca logo corrigiu as cifras; Bush quis dizer 111 milhões de contribuintes, e uma redução média de US$ 1.586 no imposto pago.) Na verdade, porém, os dois números eram enganosos. A família típica não chegou nem perto de US$ 1.586 ou US$ 1.086 em redução dos impostos; a maioria recebeu menos de US$ 650. A explicação é a mesma que no caso do ganancioso presidente da empresa: um número relativamente pequeno de pessoas recebeu quantias muito altas, fazendo com que a "média" fosse bastante atípica. Os números cor-de-rosa divulgados pela Casa Branca eram tecnicamente verdadeiros, mas mentirosos para todos os efeitos práticos – eram maçãs polidas para parecer melhores.

Polir maçãs, colher cerejas, comparar laranjas com bananas – todos os artifícios do empacotador de frutas – apresentam os números de uma maneira capciosa, distorcendo-os até a falsidade. Os números de Potemkin travestem o absurdo com as roupagens de dados significativos. As desestimativas forçam os números além do ponto de rompimento, transformando até medições válidas em mentiras. Todas essas técnicas são formas de falácia matemática; elas permitem que indivíduos sem escrúpulos façam com que falsidades ganhem a aparência de fatos numéricos. E como nós, seres humanos, tendemos a pensar nos números como representações da verdade absoluta, estamos predispostos a aceitá-los sem questionamento.

As falácias matemáticas nos dominam com tanta facilidade porque nossas mentes estão programadas para aceitar falsidades numéricas. Graças ao modo como nossos cérebros funcionam, certo tipo de número provoca um curto-circuito. Em consequência, nós seres humanos acreditamos em algumas mentiras absurdas e constrangedoras.

2. O demônio de Rorschach

> "Como é fácil retrabalhar uma massa de dados brutos até obter um padrão à primeira vista tão intrincado que é difícil acreditar que seja apenas o produto do cérebro humano."
>
> MARTIN GARDNER, *Fads and Fallacies in the Name of Science*

LARGUE ESSE CARTÃO DE CRÉDITO! A cada compra que faz, você está destruindo sua saúde e dando mais um passo em direção ao cemitério. "Pesquisadores associam endividamento a problemas de saúde", trombeteou o *New York Times* em 2000. Cientistas da Ohio State University descobriram que, quanto maior a dívida de uma pessoa, pior sua saúde, e concluíram que dever ao cartão de crédito pode ser prejudicial tanto para a saúde financeira "quanto para a física". "Isso faz parte do lado negro do *boom* econômico", afirmou um dos pesquisadores que investigaram a questão.

Os jornais tentam nos convencer de um monte de bobagens. Usar roupa vermelha melhora o desempenho em eventos esportivos. Maconha causa esquizofrenia. Ser canhoto aumenta o risco de câncer. Inferno! Se formos acreditar nos jornalistas, metade das coisas no mundo provoca câncer – celulares, mamadeiras, micro-ondas, aspartame, cabos de transmissão.[1]

Boas notícias: você não precisa mais de um capuz de papel laminado para se proteger das radiações eletromagnéticas. A maior parte dessas ideias é estúpida mesmo. Todas são fruto de um tipo especial de falácia matemática, um efeito colateral indesejado resultante do modo como nossas cabeças funcionam.

Nós, seres humanos, somos excelentes em reconhecer padrões. Nada no mundo – nem o mais poderoso dos supercomputadores – é tão bom em identificar relações sutis entre objetos ou eventos. A busca de padrões é algo profundamente arraigado em nós, afinal, a própria sobrevivência da espécie humana depende disso.

Se você ficar doente depois de comer mariscos, seu cérebro faz uma associação quase automática: frutos do mar são causadores de doenças. A aversão que você sentirá da próxima vez que deparar com um coquetel de camarão é um mecanismo atávico de defesa – seu cérebro, tendo associado crustáceos a veneno, tenta protegê-lo, evitando que você coma outra vez aquilo que lhe fez mal. É um mecanismo bastante engenhoso; basta um pedacinho de comida estragada para seu cérebro começar a dizer, com delicadeza, que fique longe daquele alimento. Quanto mais depressa nossos cérebros reconhecerem padrões importantes – certo farfalhar de galhos produzido por um grande animal oculto entre os arbustos, uma coloração peculiar do céu anunciando uma perigosa tempestade –, maior a chance de sobrevivência. Nossas mentes são programadas para identificar padrões, encontrar causas ocultas por trás de eventos que parecem aleatórios. A razão disso é que esse mecanismo nos ajuda a continuar vivos por tempo suficiente para nos reproduzir.

O lado negativo dessa espetacular capacidade de identificar padrões é que acabamos indo longe demais, vemos padrões onde não há. Enxergamos presságios por toda parte. Convencemos a nós mesmos de que os desastres aéreos vêm de três em três, que a altura da bainha das saias indica se Wall Street terá um ano bom ou ruim, que o vencedor de um jogo de futebol determina quem ganhará a próxima eleição presidencial. Às vezes, usamos os padrões não só para predizer o futuro, mas também para tentar mudá-lo. Basta assistir a qualquer evento esportivo pela televisão e veremos os competidores executando rituais elaborados para garantir a vitória, com um sem-número de amuletos e mandingas. Esse tipo de superstição surge quando um jogador acredita ter descoberto um padrão, uma causa oculta por trás de certos acontecimentos: uma camiseta da sorte parece ajudar a equipe a vencer uma partida, pronunciar determinadas palavras torna alguém melhor cobrador de pênaltis, quicar a bola três vezes parece melhorar a pontaria num lance livre. Mas esses padrões são todos falsos – crenças equivocadas produzidas por nossos cérebros em suas exageradas tentativas de estabelecer conexões entre eventos. Várias das mais eficazes modalidades de falácia matemática são geradas pelos enganos de nossa tendência a buscar padrões.

Em 1992, o futuro deputado por Nova Jersey Rush Holt era porta-voz do Princeton Plasma Physics Laboratory, instituto de alta tecnologia interessado na construção de usinas geradoras de energia. Infelizmente, o futuro da fusão nuclear nos Estados Unidos era cada vez mais sombrio; parecia que as verbas estavam prestes a ser cortadas. Como porta-voz, Holt devia explicar à população – e aos legisladores responsáveis pelo orçamento – por que o laboratório precisava gastar centenas de milhões de dólares na busca da energia por fusão.

Holt defendeu sua posição com vários slides impactantes, diagramas de dispersão de dados similares ao exibido em seguida, mostrando como a humanidade é beneficiada pelo consumo (e pela produção) de energia. A mensagem dos dados era claríssima: quanto mais energia uma sociedade consome, maior a longevidade dos cidadãos e menor a taxa de mortalidade

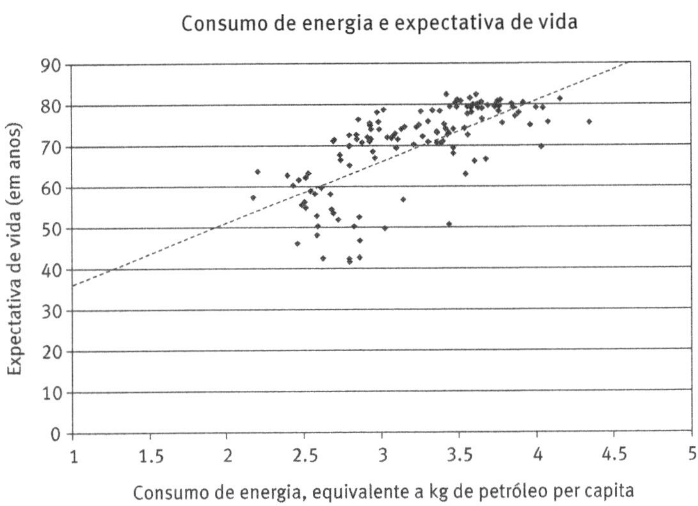

FIGURA 3 Alto consumo de energia significa vida longa.

infantil. O gráfico revelava o segredo de uma vida longa: se quisermos que nosso povo viva mais, devemos construir mais usinas geradoras de energia e, é claro, abastecer de dinheiro o Princeton Plasma Physics Laboratory, incentivando a pesquisa de futuras fontes energéticas. (Financie nosso trabalho se quiser que seus filhos sobrevivam!)

Os dados estavam corretos, e a tendência era verdadeira. Quanto mais energia por pessoa uma sociedade produz e consome, mais longa será a vida dos cidadãos. Então, quer dizer que mais energia equivale a uma vida mais longa, certo? Não é bem assim.

Os gráficos de Holt mostravam a existência de uma relação estreita – uma "correlação" – entre o consumo energético e a expectativa de vida; quanto mais energia consumida, maior a longevidade da população. Contudo, é um erro clássico afirmar que, aumentando o consumo de energia, podemos prolongar a vida da população, isto é, dizer que o gasto energético produz vidas mais longas.

Sim, é verdade que quanto mais energia uma sociedade usa, mais seus cidadãos vivem, em média. Porém, também é verdade que, quanto mais lixo uma sociedade produz, mais longa será a vida dos cidadãos. Quanto maior a frota de automóveis em circulação, quanto mais jornais publica-

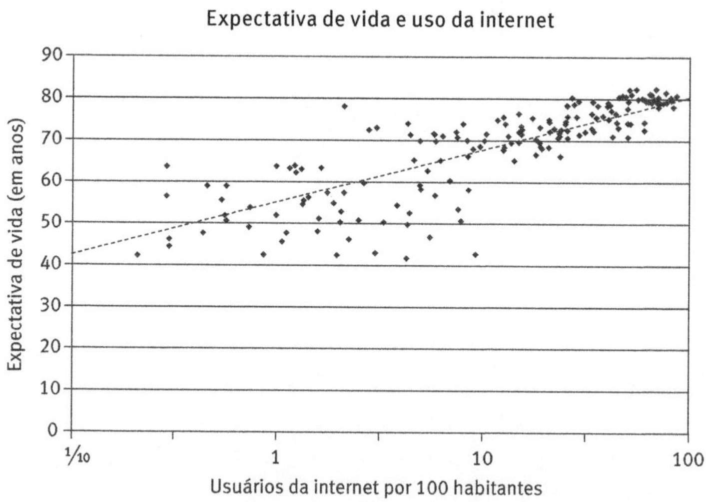

FIGURA 4 Maior uso da internet significa vida mais longa.

dos, quanto mais fast-food é consumido, quanto mais aparelhos de televisão, quanto mais tempo gasto na internet... Aliás, quanto maior o consumo de roupas de baixo comestíveis num país, maior a duração média da vida de seus habitantes. Usinas geradoras de energia não contribuem mais para uma vida longa que o lixo, a internet, os jornais, o fast-food ou as roupas de baixo comestíveis.

Esses conjuntos de dados estão todos correlacionados. Consumo energético, expectativa de vida, consumo de fast-food, produção de lixo – tudo isso é grande nas sociedades ricas e industrializadas, e pequeno nas sociedades rurais mais pobres. Ao mesmo tempo, uma sociedade industrial costuma ter hospitais modernos e uma medicina avançada; assim, seus cidadãos tendem a viver mais, e suas crianças morrem com menos frequência. As sociedades industriais também produzem mais lixo, gastam mais tempo na internet, comem mais fast-food e, de fato, precisam de mais energia que uma sociedade agrícola. De modo que a correlação entre todos esses dados não é surpresa – são fatores que sobem e descem juntos, de acordo com o grau de industrialização de uma sociedade. Mas a correlação não passa disso. Não existe nexo "causal" entre roupas de baixo comestíveis, mortalidade infantil e posse de aparelhos de televisão. Pensar que a construção de usinas geradoras de energia aumenta a expectativa de vida nacional, como afirmou Holt, é tão tolo quanto receitar um consumo maior de fast-food para viver mais e ter uma velhice saudável. A apresentação de Holt serviu de veículo a um gênero de falácia matemática que gosto de chamar de *causuísmo.*

Casuísmo – sem o "u" extra – é a arte de forjar um argumento capcioso a partir de princípios aparentemente válidos. O causuísmo é uma forma especial de casuísmo, em que a falha da argumentação está em sugerir um nexo causal entre duas coisas quando na verdade uma não é causada pela outra.

O causuísmo é especialmente comum nas pesquisas sobre saúde e alimentação. É bem possível que você tenha até mudado seus hábitos alimentares por causa dele. Muita gente, por exemplo, não come nada que contenha o adoçante aspartame, por medo de desenvolver um câncer.

Essa crença teve origem num causuísmo perpetrado em meados dos anos 1990 por um grupo de psiquiatras chefiado por John Olney, da Universidade de Washington. Os cientistas perceberam um aumento alarmante na incidência de tumores cerebrais cerca de três a quatro anos depois da introdução do produto no mercado.

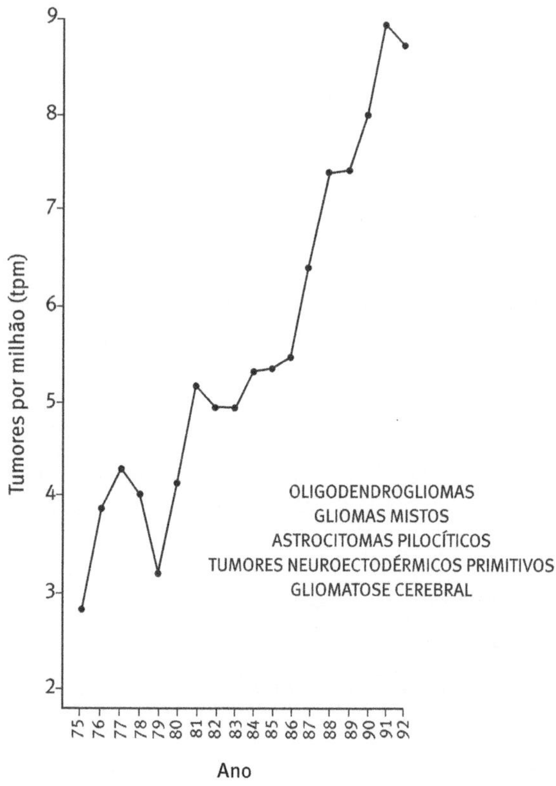

FIGURA 5 A ascensão dos tumores cerebrais.[2]

Ahá! Os psiquiatras logo chegaram à conclusão óbvia: o adoçante está causando câncer no cérebro! Os resultados foram publicados num periódico especializado, o *Journal of Neuropathology and Experimental Neurology*, e a pesquisa logo chegou às manchetes da imprensa mundial.

Um exame mais atento dos dados, porém, mostra que a conexão é pouco convincente. É verdade que o consumo de aspartame subia ao

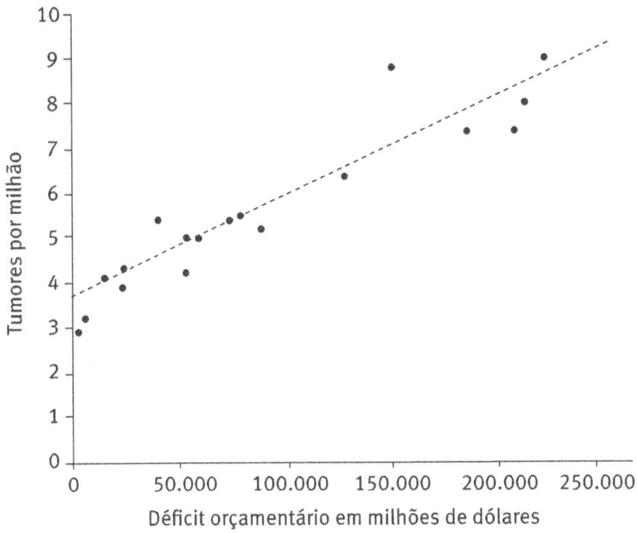

FIGURA 6 Quanto maior o déficit orçamentário, maior o número de casos de câncer no cérebro.

mesmo tempo que a incidência de tumores, mas muitas outras coisa também cresciam, como o número de TVs a cabo, walkmans e a carreira do Tom Cruise. Quando Ronald Reagan tomou posse, em 1981, os gastos do governo tiveram um crescimento tão impressionante quanto o da incidência de câncer cerebral. Se pusermos o déficit orçamentário – o valor do que é gasto fora orçamento – no mesmo gráfico que a incidência de tumores, perceberemos mais uma correlação claríssima. Enquanto um sobe, o outro acompanha a subida. Aliás, os dados parecem mostrar que o déficit tem uma relação mais estreita com o câncer do que o aspartame! Contudo, seria absolutamente ridículo querer publicar um artigo científico associando déficit orçamentário e câncer cerebral.[3]

A correlação entre o excesso de gastos governamentais e o câncer no cérebro é tão consistente quanto o nexo entre os tumores e o adoçante. Porém, o causuísmo de Olney rendeu manchetes no mundo todo, e algumas pessoas, assustadas, pararam de tomar refrigerantes dietéticos. O mais grave é que Olney, quase com certeza, sabia que o número de tumores cerebrais havia parado de crescer (estava até diminuindo um pouco no início dos anos 1990), ainda que o consumo do produto continuasse a aumentar. Esse fato inconveniente não o fez desistir da publicação nem impediu os ativistas antiaspartame de usar o artigo na tentativa de obter a proibição da substância.

De tempos em tempos, legisladores do mundo todo ainda tentam proibir o adoçante, em parte pelas supostas propriedades cancerígenas.[4] Em 2005, um parlamentar britânico tentou "banir totalmente essa substância carcinogênica do mercado de alimentos e bebidas do Reino Unido". Um deputado estadual do Novo México quis proibi-lo em 2006, e outro, do Havaí, fez o mesmo em 2009. Quase com certeza a luta contra o aspartame – motivada por uma ideia falsa – continuará por anos e anos. O causuísmo de Olney produziu uma crença que levará décadas para ser eliminada.[5]

A questão permanece: se o aspartame é inocente, quem foi o responsável pelo crescimento do número de tumores cerebrais? Ninguém sabe. Um palpite – e é apenas um palpite – é que nossa capacidade de diagnosticar tumores no cérebro melhorou muito em meados dos anos 1980. Em 1984, havia 108 aparelhos de ressonância magnética em todos os Estados Unidos. Essas máquinas são excepcionalmente boas para encontrar problemas em tecidos moles, como o cérebro. Em 1985, o número mais que triplicou, chegando a 371. Ao mesmo tempo, o governo começou a autorizar exames de ressonância pelo sistema de previdência social. É bem possível que a nova ferramenta diagnóstica tenha permitido que, de uma hora para outra, os médicos passassem a detectar mais tumores. Se, ao comparar gastos ao longo do tempo, é importante levar em conta as mudanças no valor do dólar, ao analisar a incidência de doenças é necessário considerar a evolução dos diagnósticos médicos. (Para não cometer nenhuma injustiça, é preciso dizer que Olney tentou fazê-lo, mas sua análise não foi convincente.)

Uma mudança nos critérios diagnósticos pode ser indistinguível de uma epidemia. Por exemplo, hoje os médicos estão muito mais propensos a diagnosticar autismo que há vinte ou mesmo dez anos. Considerando que os clínicos ficaram mais atentos à condição, e que os critérios diagnósticos mudaram várias vezes desde 1980, é difícil dizer se o autismo está mesmo em ascensão ou se os médicos hoje dispõem de um nome único para algo que antes era chamado de diversas coisas diferentes, facilitando a identificação da doença. Em um estudo de 2002, descobriu-se que os diagnósticos de autismo triplicaram num período de sete anos. Porém, ao longo do mesmo período, registrou-se um decréscimo proporcional no diagnóstico de "retardo mental" indiferenciado – indicando que o aumento se deve mais aos rótulos atribuídos pelos médicos às doenças do que a algo que tenha mudado nas crianças que nascem. O caso ainda não está encerrado, mas de modo algum se definiu que existe de fato uma epidemia de autismo.

Basta a percepção – uma vez que as pessoas acreditem numa epidemia, tentarão encontrar um culpado. O causuísmo será sua principal arma. Acreditando que o autismo é epidêmico, muita gente acusa a vacinação – seja a tríplice viral (contra sarampo, rubéola e caxumba), seja um conservante baseado em mercúrio que foi usado em algumas vacinas. Ativistas como a ex-coelhinha da *Playboy* Jenny McCarthy lançaram um furioso ataque causuístico, levando alguns pais a questionar se deveriam vacinar os filhos. Os ativistas antivacina observam uma correlação: as crianças desenvolvem autismo depois de vacinadas. Não se trata, porém, de causalidade. Inclusive, há muitas evidências em contrário. (Por exemplo, o crescimento no número de diagnósticos de autismo anterior à introdução da tríplice viral, em 1988, contradiz o elo entre a doença e a vacina. A relação entre o autismo e o conservante é posta em xeque pelo fato de que a incidência continua aumentando mesmo com a interrupção do uso da substância em 1992.) Culpar as vacinas pelo autismo não passa de causuísmo.

É sempre difícil distinguir causas de efeitos. Não é fácil olhar para um conjunto de dados e extrair indícios convincentes de que o evento A está causando o evento B. Às vezes, o bom senso nos diz que não há relação direta entre A e B – mesmo assim, as páginas dos periódicos especializados estão cheias de "descobertas" de conexões que se desfazem quando iluminadas pela luz severa da lógica. Em 1996, por exemplo, alguns sociólogos afirmaram que mães de quadris largos e cintura fina davam à luz mais filhos do que filhas, o que talvez explicasse por que os homens de muitas culturas consideravam mulheres de corpo tipo violão mais atraentes. Um mínimo de desconfiômetro bastaria para rejeitar a ideia. Entre os seres humanos, o sexo de um feto é determinado pelo cromossomo X ou Y presente no espermatozoide que fertiliza o óvulo. A menos que estejamos diante de algum efeito genético muito exótico, a mãe não exerce nenhuma influência sobre o sexo do bebê. Como poderia, então, a proporção entre o quadril e a cintura da mulher ter algum efeito sobre o nascimento de meninos e meninas? Não tem.

Se, de fato, a proporção entre a cintura e o quadril maternos e o sexo dos filhos estiverem relacionados, o que é bastante improvável, isso poderia ser explicado de outro modo. Talvez, dar à luz filhos do sexo masculino (que costumam ter cabeças maiores) distenda mais os ligamentos pélvicos do que dar à luz meninas, levando a um aumento na razão entre quadril e cintura depois do parto. Há certo exagero na ideia de que ter filhos do sexo masculino pode alterar a relação entre o quadril e a cintura de uma mulher, mas é preciso ser muito mais exagerado para acreditar no inverso. Se o fenômeno for verdadeiro, é provável que os pesquisadores tenham confundido causa com efeito.

É incrivelmente comum que os cientistas façam isso – declarar que A é a causa B quando, na verdade, é mais provável que B esteja causando A. O estudo afirmando que dívidas fazem mal à saúde, publicado no periódico *Social Science and Medicine*, é um bom exemplo, pois se trata de uma completa inversão da causalidade. Quando descobriram que, quanto maior a dívida de uma pessoa no cartão de crédito, pior sua saúde, os autores imediatamente concluíram que o endividamento causava doenças. Talvez, argumentam os pesquisadores, o estresse associado aos problemas financeiros as estivesse provocando. Contudo, sabe-se que aqueles que estão mal de saúde têm uma situação financeira pior do que os indivíduos saudáveis. É preciso pagar os gastos médicos, e as doenças podem afetar a capacidade de ganhar a vida. (A conexão pode ser observada com muita clareza no caso das falências, que são frequentes – mais da metade das vezes, segundo um estudo – em famílias com pessoas que passaram por problemas médicos graves.) Os pesquisadores que descobriram a correlação entre dívidas e doenças parecem ter esquecido a possibilidade de inversão entre causa e efeito, chegando a uma conclusão apressada e errônea.

Causuísmos desse gênero afetam as políticas públicas, em especial nos casos em que é difícil discernir causa de efeito. A situação do combate às drogas nos Estados Unidos, por exemplo, é caótica, e os governos não se furtam a usar certa dose de causuísmo para aterrorizar os pais sobre os efeitos das substâncias ilícitas. Há alguns anos, as revistas publicaram um anúncio apavorante. As assinaturas do Office of National Drug Control Policy, da American Psychiatric Association e de uma série de outras organizações pareciam conferir autoridade às advertências. "A maconha e a saúde mental de seus filhos adolescentes", trombeteava o anúncio. "Depressão. Pensamentos suicidas. Esquizofrenia." O texto prosseguia:

> Você sabia que os jovens que fumam maconha semanalmente têm duas vezes mais risco de depressão no futuro? E que adolescentes de doze a dezessete anos que usam a droga toda semana estão três vezes mais sujeitos a ideias suicidas do que os não usuários?
>
> Como se isso já não fosse ruim o bastante, o consumo da maconha está associado a um maior risco de desenvolver esquizofrenia nos anos posteriores.

A mensagem é clara: se seus filhos fumarem maconha, podem acabar loucos – é a erva do diabo!

O problema é que a conexão entre drogas e doença mental não é nada fácil de entender. É plausível (e existem alguns indícios disso) que, para algumas pessoas, a maconha sirva de estopim para a esquizofrenia, ou talvez para exacerbar casos preexistentes. Porém, há muitas evidências de que portadores de doenças mentais – esquizofrenia, transtorno bipolar, depressão e outras condições – busquem nas drogas (e no álcool) um meio de amenizar seus sintomas, um fenômeno conhecido como automedicação. Mas dizer que "a esquizofrenia pode levar seus filhos a fumar maconha" é bem menos assustador do que "a maconha pode deixar seus filhos esquizofrênicos". Isso nunca funcionaria num anúncio. Por outros motivos, afirmar que "o álcool pode transformar seus filhos em esquizofrênicos" também não funcionaria, embora a relação entre álcool e doença mental seja similar ao elo entre esta e a maconha.

O álcool causa todo tipo de problema para o movimento de combate à maconha. A bebida se relaciona à doença mental – e com o consumo de drogas pesadas – de maneira similar à maconha. Se pressionados a se manifestar sobre o álcool, os causuístas da política antidrogas podem até declarar que ele não é menos perigoso. Em meados dos anos 1990, quando o mandato de Bill Clinton já ia pela metade, houve um forte movimento pela classificação do álcool e do tabaco, ao lado da maconha, como "drogas de entrada": substâncias que levam ao consumo de outros psicotrópicos mais pesados, como a cocaína e a heroína. Esse movimento – principalmente em seu componente antitabagista – se fortaleceu muito com estudos como o realizado pelo Center on Addiction and Substance Abuse, em 1994. A pesquisa mostrou fortes correlações entre o uso do tabaco e o das drogas. Jovens fumantes eram em torno de cinquenta vezes mais propensos a cheirar cocaína e doze vezes mais propensos a usar heroína do que os que não fumavam. A implicação era clara: fumar um Marlboro já é meio caminho andado para a cracolândia. O diretor do Centro, Joseph Califano, declarou ao Senado, sob juramento, que o fumo era a "porta de entrada para o mundo das drogas pesadas". A solução? Um imposto sobre o tabaco. Dois dólares ou mais por maço para evitar que nossas crianças comprem cigarros – é um pequeno preço a pagar para que nossos filhos queridos não se transformem em viciados em heroína e cheiradores de pó.

Por mais que represente um grave problema de saúde pública, é quase certo que o cigarro não transforma nossos jovens em drogados. Os tipos de personalidade que podem levar ao consumo de drogas – gosto por correr riscos, vulnerabilidade às pressões sociais – são provavelmente os mesmos que levam os adolescentes a dar a primeira tragada. Não que o tabaco provoque o uso futuro de drogas pesadas, apenas o fumo e o consumo de drogas podem se originar da mesma causa. Califano, porém, não vacilou nem um pouco em dar um salto lógico e afirmar que o cigarro leva as crianças para o caminho das drogas pesadas, usando o causuísmo como arma na luta por um imposto sobre o cigarro.

Não é coincidência que o imposto tenha ganhado o apoio dos democratas. A indústria do cigarro havia doado mais de US$ 5 milhões ao Partido Republicano (aos democratas, doaram muito menos), portanto, atacar essas empresas era bom para os democratas e ruim para os republicanos.[6] O Partido Democrata lançou mão de todas as armas que estavam a seu alcance para tolher os doadores da campanha adversária, sem se importar com a solidez da lógica por trás do ataque. (Os políticos raramente deixam que os fatos os impeçam de atacar os adversários.) Ainda que não passasse de mera falácia matemática, a campanha do cigarro como droga de entrada foi útil como instrumento político.

O causuísmo nasce de nossa necessidade de associar todo efeito a algum tipo de causa. A cada vez que encontramos duas coisas de alguma maneira correlacionadas, nossos cérebros logo concluem que uma causou a outra. Em muitos casos, isso não é verdade. Às vezes, tomamos a causa como efeito e vice-versa. Em certas situações, a causa está escondida, fora de nosso alcance. Em outras, simplesmente não existe causa alguma. Esta talvez seja a ideia mais difícil de ser assimilada pela mente humana: às vezes, as coisas acontecem sem motivo aparente, por puro acaso. Se há um conceito que nós seres humanos temos dificuldades em entender é o de aleatoriedade.

Nossas cabeças rejeitam a ideia de aleatoriedade. Mesmo quando um conjunto de dados ou imagens é inteiramente caótico, mesmo quando não há nenhuma ordem subjacente a identificar, ainda tentamos construir um sistema, um padrão, por meio do qual compreendemos nossas observações. Vemos o céu salpicado de estrelas ao acaso e as agrupamos em constelações. Enxergamos a imagem da Virgem Maria numa tortilha ou o rosto da madre Teresa num bolinho de canela.[7] Nossas cabeças, na tentativa de conferir ordem ao caos, nos pregam peças.

Os cassinos ganham tanto dinheiro porque exploram essa falha de nossos cérebros. É o que nos faz continuar apostando. Quem observa os apostadores em volta da roleta ou num jogo de dados quase invariavelmente encontra alguém numa "maré de sorte" – alguém que ganhou em várias rodadas seguidas. Por estar ganhando, o cérebro dessa pessoa enxerga um padrão, julga que a maré boa continuará e segue jogando. Também é provável ver alguém que continua apostando porque está perdendo. O cérebro do perdedor apresenta um padrão diferente, pelo qual a maré vai mudar em seu devido tempo. O coitado continua apostando por medo de parar antes de chegar a sua vez de ganhar. Nossas mentes se apegam a qualquer fiapo de sorte ou azar, vendo-o como prenúncio de um padrão a ser explorado. Infelizmente, a aleatoriedade dos dados e da máquina caça-níqueis garante que tais padrões não tenham nenhum fundamento na realidade. O resultado de cada lance de dados, de cada puxada da alavanca, não tem relação nenhuma com os eventos que o antecederam. Esta é a definição de aleatório: não há conexão nem padrão a ser descoberto. Não obstante, nossos cérebros se recusam a aceitar esse fato. É a *randomiopia*: a insistência em acreditar que existe ordem onde só há caos – a criação de padrões onde não é possível encontrar nenhum.

A randomiopia nos subjuga, fazendo com que até pessoas muito inteligentes acreditem em algumas idiotices. Em 2005, antropólogos publicaram um estudo na *Nature* – talvez o mais prestigioso periódico científico do mundo – mostrando como a aleatoriedade pode tornar plausível até a mais ridícula das ideias. O artigo analisava os resultados das competições de luta livre, boxe, e tae kwon do nas Olimpíadas de 2004. Nas provas, havia sempre um atleta de vermelho e outro de azul. Por acaso, os lutadores de vermelho venceram mais ou menos 55% das disputas, superando os adversários vestidos de azul. A conclusão? Roupas vermelhas ajudam os esportistas a vencer.

Um breve momento de reflexão bastaria para perceber o quanto a ideia é absurda. Como poderia a escolha de uma camiseta vermelha ou azul conferir qualquer vantagem significativa a um atleta? Mas os autores do estudo conseguiram construir uma história razoavelmente verossímil, fazendo a descoberta parecer respeitável o bastante para ser publicada numa revista científica de primeira linha: eles citaram um artigo no qual os cientistas põem faixas brancas em tentilhões zebra, fazendo com que os passarinhos tenham um comportamento mais dominante. Se isso acontece com os pássaros, por que não poderia acontecer também com os seres humanos? Os pareceristas da revista compraram a ideia, a pesquisa foi publicada, e a mídia de todo o mundo anunciou a descoberta para o público.

Na verdade, os autores estavam apenas estudando um punhado de informações aleatórias e construindo um padrão a partir de eventos fortuitos. Foi por mero acaso que um número ligeiramente maior de atletas de vermelho venceu adversários de azul, e não ao contrário, e os antropólogos elaboraram um estudo para explicar essa casualidade. (Se, ao contrário, houvessem encontrado mais vencedores de azul, poderiam forjar uma explicação usando outra espécie de pássaro, como a andorinha-azul, para a qual a cor azul é sinal de dominância.) Está claro, porém, que a conclusão dos pesquisadores é pura randomiopia. Se os antropólogos se dessem ao trabalho de analisar outras Olimpíadas, o falso padrão sem dúvida desapareceria. Com efeito, uma análise dos Jogos Olímpicos de 2008 mostra que não há nenhuma vantagem em usar vermelho. Se observarmos os vencedores das mesmas modalidades, parece haver uma ligeira *desvantagem*. Atletas de azul venceram mais provas que os de vermelho, em especial no caso da luta livre. A vantagem do vermelho simplesmente evaporou com um novo conjunto de dados.[8]

Com um pouco de boa vontade, podemos enxergar algum tipo de padrão em qualquer conjunto de dados aleatórios. Se formos espertos, conseguiremos fazer com que os outros também vejam o mesmo padrão. Por exemplo, podemos tomar uma série de dados totalmente aleatórios e representá-los num gráfico. O resultado será parecido com uma rajada de metralhadora, de onde não se pode extrair ordem alguma. Se traçarmos uma linha entre os pontos do gráfico, fazemos com que as pessoas enxerguem um padrão onde não há. Se formos convincentes o bastante, podemos até publicar o estudo num periódico especializado. Diagramas como o que se segue, publicados na *Nature* como comprovação da ideia de que mulheres de quadris largos têm mais filhos do sexo masculino, seriam motivo de riso se não fossem levados tão a sério.

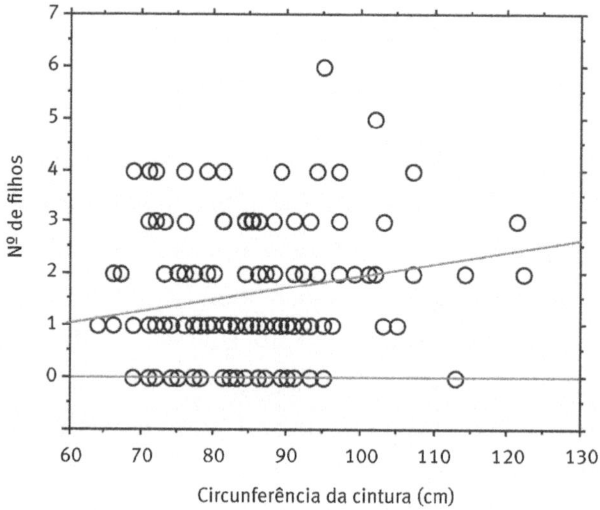

FIGURA 7 Falsa ordem de dados caóticos.

Traçar uma linha ou uma curva atravessando um amontoado de dados é um método muito eficaz de moldar a forma como as pessoas o interpretam. A linha é um símbolo de ordem, mostra que foi encontrado um padrão em meio ao caos dos pontos salpicados no gráfico. Ainda que nossos olhos não sejam capazes de enxergar o padrão diretamente, a linha nos diz o que *deveríamos* ver – mesmo quando não existe nada para ser visto.

Por exemplo, em 2007, um editorial do *Wall Street Journal* batia forte nos Estados Unidos pelos altos impostos cobrados das empresas – paradoxalmente, argumentava o jornal, um corte nos impostos aumentaria a arrecadação. Essa é uma tese contraintuitiva; um governo que desejasse arrecadar mais dinheiro dos cidadãos deveria elevar os impostos, não reduzi-los. Porém, a ideia de que os cortes aumentariam a receita era uma peça-chave da doutrina econômica da era Reagan (aquilo que George H.W. Bush certa vez chamou de "economia vudu"), adotada, desde então, por muitos conservadores. A tese pode ser expressa graficamente por uma linha em forma de montanha, a curva de Laffer, batizada em homenagem ao economista Arthur Laffer: à medida que se aumentam os impostos, a receita aumenta, chega a um ponto máximo e então cai para zero.

Ao representar num gráfico a relação entre carga tributária e arrecadação, os editores do *Wall Street Journal* identificaram claramente uma curva de Laffer nos dados.

Impostos corporativos e arrecadação em 2004

O eixo vertical representa a receita dos impostos como percentagem do PIB. O vertical representa as alíquotas do imposto corporativo cobrado pelos governos centrais.

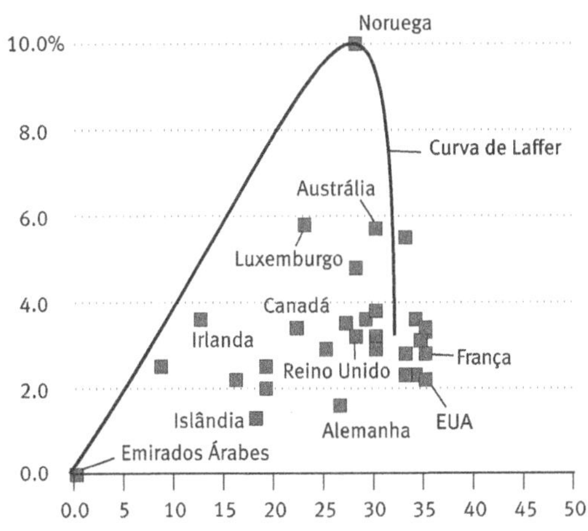

Fontes: Estatísticas de arrecadação da OECD, Kevin Hassett, American Enterprise Institute.

FIGURA 8 Uma curva risível.

É evidente que o *Wall Street Journal* teria desenhado uma mula sem cabeça entre os pontos, se essa fosse a figura prevista pela doutrina Reagan. Não existe nenhuma justificativa para traçar uma curva de Laffer, que sobe e desce, a partir desse conjunto específico de dados. Se fosse preciso traçar alguma coisa, uma linha para cima e para a direita se encaixaria melhor nos dados. Porém, ao desviar a curva para um ponto discrepante (a Noruega), o jornal recorreu à randomiopia para fazer com que Arthur Laffer parecesse um profeta, ainda que os dados o fizessem parecer um tolo.

Há risco de cair em falácias matemáticas mesmo quando os dados parecem se distribuir organizadamente, seguindo linhas e curvas, quando os números parecem encerrar um padrão. O mero fato de que um estatístico, economista ou cientista descobriu uma relação real e legítima entre conjuntos de dados não garante que essa relação tenha qualquer significado. Uma linha ou uma curva num gráfico, numa equação ou numa fórmula pode representar uma estreita correlação envolvendo grande volume de dados e, ainda assim, ser desprovida de qualquer valor.

Um bom exemplo disso é um artigo publicado na *Nature* em 2004, escrito por um heterogêneo conjunto de zoólogos, geógrafos e especialistas em saúde pública. O ilustre grupo de cientistas analisou o desempenho olímpico dos atletas nos cem metros rasos ao longo dos anos, encontrando alguns padrões notáveis. Os velocistas masculinos tornavam-se mais rápidos a cada ano, seus tempos na prova estavam diminuindo com tal constância que era possível traçar uma linha reta com os dados (o que foi feito pelos pesquisadores). As mulheres também estavam ficando cada vez mais rápidas, o que também podia ser facilmente representado por uma linha.

Os gráficos pareciam explicar os dados com perfeição. Os valores nunca se afastavam muito das linhas, de modo que os estudiosos estavam bem confiantes na capacidade de as linhas descreverem o desempenho de homens e mulheres nos cem metros rasos, mesmo num futuro longínquo. Se seguirmos as duas curvas, veremos que elas se cruzam – as mulheres igualam e, então, superam os homens – por volta do ano 2156. A conclusão: as corredoras serão mais rápidas do que os corredores em algum momento, em meados do século XXI.[9] Afinal, as linhas batem com os dados, e, no cruzamento destas, as mulheres ultrapassam os homens.

Essas linhas, porém, encobrem um absurdo. Estenda-as um pouco, e a tolice se torna patente. Até o ano 2224, aproximadamente, segundo o

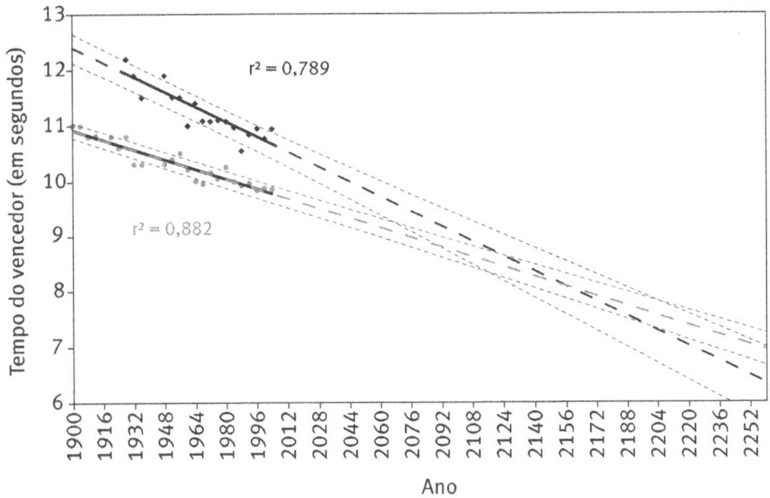

FIGURA 9 Um gráfico que mostra as mulheres superando os homens depois de 2156.

gráfico, as mulheres estarão correndo os cem metros em sete segundos – uma velocidade em torno de 50km/h. Algo ainda plausível… com muita boa vontade. Mas a linha não termina aí. Se continuarmos a acompanhá-la, veremos que, 150 anos depois, as atletas estariam alcançando quase 100km/h. Por volta do ano 2600, elas romperiam a barreira do som. Pouco depois, superariam a velocidade da luz e voltariam ao passado, ganhando as corridas antes mesmo da largada. É *impossível* que essas linhas de fato representem o que se passa com os dados – são representações imperfeitas da realidade.

Ainda que, à primeira vista, pareçam muito convincentes, as linhas deixam escapar o padrão subjacente aos dados. As mulheres participam de competições de corrida há menos tempo que os homens. Assim, não é nenhuma surpresa que o tempo delas esteja melhorando muito depressa, pelo menos em comparação com o deles. Com o amadurecimento do atletismo feminino, a melhoria se tornará mais lenta. A linha mudará de curso, ficando mais nivelada. Por fim, quando tanto homens quanto mulheres houverem atingido seus limites fisiológicos, a evolução cessará de todo. As linhas serão horizontais.

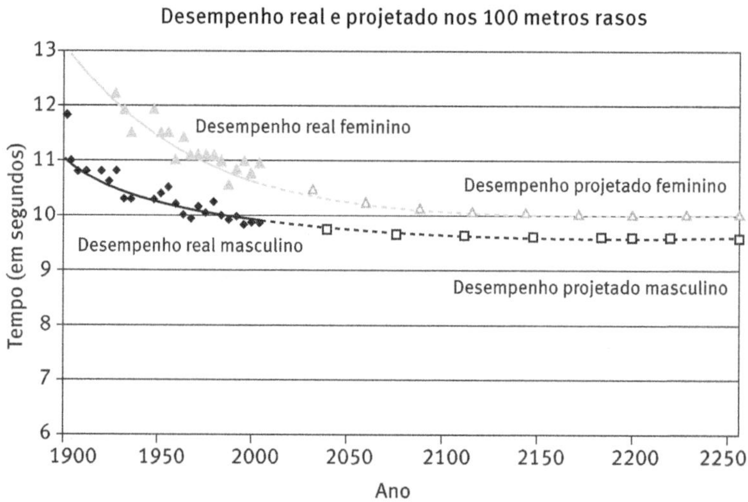

FIGURA 10 Um cenário futuro mais provável nas provas de velocidade.

Não é necessário que as linhas venham a se cruzar. Na verdade, é bem possível que a diferença entre o desempenho de homens e mulheres continue diminuindo por muitos anos, mas as mulheres jamais superarão os homens. Uma coisa, porém, é certa: os dados não podem seguir indefinidamente em linha reta. Isso iria contra as leis da natureza.

As leis naturais não foram suficientes para impedir que cientistas de alto gabarito fizessem previsões fajutas, chegando às manchetes com a profecia de que as mulheres ultrapassariam os homens em 2156. Nada indica que os editores da *Nature* rejeitassem o artigo. A revista deveria ter prestado mais atenção, não só pela tolice inerente à ideia de mulheres rompendo a barreira do som em meados do milênio. Na verdade, o periódico já fora vítima exatamente do mesmo tipo de previsão estúpida.

Em 1992, dois psicólogos analisaram os tempos de maratonistas nas categorias masculina e feminina, traçando linhas descuidadas e sem sentido a partir dos dados. Conclusão: as mulheres superariam os homens depois de 1998, com um tempo de 2h01min59seg.[10] Não passaram nem perto. O tempo da medalhista de ouro na maratona olímpica do ano 2000 foi de 2h23min14seg, e seu homólogo masculino a superou por boa margem, com uma diferença de mais de treze minutos. Apesar da previsão ousada da *Na-*

ture, reproduzida sem contestação pelo *New York Times* e outros jornais, as mulheres ainda estão mais de quinze minutos atrás dos homens, e mesmo o recorde mundial masculino ainda está a alguns minutos da marca de 2h01min59seg, que já deveria ter sido quebrada há mais de uma década.

É facílimo gerar uma linha, curva, equação ou fórmula que pareça descrever um padrão num conjunto de dados, embora não tenha nenhum valor real. Esses padrões falsos parecem convincentes em sua roupagem matemática. Porém, quando tentamos usá-los para prever alguma coisa – explorar o padrão para dizer algo novo sobre o universo –, revelam-se um fracasso. Não obstante, cientistas, economistas, especialistas em saúde pública e todo tipo de gente com acesso a software estatístico básico produzem curvas, linhas, equações e fórmulas inúteis num ritmo espantoso. Esse é outro tipo de falácia matemática, a *regressão à lua*.

A análise de regressão é uma ferramenta matemática usada para criar linhas, curvas, fórmulas ou equações compatíveis com um conjunto de dados. É uma técnica extremamente poderosa, capaz de extrair depressa um padrão de qualquer dado fornecido. Contudo, quando usada de modo errado, os resultados não fazem sentido, ou são uma completa bobagem. A comparação entre os tempos de atletas masculinos e femininos são um exemplo claro, pois o padrão encontrado pelos cientistas era intrinsecamente absurdo. Tomado ao pé da letra, levaria à conclusão de que os corredores voltarão para o passado. Muitas vezes, os problemas são mais sutis.

Na década de 1980, os economistas tiveram um ataque por causa de uma pesquisa da Universidade Yale. Ray Fair, um jovem economista, fizera uma análise de regressão com dados econômicos de 1912 a 1976, chegando a uma equação que, se estivesse correta, teria consequências espantosas, sendo capaz de prever, com muita antecedência, o vencedor de uma eleição presidencial. Bastaria inserir um punhado de indicadores econômicos – inflação, taxa de crescimento e mais alguns fatores –, e *voilà*, conheceríamos o novo presidente. Guerras, questões internas, política externa – tudo isso seria mais ou menos irrelevante. A situação econômica determinaria o vencedor de qualquer eleição. Eis uma equação que, sem dúvida alguma, faria sucesso entre os economistas.

A equação de Fair previu que Reagan derrotaria Carter com 55,4% dos votos. Reagan ganhou com 55,3%. Os economistas de todo o mundo estavam eufóricos. Em 1986, Fair previu que Reagan bateria Mondale. Ele acertou. Em 1988, a equação dizia que George H.W. Bush derrotaria Dukakis com facilidade. Foi o que aconteceu. Tratado como herói pelos economistas, Fair se pavoneava, gabando-se da precisão de suas previsões. A equação era ensinada nas disciplinas introdutórias das faculdades de economia, como um atestado da incrível eficácia das projeções econômicas. Então, em 1992, Fair declarou que o vencedor da próxima eleição, com 57,2% dos votos, seria George H.W. Bush. Ele aniquilaria o estreante William Jefferson Clinton, voltando à Casa Branca para o segundo mandato com uma votação esmagadora.

Pssssss... dava quase para ouvir os egos dos economistas murchando com a chegada dos resultados eleitorais. Fair, humilhado, consertou a equação corrigindo os erros que cometera. Em um artigo publicado em meados de 1996, às vésperas de mais uma eleição presidencial, arriscou outra previsão, um pouco mais cautelosa: "O que a equação diz é, basicamente, que a eleição de 1996 terminará com uma leve vantagem para os republicanos." Ops. Clinton derrotou Dole com uma diferença quase tão grande quanto a da vitória de Reagan sobre Carter.

O problema é que a equação de Fair era uma regressão à lua. Era um modelo elaborado, capaz de identificar um padrão nos dados. Esse padrão, porém, não tinha nenhum significado. (Qualquer sucesso que Fair possa ter tido pode ser explicado pelo ditame do senso comum segundo o qual o atual ocupante do cargo é beneficiado quando a economia vai bem.) A fórmula funcionava muito bem para explicar eleições passadas, mas de nada servia quando se tratava de prever resultados futuros: um sinal inequívoco da falsidade do padrão. Quase todas as previsões eleitorais sofrem dos mesmos problemas. Entra ano e sai ano, os economistas e outros estudiosos aparecem com seus modelos de regressão, prevendo coisa que na maioria das vezes não se realizam. Em dias de noticiário fraco, esses especialistas chegam a ganhar espaço na primeira página dos grandes jornais: "A diferença vai ser grande", trombeteou um economista na primeira página do *Washington Post* em 2000 – Gore venceria com 56,2% dos votos depositados para os dois candidatos principais.[11] Sim, claro.

Os campeões das regressões estúpidas, porém, são os professores que inventam equações e fórmulas para tudo e mais um pouco, havendo ou não um aspecto que permita a elaboração de uma fórmula matematicamente válida. Esse é um dos passatempos favoritos dos sábios em busca de atenção, pois a mídia parece engolir essas equações fajutas e indigestas sem um pingo de ceticismo. Em 2003, a BBC alardeou a descoberta de um segredo buscado pelos filósofos há milênios: a fórmula da felicidade. Não é nada muito complicado:

$$\text{Felicidade} = P + (5 \times E) + (3 \times H)$$

Espera-se que a equação faça sentido quando o significado das variáveis é explicado. *P* significa "características pessoais" – uma mentalidade otimista corresponde a uma pontuação mais alta. *E* significa "existência" e reflete nossa saúde. *H* são as "necessidades de ordem superior", como a massagem no ego que ganhamos da imprensa bajuladora quando conseguimos publicar nossas fanfarronices. A fórmula é claramente absurda. Tais conceitos não são quantificáveis – *P*, *E* e *H* não podem ser medidos –, portanto, trata-se de uma equação imprestável, baseada em números de Potemkin. Equações desse tipo representam a mais reles dentre todas as variedades de regressão à lua. Nem sequer são tentativas sinceras de explicar os dados. Ainda assim, essas fórmulas fajutas emergem com frequência dos pântanos da academia. Quer saber qual é o dia mais deprimente do ano? Use a fórmula criada na Cardiff University:

$$\text{Infelicidade} = \tfrac{1}{8}W + (D - \text{d})\ \tfrac{3}{8} \times TQ\ M \times NA,$$

onde *W* é tempo, *D* é endividamento, *M* é motivação, *NA* é a necessidade de agir, e assim por diante.[12] Em 2005, quando a fórmula foi divulgada, ficou possível provar – cientificamente – que 24 de janeiro foi o dia mais infeliz do ano.

Há muitas maneiras de produzir falsidades numéricas a partir de um conjunto de dados, muitas formas de criar falácias matemáticas mesmo quando se parte de medições válidas. O causuísmo distorce a relação entre dois conjuntos numéricos. A randomiopia gera padrões onde estes não existem. A regressão à lua encobre absurdos sob uma roupagem matemática, em equações ou fórmulas, fazendo com que até as maiores tolices pareçam respeitáveis. Vejam o exemplo dessa fórmula:

$$\text{Calipigieidade} = (S + C) \times (B + F) \,/\, (T - V),$$

onde S representa a forma, C a circularidade, B a elasticidade, F a firmeza, T a textura e V a proporção entre a cintura e o quadril. A equação foi elaborada por uma equipe de psicólogos universitários após muitas horas de intensa pesquisa do *derrière* feminino. A fórmula pretende descrever a bunda perfeita.

Na verdade, é a fórmula de um perfeito bundão.

3. Negócio arriscado

> "Em cada um desses casos, as empresas e seus executivos enriqueceram correndo riscos excessivos. Em cada um desses casos, as empresas quebraram quando as coisas deram errado. E, em cada um desses casos, os executivos estão escapando com milhões de dólares, enquanto os contribuintes arcam com bilhões de dólares em custos."
>
> HENRY WAXMAN, Audiências sobre as causas e efeitos do socorro financeiro à AIG, 7 out 2008

A PROBABILIDADE DE UM DESASTRE era incrivelmente alta.

Em 18 de julho de 1969, dois dias antes de Neil Armstrong e Buzz Aldrin pisarem na Lua pela primeira vez, um redator da equipe do presidente Nixon escreveu um discurso para uma situação muito provável:

> O destino determinou que os homens que foram à Lua para explorá-la em missão de paz lá permanecessem para descansar eternamente. Esses bravos homens, Neil Armstrong e Edwin Aldrin, sabem que não há esperanças de resgate. Mas sabem também que seu sacrifício trouxe esperança para a humanidade.
>
> Esses dois homens dedicaram a vida ao mais nobre objetivo da humanidade: a busca da verdade e do conhecimento. Sua família e seus amigos ficarão de luto por eles; seu país ficará de luto por eles; as pessoas do mundo ficarão de luto por eles; a mãe Terra ficará de luto por ter se aventurado a enviar dois de seus filhos ao desconhecido. Em sua pesquisa, eles levaram as pessoas do mundo a se sentir como uma só; em seu sacrifício, estreitam os laços da fraternidade humana. …

> Pois cada ser humano que olhar para a Lua nas próximas noites saberá que existe algum canto de outro mundo que será para sempre a humanidade.

É difícil compreender o quanto as missões à Lua eram realmente arriscadas. Quando a Nasa pediu que a General Electric calculasse as chances de uma aterrissagem bem-sucedida de homens na Lua, trazendo-os de volta à Terra sãos e salvos, a resposta obtida foi chocante: menos de 5%. De acordo com os números (reconhecidamente grosseiros), uma aterrissagem na Lua era tão arriscada que seria uma temeridade tentar. Se a Nasa desse atenção aos cálculos, as missões da Apollo deveriam ser abortadas – um terrível desastre político para a agência e uma humilhação para a nação. Então, a Nasa fez o que costuma fazer em tais circunstâncias: amassou os documentos com os cálculos, jogou-os na lata de lixo e levou o programa adiante assim mesmo. Nesse caso, pelo menos, essa foi a decisão mais acertada. Embora quase tenha ocorrido o pior – a missão Apollo 13 por um triz não acabou com três astronautas mortos –, as aterrissagens na Lua nunca teriam acontecido se a agência espacial não houvesse desconsiderado os riscos.

Os engenheiros da Nasa ficaram famosos pela bravata dizendo: "Nós conseguimos fazer as coisas." Nenhuma tarefa era difícil demais para os obstinados cientistas de foguetes. A agência zombava até das possibilidades mais assustadoras. Mesmo que os números fossem desoladores, e os riscos, enormes, os administradores do programa espacial os desconsideravam e iam adiante – com bons motivos. Se o Congresso desconfiasse de quanto eram arriscados os projetos de voos espaciais tripulados da Nasa, os programas poderiam ter sido cancelados. Era do interesse da agência ignorar os riscos e manter vivos seus projetos. Em certas ocasiões, chegava-se a ponto de manipular os números para que os foguetes parecessem muito mais seguros do que de fato eram.

Em 1983, a Força Aérea dos Estados Unidos encomendou um estudo para calcular o risco de que um novíssimo sistema de lançamento de ônibus espaciais os fizesse explodir durante o lançamento. Os pesquisadores concluíram que a probabilidade de um desastre era perigosamente alta. Como dois dos autores do trabalho escreveram, "a probabilidade de uma falha no propulsor de foguetes sólidos (SRB) destruir o ônibus espacial era de aproximadamente 1 em 35, com base na experiência anterior com essa tecnologia". Uma em 35 era um nível de risco enorme e inaceitável. Afinal, a ideia era que os ônibus espaciais pudessem voar centenas de vezes, trazendo sua tripulação de volta com segurança em todas as missões. Se o ônibus espacial, em média, perdesse uma tripulação de sete astronautas uma vez a cada 35 voos, o programa teria de ser abandonado. Assim, a Nasa ignorou o estudo, decidindo, em vez disso "contar com a avaliação de sua equipe de engenharia e usar a estimativa de uma em cada 100 mil probabilidades de falhas no SRB". Em outras palavras, simplesmente jogaram fora a chance de 1 em 35 e a substituíram por outro cálculo muito mais aceitável – um número pelo qual seria possível lançar um ônibus espacial todos os dias durante décadas, totalizando milhares e milhares de lançamentos, e esperando que não ocorresse nem uma falha.

Em 28 de janeiro de 1986, pouco mais de meio segundo depois de deixar a base, uma nuvem de fumaça cinza vinda do propulsor sólido de foguetes direito da Challenger anunciava um desastre. Ninguém sabia, na época, mas um pequeno lacre de borracha no propulsor havia falhado. Aos 59 segundos de voo, uma pequena chama surgiu do propulsor, e, em pouco tempo, a conflagração fugiu do controle. Setenta e três segundos depois do lançamento, a 14 mil metros de altitude, a nave explodiu numa enorme bola de fogo amarela esbranquiçada. Foram necessários apenas 25 lançamentos do ônibus espacial para que a Nasa fosse atingida pelos riscos.

A direção da agência havia deliberadamente subestimado os riscos de um voo no ônibus espacial. Em vez de enfrentar a desagradável realidade de que os propulsores eram perigosos, a Nasa decidiu construir uma mentira mais aceitável. Como disse o físico Richard Feynman, membro do comitê de investigação da Challenger: "Que eu saiba, 'avaliação da equipe de engenharia' significa que eles vão simplesmente inventar números!" Em vez de realmente avaliar a probabilidade de o ônibus espacial encontrar problemas, os diretores do órgão partiriam de um nível de risco aceitável e trabalharia a partir dele. "Estava claro que os números ... eram escolhidos de modo que, após todos os cálculos, chegássemos a uma em 100 mil", escreveu Feynman. As estimativas de risco da Nasa eram completamente fictícias, e ninguém percebeu até que o desastre houvesse ocorrido.

Os riscos podem nos pregar peças. Somos muito ruins em estimá-los. Passamos muito tempo nos preocupando com eventos menos comuns, embora mais chocantes (impactos de meteoros, sequestros de crianças e ataques de tubarões), quando na verdade deveríamos estar preocupados com – e prevenidos contra – riscos mais triviais (derrames, ataques cardíacos e diabetes), que têm muito mais chance de encurtar nossas vidas. Gastamos nosso dinheiro na vã fantasia de ganhar na loteria ou conseguir dinheiro fácil em algum esquema do tipo "fique rico sem esforço", em vez de pagar faturas de cartão de crédito que têm uma séria chance de nos arruinar. Temos pavor de morrer num desastre de avião, mas não nos preocupamos nem um pouco quando dirigimos pela estrada em alta velocidade falando ao celular. Não temos um medidor interno de quais comportamentos são realmente perigosos e quais não são.

Na década de 1980, os economistas Daniel Kahneman (que mais tarde ganharia um Prêmio Nobel) e Amos Tversky mostraram quão irracionais os seres humanos podem ser ao lidar com riscos. Em um teste, os pesquisadores apresentaram aos participantes uma situação em que era necessário fazer uma difícil escolha: "Imagine que os Estados Unidos estejam se preparando para o surto de uma incomum doença asiática, que provavelmente tirará a vida de seiscentas pessoas. Foram propostos dois programas alternativos para combater a doença."

Os dois programas são muito diferentes – um é conservador, com alta probabilidade de salvar um pequeno número de pessoas, e o outro é arriscado, com pequena probabilidade de salvar um grande número de pessoas. O participante tinha de tomar uma decisão sobre qual estratégia escolher: a conservadora ou a arriscada. Mas havia um porém. Os economistas apresentaram exatamente a mesma escolha, mas com um enunciado levemente diferente, a dois grupos distintos. Para o primeiro, o enunciado enfatizava as vidas que seriam salvas da doença; para o segundo, a ênfase recaía sobre as mortes provocadas pela moléstia, não sobre os sobreviventes.

Essas diferenças de enunciado eram mera questão de forma. Em termos matemáticos, os dois cenários eram idênticos. Se as pessoas fossem criaturas lógicas, as escolhas dos primeiro grupo deveriam ser as mesmas que as do segundo. Contudo, Kahneman e Tversky descobriram que a redação dos programas fazia uma enorme diferença – era o modo como as opções eram apresentadas, e não a matemática, que determinava o comportamento dos participantes. Quando a apresentação enfatizava os sobreviventes, mais que as vítimas, a maioria esmagadora – 72% contra 28% – votava a favor da rejeição da estratégia arriscada, adotando, ao contrário, a alternativa conservadora, que salvaria alguns pacientes com grande certeza, mas deixaria outros morrer. Quando, porém, o enunciado falava de vítimas, em vez de sobreviventes, os participantes, de repente, se mostravam menos avessos a riscos, e votavam de maneira ainda mais esmagadora – 22% contra 78% a favor de fazer uma aposta desesperada para salvar mais vidas. Os riscos eram exatamente os mesmos, em ambos os casos, mas as pessoas, com seu péssimo senso de risco, não conseguiam perceber isso. Os participantes do teste não tomavam suas decisões baseados na lógica, mas em como a autoridade competente lhes apresentava os riscos.

Pequenas mudanças no enunciado podem fazer parecer que vale a pena correr um enorme risco; ou fazer um risco insignificante ser visto como um grande perigo. Por conseguinte, somos vulneráveis à manipulação. Não conseguimos detectar com facilidade quando alguém está deliberadamente subestimando ou exagerando os riscos. Somos vítimas do mau gerenciamento de risco.

Talvez mais que qualquer outra forma de falácia matemática, o mau gerenciamento de risco pode significar bons negócios. No caso da Nasa, representava milhões de dólares. Ao subestimar os riscos envolvidos nas missões dos ônibus espaciais, a agência conseguiu financiamento do Congresso para levar adiante um projeto desastroso – um programa que mataria quatorze astronautas em troca de ganhos palpáveis muito pequenos. E há empresários que pretendem seguir os passos da Nasa. Entretanto, voos espaciais são apenas uma pequena parcela do quadro. Grande parte de nossa economia gira em torno de riscos – riscos e dinheiro andam de mãos dadas. Há setores inteiros da economia dedicados a gerenciar e avaliar riscos. As empresas descobriram como ganhar uma quantidade incrível de dinheiro medindo, agrupando, dividindo e manipulando riscos. E onde há dinheiro a se ganhar, há mau gerenciamento de risco. Se fizermos um estudo aprofundado que alcance o cerne da atual crise financeira, veremos o mau gerenciamento de risco olhando no fundo de nossos olhos. O mau gerenciamento de risco está aleijando nossa economia e, no processo, tornando um pequeno punhado de malfeitores muito, muito ricos.

A Nasa não é a única alternativa disponível quando se trata de levar gente ao espaço à custa de riscos mal gerenciados. O magnata das linhas aéreas Richard Branson trabalha duro na tentativa de enganar investidores privados assim como a agência enganou o Congresso. Branson hoje dirige uma empresa privada de voos espaciais, a Virgin Galactic, que, nos cinco primeiros anos de operação, supostamente levará um número estimado de 3 mil passageiros ao espaço. Com segurança. "A Virgin tem uma compreensão detalhada do que é preciso para gerenciar e operar organizações de transporte complexas de modo seguro, todos os anos", vangloria-se o website da empresa. "Isso só pode ser alcançado com a experiência obtida gerenciando empresas como a Virgin Atlantic Airlines e a Virgin Trains, que transportam milhões de passageiros todos os anos e têm desfrutado de um excelente histórico de segurança." Se formos acreditar na Virgin, os voos espaciais não serão mais arriscados que uma pequena excursão num jato particular.

Besteira. Este é um caso típico de mau gerenciamento de risco. Ao comparar voos espaciais a viagens de avião e trem, Branson está deliberadamente subestimando os riscos, que são extremos. É uma tarefa muito perigosa acumular energia suficiente em um cilindro para fazê-lo chegar ao espaço – e é igualmente perigoso quando, ao reentrar na atmosfera, recebemos essa energia de volta e temos que dissipá-la sob a forma de calor. Os seres humanos já se aventuram no espaço há meio século, e as chances de sobrevivência não melhoraram muito com o tempo. Ao longo da história dos voos espaciais, cerca de um em cada cem foguetes tripulados por seres humanos matou seus passageiros, e parece improvável que esse risco vá mudar em um futuro próximo.

Uma chance em cada cem pode não parecer tanto, em especial considerando o raro privilégio de se tornar um astronauta. Mas, quando se trata de riscos, é extraordinariamente alta. A título de comparação, se as aeronaves de passageiros norte-americanas apresentassem hoje a mesma taxa de falhas, haveria algo em torno de 275 desastres aeronáuticos com 20 mil vítimas fatais por dia, nos Estados Unidos. Uma chance em cada cem de morrer toda vez que se pisa em um avião condenaria o setor aéreo à ruína. Um risco de morte de 1% é simplesmente perigoso demais para qualquer forma de transporte ser comercialmente viável. Se formos nos guiar pelo índice histórico de falhas, com a taxa projetada pela empresa de um lançamento por semana, há apenas uma chance em cada três de a Virgin Galactic passar dois anos sem um desastre como o da Challenger. No geral, as chances de levar todas as 3 mil pessoas ao espaço e de volta para casa em segurança são de aproximadamente 0,5%. É quase certo que, mais cedo ou mais tarde, morrerá gente. Mesmo que a empresa sobreviva ao constrangimento e à investigação, conseguindo retomar as decolagens, será apenas uma questão de meses até que aconteça outra explosão.

A meu ver, Branson está menosprezando os riscos, o que o ajudou a convencer mais de 250 candidatos a astronauta a investir US$ 30 milhões em depósitos antecipados para fazer passeios no espaço. Ele também convenceu os políticos e o público. Em 2005, políticos do Novo México começaram a gastar dezenas de milhões de dólares – e o governador prometeu levantar outros US$ 225 milhões – para a construção de um espaçoporto. Dois condados do Novo México chegaram a aprovar um imposto sobre a venda de mercadorias para financiar o projeto. Sendo um esperto homem de negócios, Branson provavelmente sabe que menosprezar os riscos pode ser muito lucrativo. Na verdade, há duas maneiras básicas de gerenciar mal os riscos e ganhar com isso. Como a Nasa ou como Richard Branson, podemos subestimá-los, fazendo com que algo pareça mais seguro do que de fato é. De maneira inversa, podemos partir de uma coisa banal e exagerar os riscos, fazendo com que a imaginação popular enxergue uma enorme ameaça.

Os jornalistas são particularmente afeiçoados a essa última prática. Quanto mais assustadora a história, maior a audiência. E nada vende mais do que o Armagedon. Perto da virada do milênio, havia uma verdadeira febre de asteroides ameaçadores. Em 1998, a descoberta de um grande asteroide deu aos repórteres a oportunidade de atrair a atenção dos leitores com manchetes como "26 de outubro de 2028 pode ser nosso fim". Em 2002, outro asteroide fez surgir preocupações similares: "O mundo acabará em 1º de fevereiro de 2019 (possivelmente)." Os jornalistas não pareceram desanimar quando os astrônomos lhes disseram, repetidas vezes, que o risco de uma verdadeira colisão era baixo. Com mais observações, diziam os cientistas, seria possível determinar as órbitas dos asteroides de maneira mais precisa, e a colisão seria descartada – como de fato foi. Mas as histórias eram boas demais para serem deixadas de lado. Na verdade, todo cenário de juízo final, não importa quão implausível, oferece a garantia de conseguir pelo menos algum nível de atenção na mídia. Toda vez que os físicos põem em funcionamento um colisor de átomos de alta energia – o Tevatron em 1985, o Colisor Relativístico de Íons Pesados em 2000, o Grande Colisor de Hádrons em 2008 –, a imprensa retoma a tagarelice sobre afirmações bizarras de que a máquina destruirá a Terra ou mesmo o Universo. As transmissões radiofônicas e a televisão estão cheias de teorias: a nova máquina criará pequenos buracos negros que engolirão a Terra; o aparelho produzirá uma variedade de partícula conhecida como *strangelet* que destruirá o planeta, ou mudará a estrutura do espaço e do tempo de tal forma que poderia aniquilar todo o Universo. (Embora nenhum estudioso afirme que esses cenários sejam *impossíveis* – afinal, o conhecimento científico é incerto e experimental –, todo cientista convencional concorda que todos eles são extremamente improváveis.) Contudo, a cada vez que uma dessas novas máquinas é ligada, sempre há manchetes como "O fim está próximo? Experimento científico poderia engolir a Terra, dizem os críticos", e "Físicos temem que a máquina do big bang possa destruir a Terra". Ninguém parece se importar com a ciência. Todos estão fascinados com a perspectiva do Armagedon, não importa o quanto ela seja remota.

O medo vende tão bem que a imprensa ultrapassa os limites da ética para fazer algo parecer mais arriscado do que realmente é. Em 23 de novembro de 1986, o correspondente do programa *60 Minutes,* Ed Bradley, divulgou alegações de que determinado modelo de automóvel – o Audi 5000 – estava sujeito a solavancos de aceleração repentinos e inesperados mesmo quando o motorista pisava no freio. Foi uma reportagem comovente; uma mãe aos prantos contava sobre o terror que sentira ao perder o controle de seu Audi e atropelar o próprio filho. Foi também surpreendente. Em dado momento, exibia-se um segmento assustador, que começava com um Audi parado em ponto morto. De repente, o acelerador acionava sozinho, e o carro saía desabalado, sem motorista. As vendas da Audi caíram vertiginosamente – de cerca de 74 mil veículos, em 1985, para míseras 12 mil unidades. Afinal, se Ed Bradley estivesse correto, não restava dúvida de que aqueles automóveis eram armadilhas mortais.

Tudo não passava de uma ilusão, e uma ilusão relativamente implausível, para falar a verdade. O motor do Audi 5000 não era forte o suficiente para prevalecer sobre os freios – se o motorista estivesse com o pé no freio, o carro ficaria imóvel mesmo que o motor estivesse rodando na potência máxima. (E, em todos os acidentes em questão, os freios do Audi estavam funcionando perfeitamente.) Quando o caso foi investigado pela National Highway Traffic Safety Administration, descobriu-se que as acelerações não intencionais eram causadas pelo fato de os motoristas pisarem no pedal do acelerador, e não no do freio. Em cada um dos incidentes, o motorista em pânico, tentando parar o carro, pressionava o acelerador cada vez mais, fazendo o Audi perder o controle. (O que explica por que os investigadores dos acidentes com os Audis ocasionalmente encontravam os pedais dos aceleradores entortados pela pressão do pé do motorista.) Uma investigação feita no Canadá chegou à mesma conclusão. Os Audis não apresentavam nenhum defeito, não havia nada de errado com eles. Mas o *60 Minutes* tinha um registro em vídeo da aceleração inesperada! E quanto à estranha cena do pedal do acelerador acionado sem que ninguém o pressionasse, enquanto o Audi saía em disparada, fora de controle? É aí que o típico marketing do medo adotado pelo programa se transforma em autêntica má conduta jornalística. A demonstração era falsa. Ao que parece, um "especialista" em segurança havia feito um buraco na transmissão do automóvel e forçado a entrada de ar comprimido – era a pressão desse ar que fazia o acelerador baixar "sozinho". Bradley nunca deu a entender que o Audi tinha sido adulterado. O *60 Minutes* conseguira enganar os espectadores, levando-os a acreditar que havia de fato um risco, quando isso era pura ficção.[1]

O exagero dos riscos – e do medo provocado por esses riscos – é um instrumento poderoso, e não somente nas mãos dos jornalistas. Há muito tempo os políticos sabem que a população costuma apoiar seus líderes em tempos de crises, de modo que existe um interesse em fazer as ameaças parecerem maiores do que realmente são. Segundo alguns críticos, o Homeland Security Advisory System – o sistema de alerta de cinco níveis, representados por cores, criado pouco depois dos ataques do 11 de Setembro – não é nada além de uma maneira institucionalizada que o Executivo encontrou para manipular a sensação de risco de um ataque terrorista. Embora seja difícil adivinhar as motivações do governo Bush, há indícios inquietantes de que o sistema de alerta foi manipulado para fins políticos. Em primeiro lugar, o nível de alerta nunca foi rebaixado a um grau inferior ao nível três ("amarelo") desde os ataques do 11 de Setembro, indicando um risco "elevado" de ataques terroristas. "Elevado" significa "mais alto que o usual", então, não faz nenhum sentido declarar que a situação cotidiana nos expõe a um risco mais alto que o normal de um ataque terrorista. É impossível ter um risco eternamente elevado, assim como é impossível que todas as crianças em Lake Woebegon sejam alunos acima da média. Outro indício está nos sinais de que as considerações políticas ocasionalmente desempenham um papel na elevação e na diminuição do nível de alerta. Por exemplo, em 2003, durante a preparação para a invasão do Iraque, o governo admitiu ter relaxado o alerta do estágio dois ("laranja") para o estágio três ("amarelo"), não por alguma mudança no nível de ameaça, mas para poderem elevá-lo novamente alguns dias antes do início da guerra. Finalmente, há evidências que são muito perturbadoras, mas devem ser encaradas com reservas. Um estudo de 2004 parecia indicar que toda vez que o governo emitia um alerta de terror, as taxas de aprovação do presidente disparavam. Os benefícios de assustar o público são claríssimos.[2]

Não obstante, para quem deseja ganhar rios de dinheiro, o segredo é subestimar os riscos – e não exagerá-los. Os milhões de Richard Branson e os bilhões da Nasa são apenas uma gota no oceano. Executivos espertos já descobriram como conseguir um enriquecimento espetacular por meio do mau gerenciamento de risco, e seus delitos são tão grandes que colocam toda a economia mundial em enorme perigo. Uma crise econômica internacional sem precedentes estourou em 2007 pelo mau gerenciamento de risco.

No mundo das finanças, risco e recompensa são dois lados da mesma moeda. Investimentos seguros – aqueles que oferecem riscos extremamente baixos – dão ao investidor muito pouco dinheiro. Para obter lucros altos, precisamos estar dispostos a correr riscos significativos. Temos de aceitar que nossos ganhos talvez nunca se materializem, e que podemos até perder o dinheiro investido. Investidores bem-sucedidos não são pessoas cujas apostas estão sempre certas. Warren Buffett costuma perder dinheiro quando alguns dos riscos a que se submete não tomam o rumo desejado. Investidores bem-sucedidos são aqueles que têm um talento especial para extrair o máximo dos riscos que estão dispostos a correr. São aqueles que maximizam o lado bom, o retorno sobre um investimento, mantendo o lado ruim, os riscos a que estão sujeitos, num nível mínimo. Já quando queremos que as pessoas nos deem dinheiro – que invistam em nós –, temos de lhes proporcionar bons retornos com um mínimo de riscos. Quanto menos risco nós parecermos oferecer, mais dinheiro receberemos. É por isso que o mau gerenciamento de risco é um negócio tão bom. Se conseguirmos subestimar os riscos em nossos negócios, se conseguirmos escondê-los ou transferi-los a outros, ganharemos bilhões.

No final da década de 1990, a empresa de energia Enron nadava em dinheiro. Seus executivos eram multimilionários; em determinado momento, seu fundador, Ken Lay, valia US$ 400 milhões. A Enron gerava lucros enormes para seus investidores e depressa se tornou uma das queridinhas de Wall Street. Em 1995, a revista *Fortune* classificou a Enron como a empresa mais inovadora dos Estados Unidos. Em 1996, a empresa recebeu o título novamente – e em 1997, 1998, 1999 e 2000. Mas tudo isso era uma fachada para o mau gerenciamento de risco. Lay e seus colegas estavam ganhando dinheiro, em parte, pela transferência de riscos de um lado para outro, na tentativa de protegê-los do exame de observadores externos. Haviam criado uma enormidade de empresas de fachada (muitas das quais, como a Chewco, a Obi-1 Holdings e a Kenobe, tinham nomes inspirados na série *Guerra nas estrelas*) para esconder o quanto a Enron era um investimento arriscado. Essas empresas assumiam grande parte da dívida da Enron, tirando-a dos registros contábeis da matriz. Por conseguinte, a Enron parecia imaculadamente limpa, quando na verdade estava afundada em dívidas bilionárias – e trazia nas costas dezenas de empresas de legitimidade duvidosa, a ponto de falir. Quando o mau gerenciamento de risco veio à tona, os investidores tiraram o corpo fora, e o "castelo de cartas" veio abaixo, levando consigo a economia de muitos investidores que não tinham a mínima ideia de que a Enron era um investimento arriscado.[3]

Se soubermos movimentar os fluxos financeiros de lá para cá com a devida esperteza, seremos capazes de camuflar os riscos e criar do nada uma verdadeira máquina de fazer dinheiro. Bernard Madoff, no auge, acumulou mais de US$ 800 milhões. Transferindo dinheiro de um cliente para outro, o financista conseguia esconder quão arriscada era sua empresa de investimentos (e que estava enriquecendo com dinheiro roubado dos investidores). Graças a suas manipulações, Madoff conseguiu ocultar a verdade por mais de uma década – até que os mercados entraram em colapso, expondo, de uma hora para outra, o fato de que seus cofres estavam vazios.

Enquanto enriquecia, Madoff causou a seus clientes perdas superiores a US$ 50 bilhões, o que o fez merecer mais de 150 anos na prisão.

Os Ken Lay e Bernie Madoff do mundo são capazes de fazer dinheiro escondendo o risco e mudando-o de lugar, decepcionando, assim, os investidores. Quando a ação criminosa entrou em colapso, os malfeitores, justificadamente, receberam muita atenção da imprensa, à medida que eram ridicularizados e perseguidos. Contudo, por maiores que fossem as fraudes, elas nada significavam quando comparadas ao risco de mau gerenciamento que atingia o cerne da economia americana. No jogo da lucratividade, Madoff e Lay podem ser incluídos na categoria dos amadores.

Da mesma maneira que pode ser escondido ou transferido de um lugar para outro, o risco também pode ser repartido e vendido. As empresas de seguro nada mais são que depósitos de risco. Pagamos um preço para que as seguradoras assumam um risco por nós. Com medo de um incêndio em sua residência? De atropelar alguém? De ser processado? Por uma quantidade suficiente de dinheiro, você pode convencer uma empresa de seguros a indenizá-lo. É um negócio lucrativo – se você compreender os riscos.

Como exemplo, imagine que você queira vender seguros contra incêndio. É preciso levar em conta o risco de ocorrência de um incêndio residencial (digamos que haja uma em 250 chances de uma típica residência norte-americana pegar fogo em um ano) e o tamanho do prejuízo que pode ser causado pelo fogo (US$ 20 mil). Essas duas informações lhe dizem quanto você terá de pagar para cobrir pedidos de indenização e, assim, quanto terá que cobrar pelo seguro. De fato, de posse desses números, podemos ter uma renda excelente cobrando US$ 100 por ano de cada cliente em prêmios de seguro.

Como o risco de um incêndio é de um em 250, para cada 10 mil clientes que tivermos, podemos esperar que aproximadamente quarenta sejam vítimas de incêndio em determinado ano. Cada um desses quarenta incêndios nos custará algo em torno de US$ 20 mil – um total de US$ 800 mil em prejuízos que nossa empresa deve cobrir. Mas, ao mesmo tempo, os clientes estão nos pagando US$ 1 milhão em prêmios, deixando-nos com um belo lucro de US$ 200 mil. Tudo que precisamos fazer é ficar ali vendo o dinheiro entrar e fazer pagamentos ocasionais. Para ganhar dinheiro dessa maneira, no entanto, precisamos conhecer muito bem os riscos envolvidos. Se nossas estimativas de risco estiverem erradas, se houver sessenta incêndios em um ano, em vez quarenta, teremos de pagar US$ 1.200.000 em indenizações – US$ 200 mil a mais que a quantia recebida em prêmios, o que provocará nossa falência. Então, fazemos tudo o que está ao nosso alcance para manter o risco de incêndio em sua base de clientes – nosso "pool" de risco – o mais baixo possível. Uma das alternativas é incentivá-los a instalar sistemas de pulverização de água. Outra opção é oferecer seguros apenas a não fumantes, que apresentam menos riscos de gerar um incêndio que a população em geral. Nossa sobrevivência como seguradora depende da compreensão dos riscos dos clientes e da redução desses riscos.

Bem, esta é a teoria. A realidade, no entanto, é muito mais complicada. Digamos que você não queira ser incomodado com toda a papelada e o aborrecimento dos pedidos de indenização e dos pagamentos aos clientes. Nesse caso, é possível transferir o risco a uma empresa maior, assim como seus clientes lhe transferiram o risco deles. Você poderia agrupar um conjunto de 10 mil contratos de seguro e vendê-los para outra empresa por, digamos, US$ 100 mil. Você ganharia menos dinheiro do que se lidasse pessoalmente com os pedidos de indenização, mas não precisaria mais se preocupar em ter que fazer os pagamentos. É puro lucro. E a empresa compradora também fica feliz, porque também ganha dinheiro com a transação – US$ 100 mil. Isto é, os compradores ganham dinheiro se sua estimativa de risco estiver correta. Se as previsões estiverem erradas, e, digamos, sessenta clientes sofrerem incêndios em suas casas, a empresa perderá muito dinheiro com a transação (US$ 300 mil, para sermos precisos). Quanto a você, os incêndios extra não lhe incomodarão em nada! Você não precisará mais se preocupar em saber quantos clientes farão pedidos de indenização sobre os contratos de seguros que você lhes vendeu. Independentemente do que aconteça com as residências, você ainda lucrará os mesmos US$ 100 mil. Mesmo se houver um surto de incêndios residenciais, você pode ir até o banco rindo; vendeu um risco ruim recebendo, em troca, um belo lucro.

Provavelmente você já entendeu onde queremos chegar. A partir do momento em que vendemos nossos contratos de seguro para outra empresa, deixamos de nos preocupar com o fato de esses contratos serem ou não arriscados. Nossa renda depende apenas do número de clientes que conseguimos reter, e não de se esses clientes irão ou não incendiar suas casas e cobrar pedidos de indenização. Não temos mais nenhum incentivo para manter um pool de riscos seguro, muito pelo contrário. Se vendermos seguros apenas para não fumantes, teremos menos clientes a escolher e menos contratos a vender para a grande seguradora. É preciso vender seguros tanto para os que fumam quanto para os que não fumam, aumentando, assim, o número de contratos assinados. Dessa maneira, ganharemos mais dinheiro. Caramba, podemos sair no lucro mesmo se vendermos seguros para engolidores de fogo, pessoas que tentam fritar pernil todo Natal e piromaníacos. Para ganhar dinheiro, basta passar adiante os contratos para uma empresa que não suspeite disso antes que nossos clientes incendeiem suas casas. A fim de que o esquema funcione, não se pode deixar que a grande seguradora saiba que estamos contaminando o pool de riscos – precisamos fingir que o grupo de contratos é de baixo risco, quando, na verdade, ele está cheio de loucos incendiários. Se fizermos as coisas direito, o dinheiro fluirá da grande seguradora para o nosso bolso, tudo graças a nossos riscos inteligentemente mal gerenciados.

Onde está "seguro contra incêndio", leia "hipotecas"; de repente, teremos uma explicação (um tanto quanto simplista) para a crise das hipotecas subprime, em 2007. O mau gerenciamento de risco envolvia a venda de imóveis financiados a pessoas cuja renda não era suficiente para pagá-los. Há relatos de corretores que incentivavam os compradores a mentir em seus pedidos de financiamento (um crime federal) para que obtivessem valores mais altos. Em alguns casos, os candidatos eram aceitos mesmo sem condições de comprovar nenhuma renda. Os beneficiários desses empréstimos estavam em situação financeira crítica, apresentando uma alta probabilidade de inadimplência. Isso fazia dessas chamadas "hipotecas subprime" um negócio extremamente arriscado, mas, se conseguíssemos transferi-las para o balanço patrimonial dos outros, ganharíamos uma bolada.

Enquanto a economia ia bem e o mercado imobiliário estava crescendo, todos aqueles que repassavam hipotecas e outros instrumentos monetários baseados nessas hipotecas (como os "*swaps* de inadimplência creditícia",* que eram, funcionalmente, contratos de seguro não regulamentados sobre esses empréstimos) a outras empresas fizeram uma enorme fortuna. Corretores, bancos e seguradoras passavam adiante os riscos ruins, como uma batata quente, criando uma complicada rede de risco e dívida. Toda vez que a batata quente da hipoteca era repassada, CEOs, executivos, gerentes, negociantes e corretores ganhavam milhares de dólares em bônus. Ao fingir que esses empréstimos de alto risco eram, na verdade, de baixo risco, todos ficavam extraordinariamente ricos. Porém, quando a economia se enfraqueceu e o mercado imobiliário começou a esfriar, os tempos de bonança cessaram de repente. Houve uma onda de inadimplência no mercado de hipotecas. Foi como se um surto de incêndios criminosos afetasse todos os clientes de seguros ao mesmo tempo. Podia-se ouvir o som da riqueza descendo pelo ralo enquanto o risco ruim começava a sugar dinheiro das empresas e de outros investidores que mantinham grandes quantidades desses "ativos tóxicos". Citigroup. Merrill Lynch. Bear Stearns. Lehman Brothers. Morgan Stanley. J.P. Morgan. Freddie Mac. Fannie Mae. AIG. É difícil precisar quanto dinheiro evaporou – qual a proporção do valor líquido dessas empresas se baseava na subestimação do risco das hipotecas subprime –, mas os prejuízos estavam na casa das centenas de bilhões ou mesmo dos trilhões de dólares. É uma soma impressionante, não muito distante do orçamento anual de todo o governo dos Estados Unidos. O resultado foi uma catástrofe econômica global, de proporções incomparáveis.

Durante os bons tempos, os funcionários da AIG, do Citigroup e de outras empresas enriqueceram muito graças ao mau gerenciamento de

* Tipo mais comum de derivativo de crédito no qual a contraparte que fica com o risco (o vendedor de proteção) recebe uma remuneração periódica, paga pela contraparte que transfere o risco (o comprador de proteção). Se houver um crédito no ativo durante a vigência do contrato do *swap* de crédito, o vendedor de proteção deve fazer um pagamento ao comprador de proteção, num período estipulado. (N.T.)

risco. De forma deliberada, eles subestimavam, ou melhor, ignoravam, os enormes riscos desses investimentos com lastro hipotecário, repassando-os e sugando dinheiro das empresas, uns dos outros. Quando as hipotecas explodiram, eles ficaram com o dinheiro deles. As empresas para as quais trabalhavam, no entanto, estavam afundando em dívidas e pareciam a ponto de ruir. O governo teve que intervir para salvá-las, à custa de trilhões de dólares tirados do bolso dos contribuintes.

Contudo, grande parte do dinheiro desse socorro financeiro acabaria no bolso dos próprios responsáveis pela crise. Era quase inevitável, foi um desfecho determinado pelo modo como os seres humanos lidam com riscos.

As REGRAS QUE GOVERNAM o comportamento dos executivos da AIG, do Citigroup, e de outros vilões da crise econômica mundial são as mesmas que nos fazem desmatar as florestas tropicais, encher nossa atmosfera de dióxido de carbono e exaurir os recursos pesqueiros dos oceanos. Esse fenômeno, conhecido pelo nome de indução ao prejuízo (em inglês, seria tragédia dos comuns),[4] pode ser observado em toda parte, até em um jantar entre amigos.

Imagine que você esteja em um restaurante sofisticado com alguns conhecidos e que todos vocês tenham combinado, previamente, dividir a conta irmãmente. Embora o estabelecimento seja bem caro, há sempre uma opção sugerida, cujo preço não é tão salgado. Trata-se de um prato modesto, mas gostoso, digamos, peito de frango, com uma pequena salada para acompanhar. É um pouco espartano, mas vale a pena. As outras tentações do cardápio – como a lagosta – são muito mais atraentes, mas os preços são exorbitantes. Se todos se contentarem com o item mais barato, o total será relativamente pequeno. Ao dividirem a conta, você e seus conhecidos ficarão todos satisfeitos – uma refeição agradável por um bom preço. Infelizmente, isso é bem difícil de acontecer. O que ocorre, na maioria das vezes, é que em todo grupo há sempre um estraga-prazeres que vai pedir a lagosta. Essa pessoa acha que está se dando bem; como todos dividirão a conta igualmente no final da refeição, o enorme custo de seu pedido será dividido entre todos os presentes. Ela, pessoalmente, se beneficia comendo o prato caro, mas, ao fazê-lo, eleva o custo da refeição para todos. Infelizmente, depois que o rapaz da lagosta faz seu pedido, tudo muda de figura. Os outros começam a pedir o prato mais caro. Mesmo alguns daqueles que já haviam escolhido o prato promocional mudam os pedidos. É possível que um ou outro demonstre sobriedade e continue com o frango mais barato, mas isso já não fará muita diferença. Todas aquelas lagostas elevaram o preço da refeição a níveis astronômicos. Quando a conta chegar, e for dividida, cada um terá de pagar um preço inacreditável. Este é um exemplo de indução ao prejuízo.

A indução ao prejuízo ocorre quando um indivíduo pode agir de maneira a se beneficiar individualmente, mas suas ações têm consequências negativas difusas – como quando são divididas entre um grupo maior de pessoas, ou quando levam muito tempo para se manifestar. Em situações como essas, as pessoas agem de forma egoísta, se beneficiando o máximo que podem, mas, em consequência disso, todos saem perdendo. No exemplo do restaurante, os que pediram lagosta se beneficiaram de um prato caro, mas o custo foi dividido entre todos os participantes, transformando o que poderia ter sido uma refeição acessível e agradável em fiasco exorbitante. A maioria dos problemas ambientais resulta de uma indução ao prejuízo. A queima de combustíveis fósseis, por exemplo, dá ao usuário o benefício de energia barata, embora cada usina geradora de energia ajude a aquecer o planeta um pouquinho – e todos arcam com as consequências do aquecimento global.

Outro exemplo de indução ao prejuízo é extremamente familiar aos planejadores urbanos. Desde a década de 1960, diversas cidades em todo o mundo tentaram incentivar o uso de bicicletas disponibilizando-as gratuitamente a qualquer um que as quisesse utilizar. É uma ideia ótima; mesmo quem não usasse as bicicletas se beneficiaria da redução no tráfego de automóveis. Aos poucos, na maioria das vezes, essas iniciativas acabam fracassando porque as pessoas abusam das bicicletas. Em Amsterdã, na década de 1960, a maioria das bicicletas gratuitas era roubada em poucas semanas. Hoje, as pessoas continuam agindo da mesma maneira. Em 2009, o esquema de bicicletas gratuitas de Paris estava com dificuldade de sobreviver porque os usuários abusavam das bicicletas. É possível encontrar vídeos no YouTube em que jovens descem escadas de bicicleta e saltam com elas em rampas de skate. Muitas foram destruídas por vândalos, que as entortavam, queimavam e jogavam no rio Sena. E muitas outras eram simplesmente furtadas. Um ano e meio depois do início de um programa de bicicletas gratuitas em Paris, mais da metade das 15 mil bicicletas tinha desaparecido. O comportamento destrutivo dos indivíduos arruinou um recurso coletivo. A indução ao prejuízo é quase uma lei da natureza humana. Se os benefícios de nossas ações estiverem divorciados, até certo ponto, de suas consequências negativas, realizaremos essas ações, mesmo que elas levem a um desfecho em que todos saiam perdendo.

Nos mercados financeiros, há um conceito equivalente, o chamado *risco moral*, que resulta da junção de indução ao prejuízo e mau gerenciamento de risco. Quando o ganho financeiro está até certo ponto dissociado dos riscos envolvidos na sua obtenção, acontecem coisas muito ruins. A crise das hipotecas subprime foi um excelente exemplo do risco moral em ação. Os indivíduos que criaram e negociaram esses títulos com lastro em hipoteca ganhavam rios de dinheiro, mas estavam isolados dos riscos inerentes àquelas hipotecas. Por conseguinte, se comportavam mal, subestimando os riscos em enorme escala para ampliar os lucros. Embora suas ações, pouco a pouco, solapassem a segurança de suas empresas – e a estabilidade econômica mundial –, a festa não acabaria até que toda a economia começasse a ruir.

Quando o risco finalmente afetou os títulos, e todo o esquema de mau gerenciamento entrou em colapso, a maioria desses indivíduos conservou sua riqueza. Alguns deles, inclusive, chegaram a ganhar muito dinheiro mesmo depois da crise, graças a outra encarnação do risco moral.

A AIG, uma enorme empresa de seguros, estava no cerne da crise, com dezenas de bilhões de dólares em risco hipotecário ruim. Quando a crise econômica chegou, a AIG tinha inflado, assumindo proporções gigantescas. A seguradora possuía trilhões de dólares em ativos e tinha participações em quase todas as grandes instituições financeiras do país. Se a AIG quebrasse, o abalo se propagaria por todos os bancos e empresas de investimento dos Estados Unidos. Era possível, inclusive, que algumas dessas instituições também viessem a quebrar. O pânico se alastraria e, possivelmente, toda a infraestrutura econômica seria arruinada em questão de dias. Os economistas chamam isso de "risco sistêmico" potencial, e era este o coringa nas mãos da AIG – aproveitando-se de tal risco, a empresa poderia garantir que o governo continuasse a encher seus cofres de dinheiro.

Como o governo não poderia deixar a AIG falir, pelo temor de arruinar a economia, os executivos da empresa perceberam que tinham carta branca para perder a linha e total liberdade para assumir os riscos que bem entendessem. Os dirigentes da seguradora estavam completamente isolados das consequências de seus atos, pois sabiam que a empresa sobreviveria, independentemente dos riscos por eles assumidos. Para os CEOs, isso representou um sinal verde para o mau gerenciamento de risco em enorme escala. Podiam enganar os investidores sobre os riscos que estavam correndo, gerenciar mal seus ativos, sugar dinheiro por meio de bônus e apostar em investimentos arriscados, na esperança de obter lucros extra. Se as coisas ficassem feias, o governo teria que intervir e socorrê-los. O Congresso não tinha escolha senão subsidiar os riscos assumidos pela AIG.

As coisas ficaram feias com os investimentos arriscados da AIG, e o governo foi obrigado a intervir. Em 16 de setembro de 2008, o banco central dos Estados Unidos (FED) deu-lhe um socorro financeiro com um empréstimo de US$ 85 bilhões. "Nada me deixava mais frustrado, mais irritado, do que ter que intervir, particularmente em alguns casos em que riscos desvairados tinham forçado essas empresas a chegar à beira da falência", admitiu o presidente do FED, Ben Bernanke, em meados de 2009. Mas, pelo medo de iniciar um desastre econômico, "eu tinha que tapar o nariz e evitar que aquelas empresas falissem".

Infelizmente, o socorro financeiro não impediu o mau comportamento. Afinal, a AIG ainda era grande demais para falir – enquanto o governo temesse o risco sistêmico, os executivos da empresa não teriam nenhum motivo para mudar de comportamento, tentando colocá-la em situação financeira mais segura. Poucos dias depois do socorro financeiro, os executivos da AIG já estavam gastando quase meio milhão de dólares para se refugiar em um chique resort na Califórnia, onde se deram ao luxo de pagar US$ 23 mil por tratamentos em spa, banquetes suntuosos e, claro, muito golfe. Foram gastos US$ 7 mil apenas pelo uso dos campos. Os parlamentares ficaram furiosos. Mas essa fúria não foi suficiente para impedir que o Congresso oferecesse à empresa outros US$ 38 bilhões em outubro, e outros US$ 40 bilhões em novembro. Edward Liddy, CEO da AIG, prometeu se comportar. "Estamos apertando o cinto", declarou ele a um repórter, em outubro. "Assim como o consumidor norte-americano, o contribuinte norte-americano está apertando seu cinto, e estamos fazendo o mesmo. Mas não vamos parar no primeiro furo; vamos ao terceiro, ao quarto e ao quinto furos." Ao que parece, os cintos da AIG não são iguais aos de todo o mundo, pois em poucos meses Liddy estava explicando ao Congresso por que ele achava necessário usar o dinheiro do socorro financeiro para pagar aos funcionários da AIG US$ 160 milhões em bônus de "retenção de funcionários". O bônus mais alto eram gritantes US$ 6,4 milhões. Setenta e três pessoas receberam mais de US$ 1 milhão cada – e onze delas já haviam deixado a empresa, então não se podia esperar que os bônus de "retenção" operassem como o anunciado. Era um mau comportamento inacreditável, que envergonhava o Congresso e o novo presidente.

As empresas grandes demais para falir – o Citigroup, a General Motors, a Fannie Mae, a Merrill Lynch – estão todas nadando em risco moral. Sabendo que ninguém deixará que elas quebrem, é quase certo que essas corporações encham os próprios bolsos de dinheiro, repassando as consequências de seu comportamento arriscado aos contribuintes.[5]

Nunca se passam muitos anos sem que apareça mais um caso espantoso de mau gerenciamento de risco, no qual o dinheiro é tomado dos cidadãos comuns e depositado no bolso dos ricos. Seja no escândalo das Savings and Loan ou da Enron, seja na crise das hipotecas subprime, o desfecho é sempre o mesmo. As pessoas que estão dispostas a mentir sobre os riscos ficam muito, muito ricas, e o contribuinte sofre as consequências. Mesmo que um ou dois malfeitores acabem na cadeia, há sempre muitos outros que enriqueceram à custa de quem paga impostos.

O mau gerenciamento de risco é a forma de falácia matemática que mais diretamente afeta nosso bolso. Entretanto, as outras formas de falácia matemática podem ter consequências ainda mais graves. Elas podem solapar a imprensa, nos tirar o direito ao voto, nos colocar na cadeia e minar a força da democracia. A simples ladroagem nem se compara a isso.

4. As falácias matemáticas nas pesquisas de opinião

> "A opinião pública contém falsidades e verdades de todo tipo, mas é preciso um grande homem para descobrir a verdade nela."
>
> G.W.F. Hegel

"Dewey derrota Truman."

Essa é uma imagem simbólica. Harry Truman, sorrindo de orelha a orelha, com um júbilo pouco característico, segura o *Chicago Daily Tribune* para todos verem. "Esta vai entrar para a história", zombou.

A manchete era um erro colossal, até para os padrões dos jornais. Truman havia "dado uma surra" em Dewey, mas a primeira edição do jornal de Chicago declarava o contrário – estampado na primeira página com a maior fonte tipográfica disponível.

Não é incomum os jornais publicarem erros nas primeiras tiragens, já que elas costumam ser impressas na correria. Naquele dia, a primeira tiragem do *Tribune* foi ainda mais apressada que o normal, por causa de uma greve de tipógrafos – a edição teve de ser rodada na noite anterior. As consequências disso foram infelizes, em particular em noite de eleição; a entrega foi feita antes mesmo de os resultados da Costa Leste serem computados. Sem esses resultados nas mãos, os editores tinham de tomar uma decisão sobre o que colocar na manchete eleitoral da primeira página. Os jornalistas decidiram dar um palpite sobre o vencedor – uma decisão espetacularmente arriscada e espetacularmente errada.

Na hora, a aposta não parecia tão arriscada. Todas as grandes agências de pesquisas eleitorais – inclusive as maiores, dirigidas por George

Gallup e Elmo Roper – já haviam concluído há muito tempo que Dewey teria uma vitória fácil. Os resultados das pesquisas de opinião eram tão definitivos que os pesquisadores deram os trabalhos por encerrados semanas antes da eleição. Como o resultado era óbvio, raciocinavam eles, não havia necessidade de continuar coletando dados. Os editores do *Chicago Tribune*, depositando sua confiança em pesquisas equivocadas, acharam que Dewey tinha a vitória garantida. Mas os especialistas em pesquisas de opinião haviam chegado exatamente à conclusão errada.

O que deu errado? Segundo Bud Roper, filho de Elmo Roper, nada. "Acho que as pesquisas de 1948 foram mais precisas que a eleição de 1948." As pesquisas não estavam erradas – os eleitores é que erraram. Essa é uma idiotice de marca maior. Mesmo diante da prova decisiva de que haviam pisado na bola, os pesquisadores, de alguma maneira, ainda conservavam inabalada a fé nos números falsos que eles mesmos produziam.

As pesquisas de opinião talvez sejam a maior dentre todas as fontes de falácias matemáticas na sociedade moderna. Elas são um instrumento indispensável para os jornalistas; é difícil ler um jornal, ouvir um noticiário no rádio ou navegar pela internet procurando notícias durante alguns minutos sem topar com uma pesquisa de opinião – em geral, uma pesquisa ridícula.[1] Para os políticos, as pesquisas são uma ferramenta capaz de contribuir para a formação de opinião e uma arma que pode ajudálos a atacar os inimigos. Nas mãos certas, uma pesquisa de opinião bem-projetada e executada pode nos dar um vislumbre preciso do pensamento coletivo de uma sociedade. Na maior parte do tempo, porém, ela é uma fábrica de nonsense de tom autoritário, uma máquina de produzir falácias matemáticas.

A PESQUISA DE OPINIÃO foi uma invenção jornalística. De acordo com a maioria dos historiadores, a primeira delas, pelo menos na esfera política, foi realizada pelo *Pennsylvanian*, jornal de Harrisburg, Estados Unidos, em julho de 1824. Havia uma eleição presidencial marcada para dali a meses. O jornal despachou um correspondente para o estado vizinho de

Delaware para ver em que direção sopravam os ventos políticos.[2] A resposta chegou: Andrew Jackson tinha grande preferência sobre seu rival, John Quincy Adams. O procedimento adotado foi grosseiro e falho, mas foi desse modesto início que nasceram as pesquisas de opinião. Os profissionais de marketing, interessados em descobrir o que os consumidores acham de seus anúncios e de seus produtos, refinaram a arte da pesquisa de opinião, elevando-a a um alto nível de sofisticação. Os políticos, assim como os profissionais de marketing, usam as pesquisas de opinião para descobrir o que o público deseja e para moldar suas imagens de acordo com esse desejo. No entanto, desde o início, o jornalista foi o principal fornecedor de pesquisas. E ainda é. Para os jornalistas, uma pesquisa de opinião é um poderoso mecanismo capaz de quebrar as algemas que sutilmente o aprisionam.

Os jornalistas, em sua maior parte, são, em primeiro lugar, colecionadores de eventos, escolhendo e agrupando os melhores e mais recentes acontecimentos para apresentar ao seu público. Toda vez que ocorre algum fato interessante ou importante – um desastre de avião, digamos, ou um terremoto –, os repórteres correm para retransmitir a história. Se, entretanto, não há nenhum evento a ser transmitido, os profissionais da imprensa se sentem impotentes. Quando não há acontecimentos, quase que por definição, não há notícias. Como o jornalista Walter Lippmann formulou, na década de 1920:

> Pode ser uma falência, pode ser um incêndio, uma colisão, um motim, uma captura, uma denúncia, a apresentação de um projeto de lei, um discurso, uma eleição, uma reunião, uma opinião expressa por um cidadão famoso, um editorial de um jornal, uma venda, uma programação salarial, uma mudança de preços, uma proposta para se construir uma ponte... . Tem que haver uma manifestação. O decorrer dos eventos tem que assumir determinada forma definível, e até que se chegue a uma fase em que algum aspecto já seja um fato consumado, as notícias não se separam do oceano de possíveis verdades.

Para um jornalista, o evento é um tirano. É a autoridade que concede ao repórter liberdade para falar. E, em geral, essa liberdade só lhe é dada por um curto período de tempo. A menos que o evento seja extraordinariamente libidinoso, mortífero ou importante, o jornalista deve ir em frente, passando depressa a outros assuntos, já que seu poder de atrair audiências logo se esvai, à medida que o acontecimento perde a atualidade. Ele tem um dia ou dois, talvez três, para falar sobre explosões ou raptos de crianças, antes de ter que se calar de novo, pelo menos até o próximo evento.

Para um repórter fervilhando de ideias sobre o que escrever, isso pode ser uma terrível frustração. Muitas coisas interessantes e importantes acontecem, como um gotejamento gradual, e não numa série de eventos discretos e relatáveis. Entretanto, os jornalistas em geral não conseguem escrever sobre tendências amplas ou ideias abstratas, a não ser que encontrem o chamado "gancho" – um evento que o repórter possa associar, independentemente de quão tênue seja a associação, com o assunto que realmente gostaria de abordar. Por exemplo, um jornalista que tenha um vago desejo de escrever sobre suas suspeitas de que a segurança nas empresas aéreas está piorando ficaria de olho vivo, procurando algo que servisse de "gancho", isto é, qualquer acontecimento que pudesse fornecer uma desculpa conveniente para publicar a história. Um desastre de avião de grande visibilidade seria o "gancho" ideal, mas outros eventos menores, que, neles mesmos, talvez não tivessem potencial para virar notícia, também bastariam. Um quase acidente já estaria de bom tamanho. Ou um incidente em que um piloto fosse demitido por chegar ao trabalho bêbado. Relatórios também dão excelentes "ganchos". O jornalista provavelmente não teria que esperar muito até que a FAA (Administração Federal de Aviação dos Estados Unidos) ou alguma outra agência governamental publicasse um relatório ou gerasse uma nova estatística sobre transportes que pudesse conferir atualidade ao assunto. Caso nada disso aconteça, sempre haverá o aniversário deste ou daquele desastre. Em caso de desespero, o repórter pode desenterrar o desastre do TWA-800, o dos Andes, ou até o acidente do R101 para escrever uma reportagem no momento apropriado. Porque um "gancho" não precisa nem ser um fato real; pode ser falso.

Eventos reais costumam ser espontâneos, não planejados. As notícias acontecem segundo seu calendário próprio. Ainda que o fato não seja uma surpresa absoluta (todos sabem quando será uma eleição, por exemplo), o resultado do evento tem sempre certo grau de imprevisibilidade. Um acontecimento real pode ser complexo, sua importância pode levar meses ou anos para vir à tona, e talvez nunca seja compreendida por completo. Um evento falso – o que o historiador Daniel Boorstin chamou de "pseudo-evento" – costuma ser exatamente o oposto. Enquanto as notícias reais são orgânicas, os pseudoeventos são sintéticos. Um pseudoevento é planejado, não espontâneo. Ocorre em momento conveniente e num local acessível. Se houver qualquer imprevisibilidade, esta será mantida em nível mínimo. Um bom pseudoevento é simples e fácil de compreender. E tem um propósito. Pseudoeventos, como a apresentação de um discurso político ou o "vazamento" orquestrado de um memorando do governo, são criados, pelo menos em parte, especificamente para o consumo da imprensa, e têm o propósito de, uma vez por ela transmitidos, chamar atenção, ser comentados e formar a opinião pública. Embora um pseudoevento possa conter informações, estas terão sido moldadas com uma finalidade predeterminada. Um desastre de avião não traz um programa por trás de si; um discurso do presidente da Airbus com toda a certeza traz.

Os repórteres fazem pouca distinção, quando fazem, entre eventos e pseudoeventos. Ambos são úteis; os pseudoeventos podem servir como "ganchos" perfeitamente utilizáveis quando não há um evento pronto para uso imediato. Um pronunciamento do presidente da Airbus pode abrir as portas para um jornalista, permitindo que ele discorra sobre a segurança nas empresas aéreas. Os repórteres são gratos pela liberdade que os pseudoeventos lhes trazem, embora essa liberdade venha à custa de ser manipulado por seu criador. Por conseguinte, muitas empresas e organizações governamentais se tornaram adeptas da fabricação de pseudoeventos que possam logo ser transformados em pseudonotícias.

Do ponto de vista dos jornalistas, a pesquisa de opinião é o pseudoevento supremo – um acontecimento forjado que está sob seu controle. A qualquer momento que deseje, um órgão da imprensa pode realizar ou encomendar uma pesquisa de opinião, cujos resultados ele apenas divulgará. As pesquisas liberam os jornalistas de ter que esperar que notícias aconteçam ou que outros produzam pseudoeventos para eles. As pesquisas de opinião permitem aos órgãos de imprensa produzir suas próprias notícias. Elas dão uma liberdade incrível.[3]

Além disso, as pesquisas de opinião permitem que os repórteres distorçam acontecimentos reais, adequando-os a um cronograma conveniente, libertando-os da cronologia nada ideal dos eventos autênticos. Durante os períodos de calmaria de uma temporada eleitoral, nas entediantes semanas em que a votação mais próxima está a semanas ou meses de distância, pode parecer que os jornais e TVs não conseguiriam falar sobre a eleição por falta de eventos a serem divulgados. Mas não é isso o que acontece. A imprensa precisa apenas encomendar uma pesquisa de opinião para dar a seus repórteres e âncoras algo sobre o que falar. Os jornalistas tagarelam continuamente durante toda a temporada eleitoral, como se estivessem narrando uma corrida de cavalos. Analistas passam horas sem conta destrinchando as entranhas de qualquer pesquisa de opinião nacional ou local em que consigam pôr as mãos, transformando cada resultado insignificante em importante presságio de eventos futuros. Essas pesquisas permitem que os noticiários mantenham os espectadores tensos e entretidos mesmo enquanto se cruza o vasto e solitário deserto eleitoral entre os resultados das prévias realizadas pelos partidos – que, para começar, já não costumam ser lá tão interessantes – e as eleições gerais de novembro. À medida que o dia da eleição se aproxima, as pesquisas se intensificam ainda mais. Antigamente, os repórteres deviam esperar os resultados antes de anunciar o vencedor de uma eleição. Hoje não é mais assim! Os levantamentos de boca de urna permitem que as redes de TV declarem um vencedor antes do fim do dia. As pesquisas de opinião são uma ferramenta incrivelmente poderosa, e viraram um item indispensável no jornalismo moderno – e não só em época de eleições.

Esse comportamento reflete uma grande fé jornalística na confiabilidade das pesquisas de opinião. Os repórteres são, fundamentalmente, fornecedores de não ficção. Assim, para fazer um uso tão intenso das pesquisas, eles precisam estar convencidos de que estas são um reflexo da realidade externa, uma representação da verdade, pelo menos até certo ponto. É por isso que os jornalistas não incluem previsões astrológicas em seus textos, embora haja uma grande audiência interessada no que está escrito nas estrelas para seus candidatos à Presidência. Os prognósticos baseados em pesquisas de opinião são divulgados na primeira página, os astrológicos, relegados às páginas do caderno de variedades.[4] Mesmo quando as pesquisas de opinião falham – e elas falham com muita frequência –, a fé da mídia permanece inabalada e incondicional.

Essa fé é simbolizada por um pequeno número que acompanha cada grande pesquisa de opinião. Os jornalistas interpretam este número como uma garantia condicional da verdade de uma pesquisa – a cifra representa toda a incerteza sobre a veracidade da pesquisa e a transforma em algo que pode ser ignorado. Trata-se, possivelmente, do conceito matemático mais incompreendido e abusado em que a imprensa já colocou as mãos: a margem de erro.

PERGUNTE A ALGUNS JORNALISTAS o que é uma margem de erro, e você receberá um monte de respostas contraditórias. Entretanto, os repórteres tendem a tratá-la como um teste decisivo sobre se devem ou não acreditar nos resultados de uma pesquisa de opinião.

Por exemplo, se um levantamento mostrar que 51% dos entrevistados votariam em George W. Bush, e 49% em John Kerry, dois pontos percentuais parecem uma liderança muito estreita para Bush. Sem dúvida, muitos analistas descreveriam o resultado dessa maneira. Entretanto, os jornalistas mais cuidadosos da redação não aceitariam o resultado cegamente. Eles comparariam a diferença entre os dois candidatos com a margem de erro da pesquisa, que, por motivos que logo serão explicados, paira em torno dos 3%. Quando descobrissem que a diferença entre o primeiro e o segundo colocado (2%) é menor que a margem de erro (3%) murmurariam um sortilégio típico sobre a significância estatística e negariam a liderança de Bush, declarando que o resultado indica empate. Se, por outro lado, a distância entre os dois candidatos for maior que a margem de erro, então a liderança seria real: o resultado da pesquisa seria digno de crédito. Os jornalistas usam a margem de erro como critério, como um guia quase infalível que lhes permite separar as pesquisas boas das ruins, os dados válidos das impurezas. A fé da imprensa nesse teste é surpreendente, considerando-se que são muito raros os jornalistas que de fato compreendem o real sentido da margem de erro.

O conceito de margem de erro é bastante sutil, e usado para expressar um tipo de erro que aflige os institutos de pesquisa. Em essência, uma pesquisa de opinião é um instrumento de medida criado para aferir a opinião pública; como qualquer outra ferramenta de mensuração, é imperfeita. Elas são inerentemente propensas a erros. Existe, entretanto, um tipo de erro peculiar decorrente da maneira como as pesquisas são conduzidas, um erro proveniente da aleatoriedade.

Para que uma pesquisa de opinião funcione como instrumento de medida, o pesquisador faz algumas perguntas a um conjunto de pessoas – a "amostra". A partir das respostas obtidas, pode-se saber, pelo menos na teoria, o que a amostra pensa sobre determinada questão premente. De posse desses dados, o pesquisador, então, dá um tiro no escuro. Ele supõe que as preferências daquela pequena amostra de pessoas representam as predileções de toda a população – o "universo" da pesquisa. Isto é, se o pesquisador entrevistar um grupo de, digamos, mil pessoas, na Inglaterra, e descobrir que 64% preferem chá a café, concluirá que aproximadamente o mesmo número é válido para todo o universo de cidadãos ingleses, divulgando a um público ávido que cerca de 64% dos ingleses têm preferência por aquela bebida. Infelizmente, o tiro no escuro introduz um erro inevitável. Mesmo sob a melhor das circunstâncias, mesmo quando os pesquisadores são extremamente cuidadosos ao selecionar uma amostra de pessoas para entrevistar, a aleatoriedade da natureza conspira de modo a evitar que eles obtenham uma resposta precisa.

Se pensarmos bem, veremos que esse erro faz sentido; deve haver algum tipo de erro associado ao tamanho da amostra de uma pesquisa de opinião: quanto menor for a amostra, maior será o erro e menos confiável a pesquisa. Uma amostra de um indivíduo é totalmente inútil – perguntar a um único estranho o que ele gosta de beber não nos fornecerá uma boa noção das preferências de toda a Inglaterra. É possível que o acaso nos faça encontrar um doido que prefira beber sangue de ovelha a chá ou café. Nesse caso, nossa amostra indicaria que a bebida número um da Inglaterra é o sangue ovino; o excêntrico resultado deturparia completamente as conclusões de nossa pesquisa de opinião.

Quanto mais pessoas houver em nossa amostra, menos provável será a obtenção de estranhos encontros aleatórios, como este, capazes de invalidar nossas conclusões. Se entrevistássemos dez pessoas em vez de uma, um fanático por sangue de ovelha não provocará uma deturpação tão drástica nos resultados. Melhor ainda, se entrevistássemos cem pessoas, um só excêntrico teria efeito insignificante sobre o resultado da pesquisa. Assim, quanto maior a amostra, menos erro haverá pelas estranhezas aleatórias.

Na verdade, estranhezas aleatórias são uma lei da natureza. Independentemente de nosso grau de cuidado ao selecionar a amostra, vamos sempre nos deparar com eventos estranhos. Como essa estranheza aleatória deturpa a precisão das pesquisas de opinião, essa aleatoriedade é uma fonte de imprecisão chamada "erro estatístico". Por sorte, há equações matemáticas e estatísticas que quantificam isso, determinando o nível de estranheza (e assim, de erro estatístico) que podemos esperar numa amostra de determinado tamanho. Em outras palavras, há uma estreita relação entre o tamanho da amostra e o erro estatístico. Quanto maior a quantidade de pessoas incluídas na amostragem, menor o erro estatístico.[5] E, por mais bizarro que possa parecer, este é um fenômeno muito real e importante, fundamentado nas leis matemáticas da probabilidade. O erro estatístico é uma fonte de erro verificável em toda pesquisa de opinião, sendo uma consequência da aleatoriedade da natureza – e é uma função do tamanho da amostra.[6]

O conceito de margem de erro é uma expressão dessa bizarra imprecisão causada pela aleatoriedade. Por convenção, a margem de erro é um número maior do que a imprecisão produzida pela aleatoriedade, 95% das vezes. À primeira vista, isso é quase impossível de entender, então, vejamos um exemplo.

Digamos que uma pesquisa de opinião revele que 64% dos ingleses preferem chá a café. Os responsáveis pela pesquisa sabem que a aleatoriedade do universo – o erro estatístico – pode afetar o resultado do estudo. A resposta correta pode não ser realmente 64%. Em vez disso, talvez fossem 62% ou 66%, ou até 93%, caso ocorresse um evento particularmente estranho, capaz de afetar a amostra. Quando os pesquisadores dizem que a margem de erro é de 3%, essa é uma expressão de sua confiança de que a aleatoriedade do universo afetou a amostra em apenas três pontos percentuais para mais ou para menos, isto é, que a resposta certa está entre 61% e 67%. Contudo, essa confiança não é absoluta. A aleatoriedade é, bem, aleatória, e às vezes um conjunto de eventos peculiar e improvável pode deturpar o resultado de uma pesquisa em mais de 3%. Entretanto, algo tão bizarro só acontece muito raramente. Apenas uma em cada vinte pesquisas de opinião desse tipo é afetada por eventos estranhos capazes de deturpar os resultados em mais de 3%. Na maioria das vezes – em dezenove de cada vinte pesquisas de opinião como essa –, a aleatoriedade do universo não provoca alterações superiores a 3% nos resultados.

Acompanhando o raciocínio? Se você não estiver entendendo tudo, não se preocupe. A margem de erro é um conceito realmente difícil de internalizar, e muitos, muitos jornalistas, até aqueles que frequentemente divulgam pesquisas de opinião, não o compreendem. Há duas coisas importantes e que não podem ser esquecidas sobre a margem de erro. Em primeiro lugar, esse número reflete a imprecisão causada pelo erro estatístico numa pesquisa – trata-se de uma consequência inevitável da aleatoriedade da natureza. Em segundo lugar, a margem depende do tamanho da amostra – quanto maior a amostra, menor será a margem de erro. Na verdade, a margem de erro pode muito bem ser tomada como uma mera expressão do tamanho da amostra.[7]

A margem de erro é uma consequência direta das leis matemáticas da probabilidade e da aleatoriedade. Tal conceito expressa um limite fundamental da precisão das pesquisas, um erro estatístico inevitável enfrentado pelos pesquisadores ao usar uma amostra de pessoas para tentar descobrir as crenças de toda uma população. Não há como evitá-lo; no momento em que um pesquisador dá um tiro no escuro e supõe que uma amostra de pessoas possui as mesmas predileções que a população como um todo, esse erro é introduzido.

Trata-se de um conceito sutil, abusado e mal utilizado por quase todos os que lidam com ele – especialmente os jornalistas. Quando a imprensa usa a margem de erro de uma pesquisa de opinião como uma espécie de parâmetro universal para determinar se a pesquisa reflete ou não a realidade externa, ela está se afastando da realidade. E ao tratar uma pesquisa cuja margem de erro é muito pequena como um oráculo de precisão quase indubitável, os jornalistas cometem um erro perigoso.

A margem de erro representa apenas o erro estatístico, a imprecisão inerente ao uso de uma amostra da população na tentativa de abarcar o todo. Apesar de esta ser uma fonte de erro de extrema importância – um fator que não pode ser ignorado –, há vários outros erros que afetam as pesquisas de opinião, mas não se refletem nessa margem. Quando os resultados apresentados pelas pesquisas estão espetacularmente errados, é difícil que se trate de um problema decorrente do erro estatístico. O culpado, quase sempre, é um erro de tipo mais insidioso, o erro sistemático. Entretanto, os erros sistemáticos nunca são levados em conta no cálculo da margem de erro das pesquisas. Quando os jornalistas usam a margem de erro como critério decisivo para dizer se determinada pesquisa é digna de crédito, estão ignorando completamente as fontes de erro que têm maior probabilidade de inutilizar todo o trabalho. A cada vez que a margem de erro é citada por um jornalista como motivo para acreditar numa pesquisa, estamos diante do equivalente lógico de olhar só para um dos lados de uma rua antes de atravessá-la. Quem age assim, mais cedo ou mais tarde, acabará esmagado por um ônibus.

De fato, a história das pesquisas de opinião é repleta de acidentes espetaculares – e cheia de atropelamentos jornalísticos.

Por direito, aquela deveria ter sido uma das mais precisas pesquisas de opinião já produzidas. Em agosto de 1936, o presidente democrata Franklin Delano Roosevelt, candidato à reeleição, tinha em Alf Landon, o governador republicano do Kansas, um forte adversário. E a revista *Literary Digest* promoveu uma campanha sem precedentes para prever quem venceria a eleição. Durante duas décadas, a revista construíra uma sólida reputação por realizar pesquisas de opinião precisas – era nas páginas da *Digest* que os viciados iam buscar sua dose de pesquisa. Até os anúncios publicados eram redigidos na linguagem das pesquisas de opinião. ("Líder de todos os gostos, vencedor de todas as pesquisas de opinião da *Digest*, Heinz, o aristocrata dos molhos de tomate, é o grande eleito por *connaisseurs* do sabor de todas as partes!")

Segundo os editores da revista, o segredo de seu sucesso – a incrível precisão de suas pesquisas – era a enorme amostra de eleitores entrevistados. Afinal, reza a sabedoria popular que, quanto maior a amostra, mais precisa a pesquisa, e, a cada ano, o número de pessoas incluídas pela *Digest* aumentava. Em 1936, a revista usou como amostra quase ¼ dos eleitores registrados nos Estados Unidos. Dez milhões de pessoas recebiam um formulário por correspondência, para ser devolvido e contabilizado pela *Digest*. Só o fato de fazer os questionários chegarem aos destinatários já era uma tarefa monumental:

> Esta semana, quinhentas canetas riscaram mais de 250 mil endereços por dia. Todos os dias, em um grande salão acima da agitada Quarta Avenida, em Nova York, quatrocentos funcionários habilidosos colocam 1 milhão de folhas de material impresso – o suficiente para cobrir quarenta quarteirões de uma cidade – nos envelopes previamente endereçados [sic]. … Na semana que vem, as primeiras respostas desses 10 milhões de formulários preenchidos começarão a chegar, e então iremos *verificá-los três vezes*, faremos suas classificações cruzadas *cinco vezes* e os totalizaremos. Quando o último número tiver sido somado e verificado, se a experiência passada for um critério válido, o país conhecerá o voto popular de 40 milhões de eleitores, *com uma diferença de menos de 1%.*

Um empreendimento de tal monta custa "o resgate de um rei", para usar a pomposa expressão dos editores da revista. "Mas a *Digest* acredita estar prestando um excelente serviço público – e quando se pode prestar um serviço como este, nenhum preço é alto demais."[8]

Do ponto de vista dos editores da *Literary Digest*, o enorme tamanho da amostra mais que compensava os gastos. Mesmo que os eleitores só devolvessem uma pequena proporção dos formulários, a amostra ainda assim seria tão grande que reduziria a margem de erro da pesquisa de opinião a quase nada – a *menos de 1%* –, como os editores diziam de maneira tão clara, com letras em itálico.

A típica pesquisa de opinião moderna de mil entrevistados tem uma margem de erro de aproximadamente 3,1%. Se aumentarmos o tamanho da amostra, a margem de erro diminui. Uma pesquisa com 4 mil pessoas apresenta uma margem de erro de aproximadamente 1,6%. Em uma amostra de 16 mil indivíduos, a margem de erro cai novamente para algo em torno de 0,78%.

A cada semana, os resultados iam pingando à medida que as pessoas devolviam os formulários preenchidos. A cada edição, a *Literary Digest* se gabava, anunciando a precisão de suas pesquisas e a importância de sua enorme amostra. Logo de início, a revista recebeu mais de 24 mil respostas. Isso corresponderia a uma margem de erro de aproximadamente 0,6% – muito mais baixa que a oferecida pela maioria das pesquisas mais modernas. Na semana anterior à eleição, a amostra já havia subido para a incrível marca de 2.376.523 questionários, todos tabulados a mão. Isso corresponderia a uma margem de erro de seis centésimos de 1%: 0,06%. Embora os editores da revista não tivessem expressado nesses termos – o conceito de "margem de erro" ainda não tinha virado moda –, o gigantismo do universo lhes dava uma enorme confiança nos resultados da pesquisa de opinião. Na semana anterior à eleição, eles não resistiram à vanglória: "Nossa pesquisa representa o mais amplo levantamento eleitoral já realizado – o mais experiente, tendo em vista seus 25 anos de aperfeiçoamento –, aquele que tem menos viés, graças ao seu prestígio – uma pesquisa de opinião que até hoje nunca errou."

Esse histórico de perfeição estava prestes a ser atropelado: a pesquisa previu que Alf Landon venceria Franklin Roosevelt – com uma ampla margem de diferença. Na eleição, como se sabe, Roosevelt conquistou uma vitória esmagadora.

A *Literary Digest* havia previsto que Landon ganharia aproximadamente 54% dos votos populares, com uma margem de erro de apenas 0,06%. Em vez disso, Landon obteve apenas 37% dos votos. Foi um erro enorme, mais de 250 vezes maior do que a margem de erro parecia permitir. De um só golpe, a reputação de precisão da revista foi abatida e ficou sangrando na beira da estrada. A máxima "amostra grande igual a pesquisa de opinião precisa" estava morta. O que deu errado?

Para os pesquisadores modernos, a resposta não é difícil. Está implícita na própria descrição da *Digest* de como foram escolhidos os 10 milhões de eleitores para responder ao questionário: "A mala direta é extraída de todas as listas telefônicas dos Estados Unidos, do rol de clubes e associações, dos catálogos de cidades, de listas de eleitores registrados, de clientes de vendas por catálogo e de dados ocupacionais."

Naquele ano de 1936, estávamos no meio da Grande Depressão. Havia uma grande divisão entre ricos e pobres; os mais abastados tendiam a votar nos republicanos, e os menos afortunados preferiam os democratas. Ainda não havia telefone na maioria das residências; aqueles que tinham telefone costumavam ser mais ricos – e mais republicanos – do que os que não tinham. Portanto, usar a lista telefônica como fonte para a elaboração de uma mala direta introduz certo viés, pois a lista tem mais republicanos que democratas. O mesmo é válido para clubes e associações, em especial as associações de automóveis. Os sócios dessas entidades também tinham uma inclinação republicana. Os dados ocupacionais excluíam os desempregados, que tendiam a votar nos democratas. Então, ao tirar os nomes de listas telefônicas, de listas de sócios de clubes e de dados ocupacionais, os editores da *Literary Digest*, sem se dar conta, incluíam mais republicanos que democratas. A amostra não era verdadeiramente representativa do universo de eleitores dos Estados Unidos, introduzindo um erro sistemático na pesquisa.

Ao contrário dos erros estatísticos, os erros sistemáticos, a exemplo do cometido pela revista, não diminuem com a ampliação da amostra. Não importa se nossa amostra é de cem, mil ou 10 milhões de pessoas: o erro causado por uma amostragem malfeita será grande mesmo que a margem de erro seja insignificante. Ter deixado de reconhecer essa fonte de erro fez dos editores da *Literary Digest* culpados (por ignorância) de desestimação: eles achavam que o tamanho da amostra tornava a pesquisa precisa, com um erro menor que 1%, quando, na verdade, ele estava entre dez e quinze pontos percentuais.

Mesmo antes do fiasco, pesquisadores mais sofisticados reconheciam que havia algo de errado com os métodos da revista. Em julho de 1936, algumas semanas antes da distribuição dos formulários, George Gallup, o pai das pesquisas de opinião modernas, previu que o viés na amostra da *Literary Digest* levaria a um erro nos resultados. Naturalmente, o editor da revista fez um escândalo, exclamando: "Nunca ninguém previu o que nossa pesquisa de opinião ia mostrar mesmo antes de ela começar!" Gallup, porém, estava certo. Como ele havia antecipado, o erro sistemático distorceu tanto o resultado da pesquisa de opinião que ela erroneamente previu uma vitória ampla para Landon.

Havia outra forma de viés mais sutil, que, de maneira leve, fazia a balança da *Literary Digest* pender para o lado republicano. A revista estava certa em se orgulhar de sua impressionante amostra de 2,3 milhões de formulários, mas é importante ter em mente que foram enviados 10 milhões de envelopes. Isso significa que a grande maioria dos eleitores – mais de três em cada quatro – jogou o questionário no lixo, em vez de enviar uma resposta. A pesquisa da *Literary Digest* contava apenas as respostas dos destinatários que se importaram o suficiente para dedicar seu tempo a preencher o formulário e colocá-lo de volta na caixa de correspondência.

As pessoas se mantêm em relativo silêncio quando estão razoavelmente satisfeitas, mas, se estiverem irritadas, costumam expressar sua raiva a plenos pulmões. Normalmente não preenchemos uma pesquisa de satisfação do cliente quando não estamos muito descontentes com o serviço de um restaurante, porém, se o garçom foi grosseiro e a comida estava fria, começamos imediatamente a procurar um lápis para preencher o cartão-resposta. Quando as enquetes e pesquisas de opinião dependem de uma resposta voluntária, quase sempre as pessoas com opinião mais radical respondem com frequência muito maior do que aquelas que não têm opinião tão extremada. Isso introduz um viés; a pesquisa de opinião reflete de modo desproporcional as opiniões extremas à custa das moderadas.

Na eleição de 1936, os republicanos não estavam no poder. Descontente com as políticas de Roosevelt e frustrado com sua incapacidade de mudá-las, o típico eleitor republicano estava insatisfeito com o governo. Um voto a favor de Alf Landon era um voto a favor de mudanças, um voto de protesto. Os democratas, por outro lado, tendiam a estar razoavelmente satisfeitos com o governo. Um voto a favor de Roosevelt era um voto a favor de manter as coisas como estavam, um voto a favor do *status quo*. Quando os correios entregaram os envelopes da *Literary Digest*, era muito mais provável que fossem respondidos pelos eleitores irritados e descontentes de Landon do que pelos eleitores razoavelmente satisfeitos de Roosevelt. Por conseguinte, a enxurrada de formulários que retornava ao remetente era desproporcionalmente republicana.

Os dois erros da *Literary Digest* tinham o mesmo efeito. Enviar uma mala direta principalmente para residências mais prósperas introduzia na pesquisa uma tendência a incluir mais eleitores de Landon; o mesmo ocorria com o "viés do voluntariado", causado pelo fato de a revista depender da boa vontade das pessoas para preencher um formulário e postá-lo de volta. Nessa pesquisa de opinião em particular, esses dois erros foram enormes, distorcendo o resultado em dezenas de pontos percentuais, embora a margem de erro fosse incrivelmente pequena. O que condenou a pesquisa de opinião da *Literary Digest* foi o erro sistemático, não o estatístico.

Os erros sistemáticos são muito mais perigosos que os erros estatísticos. Eles podem ser extremamente sutis – às vezes, permanecem completamente invisíveis até darmos de cara com eles. Pode ser difícil (e caro) evitá-los. Eles assumem uma variedade de formas, cada uma mais mortal que a outra.

George Gallup fez seu nome, em parte, por prever o fracasso da *Literary Digest*. Suas pesquisas de opinião eram sofisticadas: ao escolher amostras de maneira "científica", cuidando para que fossem representativas da população, Gallup produziu algumas das pesquisas de opinião mais precisas de sua época, embora o número de indivíduos pesquisados fosse muito menor que o utilizado por alguns de seus colegas mais afluentes. Gallup conquistou uma reputação de confiabilidade – e ajudou a renovar a fé dos jornalistas nas pesquisas de opinião mesmo antes de as brasas da conflagração da *Literary Digest* terem esfriado. Porém, nem seus métodos "científicos" eram imunes aos erros sistemáticos.

A manchete "Dewey derrota Truman" é consequência do fracasso mais famoso de Gallup. Nas semanas que precederam a eleição de 1948, suas pesquisas de opinião indicavam que Dewey estava bem à frente – tanto que seus funcionários pararam de realizar novas pesquisas (que são bastante caras, afinal). Mas a opinião pública muda com o passar do tempo: em 1948, o apoio a Truman ficou mais intenso nos dias que precederam a eleição, à medida que os eleitores iam trocando de candidato, de partidos menos expressivos por concorrentes que tivessem alguma chance de vencer – e esses votos tendiam a migrar para o presidente democrata. Assim, uma amostra selecionada cedo demais introduziu um viés contrário a Truman. Outro erro sutil surgiu de uma suposição incorreta a respeito dos eleitores indecisos. Gallup acreditava que os eleitores que ainda não haviam decidido dar seu voto a Truman ou Dewey acabariam votando da mesma maneira que os eleitores já decididos – isto é, como a maioria dos eleitores decididos preferia o democrata, a maioria dos indecisos exibiria o mesmo comportamento. Isso estava bem longe de ser verdade: os eleitores indecisos se comportam de maneira muito diferente daqueles que expressam uma forte preferência. No caso em questão, um número maior do que o esperado resolveu dar seu voto a Truman. A suposição de que os indecisos se comportam como os outros eleitores desvia levemente a pesquisa de opinião a favor da pessoa que está na liderança, fazendo os resultados parecerem mais significativos do que realmente são. Mais uma vez, um erro sistemático arruinou uma pesquisa de opinião, fazendo-a apresentar um resultado errado. Gallup também caiu na armadilha da desestimação (por ignorância). Ele pensava que seu instrumento de medição era muito mais preciso do que realmente era, o que o levou a subestimar as incertezas que pairavam sobre os números obtidos.

De modo surpreendente, o resultado de 1948 não causou nenhum dano permanente à confiança do público nas pesquisas de opinião. O próprio Gallup não se abalou profundamente com o resultado errado, pois estava convencido de que poderia encontrar os problemas e eliminá-los, aperfeiçoando aos poucos a arte das pesquisas. O pesquisador não perdeu a fé em seus métodos, embora os erros sistemáticos continuassem a aflorar, arruinando as pesquisas. Por exemplo, sua incapacidade de levar em conta a religião dos participantes talvez tenha sido responsável pela previsão errada de que Kennedy venceria a eleição de 1960 com uma vantagem de quatro pontos percentuais. (Na verdade, foram meros 0,25% dos votos populares que separaram os candidatos.)

Os erros sistemáticos nos atordoam em sua variedade, complexidade e sutileza. Alguns jamais são totalmente explicados. No início da década de 1990, pesquisadores no Reino Unido não conseguiram descobrir por que as pesquisas de opinião subestimavam de forma consistente os votos a favor do partido conservador. Sem conseguir apresentar nenhuma explicação real, acabaram por chamar aquele erro de efeito do "conservador tímido". O efeito desapareceu depois de alguns anos, sendo a partida tão misteriosa quanto a chegada. Alguns erros sistemáticos são simplesmente assustadores. Por exemplo, um cuidadoso estudo sobre certos tipos de pesquisas de opinião demonstra, sem sombra de dúvida, que as pessoas frequentemente mentem para os pesquisadores, quase que invalidando seus dados. Quando isso acontece, as pesquisas de opinião deixam de refletir a realidade. Seus resultados se transformam em números de Potemkin.

De forma periódica e recorrente, alguém tenta compreender os hábitos sexuais de nossa sociedade por meio de uma pesquisa de opinião ou enquete. Algumas dessas enquetes, em particular, são extremamente bem-feitas – empregam os serviços de estatísticos profissionais e são bancadas com verbas do governo. Porém, o resultado de todas elas, sem exceção, não passa de lixo inútil. Isso acontece porque nós, seres humanos, somos mentirosos – não conseguimos evitar.

Em 2007, com toda pompa e circunstância, os Centers for Disease Control – a organização mais importante quando se trata de geração de estatísticas de saúde nos Estados Unidos – publicaram um relatório sobre a vida sexual dos americanos. O elemento que conseguiu mais atenção na imprensa foi, naturalmente, o mais picante: quantos parceiros sexuais o americano típico já teve. "O homem médio dorme com sete mulheres", anunciou a Associated Press. Isto é, o típico homem norte-americano, ao longo de toda a sua vida, faz sexo com sete mulheres. A estatística em si não era tão surpreendente. Mas se tornava escandalosa quando combinada a outro dado retirado do mesmo estudo: uma mulher típica dorme com quatro homens durante toda a sua vida. Isso é impossível.[9]

Toda vez que um homem faz sexo com uma mulher, uma mulher faz sexo com um homem. Cada ato sexual heterossexual aumenta o número médio de parceiras do homem típico, mas, ao mesmo tempo, aumenta também, na mesma quantidade, o número médio de parceiros da mulher típica.[10] A média masculina *tem que ser* igual à média feminina; não há como homens e mulheres terem números médios diferentes de parceiros sexuais. A enquete simplesmente estava errada. A conclusão de que os homens tinham sete parceiras e as mulheres quatro é simplesmente implausível. É uma ficção, um número de Potemkin.

O que deu errado? É simples: alguém está mentindo. Ou os homens estão exagerando suas façanhas, ou as mulheres estão diminuindo as delas – ou ambos.[11] Não há dúvida. Mesmo em um ambiente clínico, mesmo quando os pesquisadores garantam total confidencialidade, mesmo quando não há absolutamente nada a se ganhar com a mentira, as pessoas sempre mentem sobre o número de parceiros sexuais que já tiveram. Acontece todas as vezes. Na França, na Inglaterra... contam-se lorotas sobre o histórico sexual de cada um. Independentemente de como a pesquisa seja realizada, podemos ter a certeza de que vamos descobrir que os dados estão errados, porque as pessoas têm o hábito de mentir.

As pessoas mentem porque, de uma forma ou de outra, querem que todos gostem delas e as respeitem – inclusive a pessoa que está fazendo as perguntas em uma pesquisa. Mesmo que nunca mais for ver o entrevistador, o participante de um estudo tende a dar respostas que (em sua concepção) o colocariam em situação mais favorável. Não somente quando o assunto é sexo. As pessoas tendem a transmitir a autoimagem mais nobre possível a um pesquisador, ainda que ela não tenha qualquer base real.

Por exemplo, menos de uma semana depois da devastação provocada pelo furacão Katrina em Nova Orleans, a Associated Press, com a empresa de pesquisas de opinião Ipsos, investigou as diversas opiniões dos americanos sobre o desastre. Um dado interessante: mais de ⅔ dos entrevistados afirmavam já terem doado dinheiro para as campanhas de auxílio às vítimas da catástrofe. Por baixo, isso significaria que aproximadamente 60 milhões de famílias tinham feito doações – tudo em menos de uma semana depois do acidente –, o que, naturalmente, demonstraria que uma enorme quantidade de dinheiro logo chegaria aos desabrigados.

Quanto? É difícil dizer ao certo. O Exército da Salvação relatou, na época, que as doações médias para os atingidos pelo furacão giravam em torno de US$ 200. Este é provavelmente o valor típico de uma doação para as vítimas do Katrina, mas, como precaução, suponhamos que outras organizações de auxílio a catástrofes não tenham recebido doações tão volumosas, e que a doação média tenha sido muito menor que as recebidas pelo Exército da Salvação – digamos, US$ 50. Então, se temos 60 milhões de famílias doando US$ 50 cada, isso significaria uma doação total de colossais US$ 3 bilhões.

Não há dúvida de que os americanos podem ser generosos em tempos de crise, mas não são tão filantropos e altruístas quanto a pesquisa sugere. Na época em que o estudo foi realizado, a quantia total levantada para as vítimas do Katrina situava-se na faixa dos US$ 600 milhões – aproximadamente ⅕ do que esperaríamos se nos guiássemos pelos números da pesquisa. Se levarmos em consideração o fato de que grande parte desses US$ 600 milhões foi doada por empresas, e não por pessoas físicas, a disparidade é ainda pior. A conclusão é óbvia: não há como ⅔ dos americanos terem realmente doado dinheiro na semana seguinte ao desastre. Este é um número de Potemkim. É provável que os valores verdadeiros não cheguem nem à metade do que foi relatado pela pesquisa de opinião. Evidentemente, isso significa que a maioria das pessoas que afirmaram haver feito doações devia estar mentindo. O fato de que as pessoas mentem é uma fonte de erro sistemático, não um fator de erro estatístico. Assim, a margem de erro de 3% (adequadamente divulgada pela agência de notícias) era uma avaliação exagerada da exatidão da pesquisa.

Às vezes, os motivos para mentir vão além da mera tendência a contar vantagens. Em certos casos, trata-se de fraude pura e simples. Há ocasiões em que as pessoas tentam enganar os pesquisadores em benefício próprio. No início de 1996, nas eleições primárias para a Presidência, as pesquisas de boca de urna – nas quais os eleitores são entrevistados no momento em que deixam o local de votação – mostraram que o candidato de extrema direita, sem grandes chances de sucesso, Pat Buchanan, havia derrotado o candidato mais convencional, Bob Dole, no Arizona. Os analistas das redes de comunicação imediatamente começaram a tagarelar sobre como Pat Buchanan era um verdadeiro desafio a Dole. Mas, quando chegaram os resultados – a verdadeira contagem dos votos depositados –, Dole havia vencido Buchanan com uma diferença de mais de dois pontos percentuais. Por quê? Segundo o diretor político da CNN, os responsáveis foram os eleitores de Buchanan, que "procuravam os entrevistadores da pesquisa de boca de urna", a fim de inflar os resultados do candidato.[12] Não é difícil manipular uma pesquisa de boca de urna. Basta se demorar nas proximidades do local onde os eleitores estão sendo entrevistados; ou então se dirigir a um entrevistador (que, normalmente, pode ser identificado pela prancheta que traz na mão). Assim, nossa inclusão na amostra se torna bem mais provável, a menos que os pesquisadores estejam bem atentos. Esta super-representação pode fazer o nosso candidato hipotético representar uma ameaça mais séria do que ele realmente representa, o que talvez faça com que ele conquiste mais alguns seguidores.

Os americanos não são os únicos a mentir para os entrevistadores de boca de urna. Em 2006, analistas políticos ficaram surpresos quando as eleições palestinas tiveram um resultado totalmente inesperado. Embora as pesquisas de opinião – inclusive as de boca de urna – houvessem previsto que o partido Fatah venceria seu rival Hamas com uma diferença em torno de 6%, a vitória coube ao Hamas, por uma pequena margem. Também nesse caso o erro superou em muito as margens de erro da pesquisa. Na verdade, a discrepância se deve ao fato de que os partidários do Hamas tiveram uma atitude oposta à que os eleitores de Buchanan haviam demonstrado. Os simpatizantes do partido tentaram fazer com que o Hamas parecesse menos popular do que realmente era, fosse mentindo para os entrevistadores, fosse recusando-se a falar com eles. Por quê? Um dos organizadores da pesquisa contou ao *Wall Street Journal* que o "Hamas procurou influenciar o resultado das pesquisas de boca de urna na esperança de que sua votação não alarmasse os grupos armados do Fatah, de modo que este não tentasse, por medo, prejudicar o processo eleitoral (queimando urnas, por exemplo, como havia acontecido nas eleições locais anteriores)". Se o governo queima as urnas quando há muito apoio ao nosso partido, faz total sentido mentirmos em uma pesquisa. Infelizmente, a manipulação das pesquisas de opinião são extremamente comuns. Há diversos outros agentes que tentam manipular os resultados. Os piores são os próprios pesquisadores.

Desde o advento das pesquisas de opinião, os pesquisadores sabiam que o resultado podia ser afetado, de forma bastante drástica, pela redação das perguntas incluídas na enquete. A escolha das palavras, mesmo na frase mais neutra, às vezes pode induzir sutilmente um entrevistado a responder de determinada maneira. Por exemplo, no início da década de 1990, a Gallup (em parceria com a *CNN* e com o *USA Today*) perguntou aos norte-americanos se apoiariam o bombardeio de forças sérvias na Bósnia. A resposta foi extremamente negativa: 55% contra e 35% a favor. Exatamente no mesmo dia, a *ABC News* fez pergunta similar, em outra pesquisa de opinião, e a resposta, dessa vez, foi surpreendentemente positiva: 65% dos entrevistados apoiavam os ataques aéreos, enquanto 32% se opunham a eles. Como duas pesquisas podiam gerar resultados tão incrivelmente diferentes? A disparidade se deve a uma diferença sutil no modo como as perguntas foram enunciadas. Na pesquisa de opinião da Gallup, os ataques aéreos eram obra dos Estados Unidos. Na pesquisa da *ABC*, os bombardeios eram feitos pelos "Estados Unidos, com seus aliados na Europa". Uma mudança tão pequena no enunciado deu outros ares às perguntas. Os americanos reagiram de um modo quando a impressão era de que se tratava de um ato unilateral, e de outro quando a sugestão era de uma ação conjunta. Essa é uma enorme fonte de erro sistemático – uma mudança infinitesimal no enunciado pode mudar completamente a maneira como as pessoas respondem a uma pergunta em uma pesquisa de opinião. Mesmo algo aparentemente tão insignificante quanto a ordem das questões pode fazer enorme diferença no resultado de uma pesquisa.

Quando há uma questão complicada, que provavelmente causará problemas, algumas das pesquisas de opinião mais bem-fundamentadas fazem às pessoas duas ou mais diferentes versões da pergunta, na tentativa de evitar que os resultados sejam influenciados pelo enunciado.[13] Infelizmente, isso encarece a pesquisa de opinião e aumenta a margem de erro, já que cada pergunta é respondida por um número menor de pessoas. (O pior, do ponto de vista da organização da pesquisa, é que o fato de dois enunciados receberem respostas totalmente diferentes talvez revele que a pesquisa não é significativa.) Assim, a maioria das pesquisas de opinião não controla erros sistemáticos causados pela formulação das perguntas, mesmo quando isso é da maior importância.

Com muita frequência, é extremamente necessário fazer isso. Sempre que houver uma questão politicamente sensível ou complicada, a escolha da linguagem do pesquisador afetará o resultado. O termo "pró-vida" evoca reações muito diferentes daquelas obtidas quando se emprega o termo "antiaborto". As pessoas se preocupam menos com "danos colaterais" em uma guerra do que com a "morte de civis". Os mesmos entrevistados que se opõem à "tortura" aceitam melhor "técnicas avançadas de interrogatório". Alguns desses termos e expressões têm conotações tão fortes (é muito difícil admitir que você é um entusiasta da tortura) que é quase impossível romper a cortina de fumaça das palavras e chegar aos sentimentos dos entrevistados. Mesmo escolhas aparentemente inocentes podem ser carregadas: "Presidente Obama" é mais respeitoso que "Barack

Obama", e, assim, o primeiro tende a gerar resultados melhores que o segundo. Qualquer escolha de palavras, em algum sentido, será enviesada, o que representa uma grande fonte de erro.[14]

Do ponto de vista matemático, essa dependência do enunciado das perguntas é um erro sistemático que impede que as pesquisas de opinião reflitam a realidade. Para alguns pesquisadores, no entanto, a realidade é um mero fardo. Os institutos de pesquisa podem ganhar mais dinheiro dando aos clientes o que eles querem – e se os clientes quiserem um número de Potemkin, os pesquisadores não se negarão a fornecê-lo.

Em abril de 2005, chegava ao fim, nos Estados Unidos, um drama que dividia profundamente as opiniões. Terri Schiavo era uma mulher que estava em estado vegetativo persistente há mais de uma década. Seu marido, Michael, queria que o tubo de alimentação fosse removido; seus pais queriam que Terri fosse mantida viva. Depois de uma longa batalha nos tribunais e muito exibicionismo por parte dos políticos, a vontade de Michael prevaleceu, e o tubo foi removido. Era um caso horrendo; incapaz de se alimentar, Terri lentamente morria de fome. Embora as pessoas tivessem opiniões fortes a favor de ambos os lados da questão, as pesquisas de opinião realizadas em março pareciam mostrar que os americanos tendiam a aprovar a remoção do tubo. Uma pesquisa da ABC, por exemplo, obteve 63% dos votos a favor da remoção.

A Christian Defense Coalition, horrorizada com os resultados, procurou distorcer a opinião pública de modo a refletir sua própria realidade. Para isso, contrataram a Zogby International, uma das principais empresas de pesquisa de opinião do país, para realizar um novo estudo. A Zogby aceitou a encomenda, e, quando os resultados foram divulgados, no início de abril, um artigo reproduzido no website da empresa alardeava os resultados: "Uma nova pesquisa de opinião da Zogby, com perguntas mais corretas, mostra que o país claramente apoia Terri e seus pais, e deseja proteger a vida de outros pacientes deficientes." Quais exatamente foram essas perguntas mais corretas? Uma pequena amostra:

- Você concorda ou discorda que o Poder Executivo deva intervir quando vê o Poder Judiciário negar direitos fundamentais aos deficientes?

- Você concorda ou discorda que o Poder Executivo deva intervir quando vê o Poder Judiciário negar direitos fundamentais às minorias?
- Você concorda ou discorda que seja adequado para o governo federal intervir quando direitos civis fundamentais são negados?
- Se um deficiente não estiver com uma doença terminal, não estiver em coma, não for mantido vivo por aparelhos e não existir nenhuma instrução escrita para isso, devemos ou não lhe negar água e comida?
- Michael Schiavo tem uma namorada há dez anos e tem dois filhos com ela. Considerando isso, você concorda ou discorda que Michael Schiavo deva entregar a tutela de Terri aos pais dela?

Isso não foi uma tentativa de ouvir a opinião pública. Foi uma tentativa de moldá-la. As perguntas sobre as minorias e os deficientes visavam a enquadrar a questão como se uma das liberdades civis de Schiavo estivesse sendo violada. Assim, o uso de "negar" – palavra muito evocativa – na pergunta principal torna difícil para qualquer um que não um monstro dizer que Schiavo (por mais abstratamente que ela esteja sendo apresentada) deve ser desconectada do tubo de alimentação. Por fim, caso o entrevistado ainda tivesse dúvidas sobre que lado deveria apoiar, a pesquisa pintava Michael Schiavo como um mulherengo. Como era de se esperar, a enquete da Zogby teve resultados muito diferentes das outras, que empregavam uma linguagem menos incendiária – resultados que correspondiam exatamente ao que a Christian Defense Coalition queria. Mais um cliente satisfeito, a realidade que se dane.

Os institutos de pesquisa ganham dinheiro produzindo números de Potemkin para seus clientes. Antievolucionistas, ambientalistas, grupos de interesse de todos os tipos – todos fazem fila pelo privilégio de dizer aos norte-americanos exatamente o que eles pensam. Nenhuma causa é tola demais. Mesmo os defensores da crença em abduções alienígenas já encomendaram pesquisas de opinião para provar o que eles sabem com certeza absoluta. Em 1992, a Roper Corporation realizou um grande estudo formulado para demonstrar que alguns norte-americanos (2%, no final das contas) já haviam sido abduzidos por alienígenas. É um negócio lucrativo arquitetar dados para sustentar mentiras.

Os jornalistas – pelo menos os mais sofisticados – têm plena consciência dos enormes problemas envolvidos nas pesquisas de opinião, mas, mesmo assim, estão dispostos a ignorá-los. Até o menos brilhante dos pesquisadores sabe que as pesquisas feitas pela internet são totalmente inúteis. Ignorando o fato de que as pessoas com acesso à rede não representam a população como um todo, ignorando o viés do voluntariado causado pela baixa participação em enquetes on-line, ainda assim saberíamos que as pesquisas pela internet são tão falhas que há mais de uma década são consideradas o ápice da bobagem em termos de pesquisas de opinião. O principal motivo é que podem ser facilmente manipuladas com um mínimo esforço, e geralmente o são. As pesquisas de opinião pela internet são o motivo pelo qual "Hank, o duende bêbado e mal-humorado" venceu Brad Pitt como "pessoa mais bela do ano" no site People.com em 1998. São também o motivo de Steven Colbert, o mestre moderno da manipulação de enquetes na rede, haver vencido as pesquisas para a escolha do nome que seria dado a um módulo de Estação Espacial Internacional e a uma ponte na Hungria. Os questionários respondidos na internet não têm base na realidade. Mesmo assim, a CNN.com exibe um em sua primeira página todos os dias. Não se trata de informar, mas de instigar.

Devia-se esperar dos repórteres que considerassem a verdade como o que há de mais sagrado, mas eles não demonstram a menor hesitação em divulgar pesquisas que são pura bobagem, contanto que as margens de erro sejam suficientemente pequenas. Os jornalistas não parecem se incomodar com as mais nítidas contradições. No finalzinho de 2006, a Associated Press e a AOL se uniram na realização de uma pesquisa elaborada para avaliar os sentimentos dos americanos a respeito do ano que estava por vir. Logo que os pesquisadores terminaram de coletar os dados, a Associated Press escreveu não uma, mas duas reportagens sobre a pesquisa.

A primeira: "Pesquisa de opinião da AP: norte-americanos otimistas em relação a 2007."

A segunda: "Pesquisa de opinião: norte-americanos preveem um péssimo ano em 2007."

É isso mesmo. As duas reportagens eram exatamente sobre a mesma pesquisa de opinião. Ambas foram publicadas pela mesma organização –

aquela que realizou a pesquisa. Ambos os repórteres consultaram o diretor de pesquisas da AP, Trevor Tompson, antes de escrever seus artigos. No entanto, as duas matérias usavam os mesmos dados para chegar a conclusões diametralmente opostas. Ninguém na Associated Press parecia estar aflito com o fato de que, obviamente, publicavam um contrassenso; ninguém parecia se importar com o fato de que os repórteres estavam apresentando números de Potemkin contraditórios e sem sentido como se fossem verdades objetivas.

Existe um termo jurídico para esse comportamento: "dolo absoluto". Ao ouvir essa expressão, os jornalistas têm calafrios, pois se trata de uma falha tão grave que é capaz de abrir um buraco no escudo protetor da liberdade de imprensa, assegurado pela primeira emenda da Constituição americana. Um repórter ou veículo de comunicação age com dolo absoluto quando publica algo que sabe ser falso ou quando demonstra total desconsideração pela verdade. Quando se trata de pesquisas de opinião, creio que a imprensa como um todo – e não somente a Associated Press – muitas vezes age com total desconsideração pela verdade.

Não se pode negar que a imprensa tenta dar às pesquisas de opinião uma roupagem de realidade objetiva; os jornais sempre publicam uma margem de erro para informar aos leitores até que ponto a pesquisa é digna de confiança. Mas, na melhor das hipóteses, essa margem de erro leva ao pecado da desestimação, pois, ao não levar em conta os erros sistemáticos, deliberadamente superestima a exatidão da pesquisa. Na pior das hipóteses, concede aos jornalistas uma licença para ignorar até os problemas mais gritantes e óbvios que assolam as pesquisas de opinião – é uma máscara feita para dar aos disparates uma aparência de fato. Os jornalistas sabem que as pesquisas feitas pela internet não valem nada, mesmo assim, essas enquetes frequentemente viram notícia. Os jornalistas insistem em usar pesquisas telefônicas, embora saibam que estas apresentam um viés inerente. (Afinal, só alcançam aquelas raras pessoas que não batem o telefone na cara de um estranho que liga pedindo que respondam a uma série de perguntas.) Sua fé nas pesquisas de opinião nunca é abalada, mesmo quando uma pesquisa de alta visibilidade chega a um resultado errado e os envergonha.

No início da noite de 7 de novembro de 2000, pesquisas de boca de urna indicavam que Gore havia vencido na Flórida. Todas as redes de notícias correram para anunciar a vitória do candidato democrata. Como se sabe, o pronunciamento foi prematuro; a eleição estava apertada demais para se saber a resposta. Passadas mais algumas horas, os meios de comunicação voltaram atrás em seu anúncio, com um enorme sentimento de culpa e humilhação. "Se vocês estão indignados conosco, francamente, não os culpo", declarou o âncora do noticiário da CBS, Dan Rather. Censurados e humilhados, os âncoras dos noticiários prometeram nunca mais cometer tamanho erro; seriam mais cuidadosos com as pesquisas de boca de urna. A resolução durou apenas algumas horas – até o momento em que as pesquisas de boca de urna indicaram que George W. Bush havia vencido a eleição. Alguns momentos depois, o apresentador estava novamente coroando o novo presidente. "Prove, saboreie, dê uma golada, faça uma fotocópia, sublinhe de vermelho, imprima em um livro, coloque em um álbum, pendure na parede", ele declarou. "George Bush é o próximo presidente dos Estados Unidos." Mais uma vez, era um alarme falso. A corrida eleitoral ainda estava apertada demais para que se declarasse um vencedor. Novamente, as redes de comunicação envergonhadamente desmentiram o erro – mas não antes de Gore fazer uma ligação admitindo a derrota, que, ele também, teve que desmentir.

As pesquisas de opinião são como uma droga. Os meios de comunicação não conseguem ficar longe delas, nem mesmo por algumas horas, por maiores que sejam os prejuízos que causam à reputação de seus repórteres. As redes de comunicação gastam enormes quantias para sustentar o vício, chegando a pagar dezenas de milhões de dólares por uma dose quando estão realmente na fissura, como em uma noite de eleição.

A noite de eleição é a manifestação mais dramática do vício da imprensa em pesquisas de opinião. Sempre que há uma eleição nacional, as redes de comunicação montam um enorme e caríssimo sistema de pesquisas de boca de urna. No entanto, tudo o que todo aquele dinheiro e esforço conseguem (na melhor das hipóteses) é ganhar algumas horas – os expectadores ficam sabendo, de maneira extraoficial, quem ganhou uma eleição às 10h da noite, em vez de ter de esperar até as 7h da manhã do dia seguinte pelos resultados oficiais. Pergunte a si mesmo: sua vida seria pior se não houvesse pesquisas de boca de urna? Sua vida seria pior se não existisse nenhum tipo de pesquisa de opinião? A menos que você seja profissional de marketing ou político, a resposta provavelmente é não.

Contudo, quando se trata de pesquisas de opinião, toda a objetividade jornalística, todo o ceticismo da imprensa parecem desaparecer como um passe de mágica. A força das pesquisas de opinião é tão grande, o vício em pseudoeventos chegou a tal ponto, que a mídia abandona os fatos. Os meios de comunicação não parecem se importar em saber se uma pesquisa de opinião representa qualquer forma da verdade. São apenas falácias matemáticas, nada mais.

5. Disfunção eleitoral

A democracia não está na votação, mas na contagem dos votos...

Tom Stoppard, *Jumpers*

A eleição para senador no estado de Minnesota adentrou oficialmente o terreno da loucura no dia 18 de dezembro de 2008. Foi nessa data que os homens-lagarto* abocanharam um voto no condado de Beltrami.

O condado de Beltrami fica no gélido norte do estado, próximo à fronteira com o Canadá, uma região que não parece ser o ambiente ideal para os homens-lagarto. No entanto, a cédula de voto de um cidadão sugeria a existência de uma pequena comunidade de homens-lagarto em Minnesota, que achavam conveniente se candidatar a cargos públicos. Não apenas a um cargo público, mas a todos eles. O eleitor havia escrito a mesma coisa no espaço em branco reservado aos votos *write-in*** em cada uma das opções: "homens-lagarto". Presidente dos EUA: homens-lagarto. Representante nacional: homens-lagarto. Prefeito: homens-lagarto. Representante estadual? Supervisor de conservação do solo e da água do distrito? Membro do conselho escolar? Homens-lagarto, homens-lagarto, homens-lagarto. O eleitor teve até o cuidado de preencher o espaço em

* Os homens-lagarto, ou *lizard people*, no original, seriam humanoides reptilianos alienígenas que, segundo teóricos da conspiração, estariam por trás de um plano mundial para manipular e dominar a humanidade. (N.T.)

** Voto *write-in*: nas eleições norte-americanas, voto dado a um candidato cujo nome não aparece na cédula eleitoral, mas em quem os eleitores podem votar, preenchendo um espaço em branco destinado ao registro do nome do escolhido.

branco ao lado de cada candidato, exceto em um caso: a disputa pelo Senado federal.

No dia das eleições, o povo de Minnesota sabia que a disputa pelo Senado, entre o titular republicano Norm Coleman e seu concorrente, Al Franken, provavelmente seria apertada. A campanha fora pesada, e os candidatos estavam pau a pau há semanas. No entanto, ninguém tinha previsto como seria mínima a diferença. Os dois ficariam separados por alguns milésimos de ponto percentual do total de votos depositados – um punhado de cédulas bastaria para determinar quem havia vencido e quem havia perdido a eleição. Em vista disso, advogados de ambos os partidos foram a Minnesota, na tentativa de extrair meia dúzia de votos a favor de seu candidato – ou para roubar um ou outro voto do oponente – apelando para qualquer meio necessário. Cada voto era alvo de uma batalha, pois poderia significar a diferença entre a vitória e a derrota. Foi então que os homens-lagarto entraram em cena.

Nosso intrépido eleitor do condado de Beltrami de fato preencheu a cédula votando nos homens-lagarto para o Senado, assim como para os demais cargos, mas com uma diferença crucial. Ele não preencheu o espaço ao lado de seu voto *write-in*; em vez disso, ele preencheu, de maneira descuidada, o espaço ao lado do nome de Al Franken. Inicialmente, o voto fora contado a favor de Franken. Quando a cédula foi colocada na máquina de leitura, esta apenas identificou (e registrou) o voto em Franken, ignorando os votos nos homens-lagarto. Mas os atentos partidários de Coleman viram o voto *write-in* a favor dos alienígenas e argumentaram que a cédula deveria ser descartada. Afinal, ao que parece, o eleitor votara duas vezes – uma em Al Franken e outra nas criaturas reptilianas – em uma disputa eleitoral na qual se podia votar em apenas um candidato. Se fosse esse o caso, isso invalidaria a cédula; Franken perderia um voto. Então, Franken deveria manter seu voto ou perdê-lo? Essa era a questão posta diante de um conselho eleitoral formado por cinco membros – quatro juízes de Minnesota e o secretário de Estado – cuja tarefa era contar os votos e confirmar o vencedor da eleição.

De todos os problemas levados ao conselho eleitoral, o dos extraterrestres talvez tenha sido o mais absurdo. Embora parecesse estar abaixo da dignidade dos juízes discutir sobre homens-lagarto, havia, de fato, uma questão jurídica em jogo. Se, além do voto em Franken, houvesse outro voto legitimamente depositado para os seres reptilianos, o resultado seria um voto nulo por duplicidade. Se o voto nas criaturas não fosse legítimo, haveria apenas um voto válido, para Franken. Assim, a questão para os juízes era: o voto a favor dos homens-lagarto seria ou não legítimo?

Estranhamente, não importava que o espaço ao lado do nome do candidato *write-in* não estivesse preenchido. As leis do estado de Minnesota eram claras nesse ponto: "Se um eleitor houver escrito o nome de um indivíduo no local apropriado em uma cédula de eleição geral ou especial, deve-se contar um voto a favor desse indivíduo, tenha ou não o eleitor feito uma marca ... ao lado do espaço." Assim, o voto *write-in* dado aos "homens-lagarto" era legítimo, o que significava que o eleitor havia votado em dois candidatos diferentes, e a cédula deveria ser descartada. Mas as coisas nunca são tão simples assim.

Mark Elias, o eternamente suado advogado de Franken, veio com um brilhante e derradeiro argumento para salvar o voto a favor do candidato: ele afirmou que "homens-lagarto" não eram pessoas de verdade. Como o eleitor não havia escrito o nome de um *indivíduo* real no espaço reservado ao nome do candidato *write-in*, esse voto não deveria ser computado. Foi então que a discussão assumiu um tom surreal. Os advogados de Coleman responderam insistindo que "homens-lagarto" eram, sim, pessoas reais. Naquele momento, todo senso de decoro desapareceu, quando os juízes do conselho começaram a brigar uns com os outros.

"Se a cédula dissesse 'Moon Unit Zappa',* você diria, 'Ah, não, não existe nenhuma Moon Unit Zappa'?'", perguntou o juiz Eric Magnuson. Para ganhar a discussão, ele continuou, enfaticamente, "Você não sabe se existe alguém realmente chamado 'homens-lagarto'. Você não sabe. Nem você nem eu sabemos."

"'Homens' não é plural? Quer dizer, como pode uma pessoa chamada 'Homens'?", perguntou o juiz Edward Cleary.

* Nome dado por Frank Zappa à sua filha mais velha. (N.T.)

"Bem, existem sobrenomes como 'Dias'", respondeu Magnuson. Logo, a juíza Kathleen Gearin se intrometeu: "Tenho de admitir que já me apareceu um sujeito no tribunal cujo sobrenome era 'Lagarto', 'Lagarto' soletrado assim..."

"Com primeiro nome 'Homens'?", interrompeu Cleary, incrédulo.

Sim, era mesmo verdade. Uma sala cheia de advogados competentes e juízes respeitados estava envolvida em um sério debate sobre se o sr. Homens-lagarto era um ser humano de verdade. Foi uma dura batalha, pois a eleição de Minnesota fora tão apertada que a decisão do Conselho poderia significar a diferença entre a vitória e a derrota.

Embora eleições com resultados extremamente apertados motivem os comportamentos mais bizarros e irracionais de que são capazes os seres humanos, a questão dos homens-lagarto surpreendeu até os mais calejados comentaristas eleitorais. O episódio logo se converteu em um símbolo de o quão louca – distanciada da realidade objetiva – se tornara a eleição em Minnesota.

Na maior parte das vezes, as eleições costumam ter um nível razoável de racionalidade e polidez, pelo menos depois de todos os votos depositados. É verdade que propagandas políticas atacando opositores podem poluir as ondas de rádio durante os meses antes da eleição, e que os candidatos lançam mão de uma retórica ofensiva uns contra os outros, mas, depois que os votos foram apurados, todos concordam em um ponto essencial: quem ganhou a disputa. O perdedor faz um sincero discurso de concessão, cheio de esperança temperada com pesar, e talvez derrame algumas lágrimas, para depois parabenizar o vencedor. Não importa quão suja tenha sido a briga; a batalha termina assim que a apuração se encerra. Quando os votos acabam de ser contados, todos – mesmo o perdedor – se conformam com o resultado. Na maioria das vezes.

Quando uma eleição se decide por margem extremamente apertada, a apuração dos votos pode não pôr um fim à batalha. Foi em um momento como esse que os homens-lagarto começaram a mostrar a cara. Horas antes de a apuração ser concluída, ambos os lados trocavam acusações de fraude eleitoral. Os candidatos e seus advogados buscavam meios de passar à frente do adversário, procurando argumentos que garantissem a vitória, mesmo sem o respaldo consagrador das urnas. Ambos os lados tentavam dar um jeito de ganhar a vaga no Senado. Este é o ambiente perfeito para as falácias matemáticas.

De fato, a eleição para o Senado em Minnesota em 2008 foi marcada por um bombardeio de falácias matemáticas, assim como ocorrera com o pleito presidencial de 2000, na Flórida, quase uma década antes. Minnesota, tal qual a Flórida, foi logo inundada por argumentos deturpados, distorções e mentiras deslavadas, com os dois partidos trapaceando pelo cargo.

Na verdade, havia uma maneira matemática e juridicamente correta de decidir as eleições de Minnesota e da Flórida sem cometer injustiças. Por infortúnio, o procedimento adequado era um tanto perturbador. Acontece que o método correto para se determinar o vencedor dessas eleições era a única solução com a qual nenhum candidato jamais concordaria. Por conseguinte, o resultado da eleição de Minnesota, assim como o da eleição presidencial de 2000, anterior a ela, não teve absolutamente nada a ver com a verdade lógica ou matemática. Essas eleições foram decididas única e exclusivamente por falácias matemáticas.

Não deveria ser assim. A essa altura, as eleições já deveriam ser à prova de falhas. Afinal, nós homens votamos há mais de dois milênios. Na antiga Atenas, por exemplo, faziam-se com regularidade plebiscitos de todos os tipos, e o procedimento de votação era o mais simples possível. Os cidadãos escreviam nomes em cacos de louça e os deixavam no mercado. Os magistrados, então, contavam os cacos de louça, um a um, lendo em voz alta os nomes neles escritos. Dois milênios e meio mais tarde, o processo de votação é quase exatamente o mesmo que na antiga Atenas. É bem verdade que a tecnologia mudou um pouco ao longo dos séculos. Em vez de votarmos escrevendo um nome num pedaço de cerâmica, votamos escrevendo num pedaço de papel, perfurando um cartão, girando uma alavanca em uma cabine eleitoral, ou preenchendo um espaço em uma cédula. Mas, em sua essência, o procedimento continua o mesmo – apenas a forma mudou um pouco.[1] Assim como em Atenas, a eleição é decidida quando os homens se reúnem (ostensivamente) sob a vista do público e enumeram os votos, um a um. O vencedor de uma eleição é definido pelo simples ato de contar; é tão fácil quanto um, dois, três.

Passados 2.500 anos, já era de se esperar que houvéssemos aprendido a executar direito um procedimento tão simples. Contudo, mesmo na melhor das circunstâncias, conseguimos causar confusão. O ato incrivelmente direto de contar um, dois, três com frequência vira alvo de falácias matemáticas.

À PRIMEIRA VISTA, em todo o país, Minnesota pareceria o cenário mais improvável para uma batalha eleitoral tão pesada e suja. Os cidadãos de Minnesota têm a reputação de ser insolitamente honestos e diretos. Em outros lugares, fraudes eleitorais podem envolver votos múltiplos de um só eleitor, falsificação de títulos de eleitor, ou a supressão de votos. Em Minnesota, o maior escândalo eleitoral da história recente está ligado aos bolinhos da marca Twinkies.

Mas não se iluda. O caso, que ficou conhecido como "Twinkiegate", foi notícia no estado, chegando às manchetes nacionais. Em 1986, George Belair foi indiciado pelo crime de distribuir, por motivos torpes, bolinhos e rosquinhas a cidadãos idosos durante sua campanha à Prefeitura de Minneapolis. "Como uma pessoa pode subornar alguém com bolinhos?", perguntou Belair perplexo, ao ser levado para a cadeia. Mas o político havia de fato infringido uma lei estadual que proíbe candidatos de oferecer alimentos ou entretenimento a eleitores. O caso se arrastou por vários meses, até que a acusação foi retirada.

Além disso, Minnesota tinha uma das legislações eleitorais mais modernas e bem-pensadas de que se tem registro. Depois do fiasco Bush versus Gore, diversos estados, inclusive Minnesota, haviam reformulado suas leis e regulamentações a fim de evitar outro desastre eleitoral. As leis eleitorais eram de extrema precisão – as regras sobre como interpretar cédulas questionáveis, ao menos na teoria, já haviam sido todas decididas de antemão. (Em Minnesota, ninguém perderia tempo discutindo votos duvidosos!) Até os menores detalhes estavam prescritos nos regulamentos, que chegavam a ponto de determinar a forma como as cédulas deveriam ser empilhadas para contagem – em grupos de 25, dispostos transversalmente. Talvez o elemento mais tranquilizador da legislação eleitoral de Minnesota fosse o fato de haver criado um mecanismo interno de verificação de erros a fim de garantir que as cédulas fossem contadas do modo adequado. Independentemente de quão apertada seja uma eleição, algumas zonas eleitorais selecionadas têm de recontar todos os seus votos a mão para assegurar a correção da contagem. Além disso, se o resultado for muito apertado – se a diferença entre os candidatos for menor que 0,5% do total de votos depositados –, exige-se uma recontagem automática.

Considerando-se a legislação eleitoral moderna, os procedimentos uniformes de votação e o caráter honesto dos cidadãos do estado, é difícil imaginar condições melhores para uma eleição justa e incontroversa que as de Minnesota em 2008. Embora a disputa parecesse bastante apertada no final de outubro – as pesquisas discordavam quanto a quem estava na frente –, ninguém foi capaz de prever a bandalheira, o abuso e as falácias matemáticas em que o estado se enredou por meses a fio.

É bem verdade que a campanha foi suja, sobretudo pelos padrões de Minnesota. O candidato da oposição, Al Franken, ex-comediante talvez mais conhecido como autor do livro *Rush Limbaugh is a Big Fat Idiot*, era um alvo fácil para a ridicularização. Seu oponente, o senador Norm Coleman, candidato à reeleição, também não era nenhuma maravilha. A julgar pelo que diziam seus detratores, as acusações de corrupção que pesavam contra Coleman[2] pareciam um problema menor que a repulsa provocada pelo topete, o bronzeado artificial e os dentes postiços do senador. O embate entre essas duas personalidades deixou muitos cidadãos desanimados. Em vez de votar em Franken ou Coleman, aproximadamente 15% dos eleitores decidiram dar seu voto a um terceiro candidato, que não tinha a menor chance de vencer a eleição.

Todos sabiam que aquela seria uma disputa apertada. Mesmo assim, os resultados eram surpreendentes. Com as primeiras urnas apuradas, segundo relatos feitos na noite da eleição, Norm Coleman mantinha-se à frente por apenas 725 dos quase 3 milhões de votos depositados: uma margem aproximada de apenas trinta milésimos de 1%: 0,03%. A agência de notícias norte-americana Associated Press declarou a vitória de Coleman de manhã cedo, mas logo revogou a proclamação, no momento em que os editores de notícias perceberam que a batalha estava longe de terminar.

Na manhã seguinte à eleição, um Coleman cansado, mas confiante, declarou sua vitória: "Ontem, os eleitores se manifestaram. Nós vencemos." Ele então sugeriu que Franken abrisse mão da recontagem automática determinada pela legislação de Minnesota, admitindo sua derrota. "Se me perguntassem o que eu faria no lugar dele, eu recuaria", afirmou o senador. "Acho que o mais importante agora é curar as feridas, a possibilidade de qualquer mudança dessa magnitude nesse sistema de votação é extremamente remota, pelo menos é esta a minha opinião." Não havia nada que justificasse tamanha confiança. Àquela altura, a liderança do candidato já estava ameaçada.

Na tarde seguinte à eleição, a diferença entre os dois candidatos havia caído de 725 para 477, e, então, para 465. Algumas mudanças foram atribuídas a erros de digitação de dados. Em uma seção eleitoral, por exemplo, um escrivão havia acidentalmente digitado "24" votos para Franken em vez de "124". (Mesmo que os escrivães consigam apurar os votos com absoluta precisão, isso de nada servirá se eles forem incapazes de digitar dados no computador corretamente.) Os votos em trânsito também influenciavam os números; alguns já haviam sido incluídos nas contagens iniciais, enquanto outros demoravam mais a ser incluídos na totalização. Uma semana depois da eleição, a margem entre os dois candidatos havia se estabilizado em uma liderança de 206 votos a favor do republicano Norm Coleman.

É difícil compreender quão incrivelmente apertada estava a disputa em Minnesota. Uma eleição em que dois candidatos estão separados por um ponto percentual é considerada muito apertada. Se Coleman estivesse 1% à frente de Franken, sua liderança se deveria a uma vantagem de apenas 28 mil votos. Estar a meros 206 votos à frente significa que Coleman liderava por aproximadamente sete milésimos de 1% – menos que 1% de 1% de todos os votos depositados nas urnas. Esta é uma margem absurdamente pequena. Se elegêssemos pessoas com base em sua altura, em vez de número de votos que recebem, o resultado dessa eleição seria equivalente a eleger um candidato por ele ser nada mais do que a largura de um fio de cabelo humano mais alto que o outro.

Quando "apertada" significa 28 mil votos, erros de cem votos, de 25 votos ou de dez votos (que são surpreendentemente comuns numa eleição desse porte), não fazem uma verdadeira diferença. Algumas centenas de votos aqui ou ali não vão mudar o resultado da eleição, de modo que esses erros são ignorados e não chegam às manchetes. Felizmente, nem tomamos conhecimento de que falhas dessa magnitude acontecem com frequência. Entretanto, quando uma eleição é *realmente* apertada, isto é, quando a diferença entre os concorrentes é de uma fração de 1%, esses erros de repente passam a fazer uma enorme diferença. É por isso que as autoridades eleitorais rezam por vitórias esmagadoras; margens folgadas encobrem erros, enquanto as decisões apertadas ressaltam e iluminam cada pequena falha.

Foi isso o que aconteceu em Minnesota. Como a margem entre Franken e Coleman era tão ínfima, os erros eleitorais no estado pareciam enormes, ainda que não tivessem nada de incomum. Quando as falhas foram corrigidas – e quando, inevitavelmente, novos erros foram cometidos –, a distância entre os dois candidatos se modificou em uma pequena fração de 1%. Num pleito tão apertado quanto este, mesmo algumas centenas de votos são uma quantidade assustadoramente grande.

Quando as autoridades eleitorais de Minnesota começaram a corrigir os erros, a margem entre Coleman e Franken foi ficando cada vez menor. Embora seu candidato ainda mantivesse a liderança, o *Wall Street Journal* reclamava, acusando os democratas de querer roubar "uma cadeira no Senado para o piadista de esquerda Al Franken". O mais malicioso dos advogados de Coleman, Fritz Knaak, logo disse à imprensa que as mudanças na apuração dos votos eram "estatisticamente dúbias". (Quando advogados apelam para estatísticas, podemos estar certos de que há falácias matemáticas envolvidas.[3]) O raciocínio era de que corrigir erros não mudaria muito o resultado da apuração – os erros a favor de um candidato neutralizariam os erros a favor do outro. Isso, porém, não é verdade. Erros podem beneficiar um candidato ou outro – as falhas não necessariamente se comportarão como lançamentos de moeda, que resultam em cara 50% das vezes e em coroa 50% das vezes. Por esse motivo, a correção dos erros não necessariamente faria os votos variarem "em ambos os sentidos", como afirmou o *Wall Street Journal*.[4] No caso específico daquela eleição, havia alguns fatores que faziam com que os erros fossem favoráveis à Coleman, de modo que corrigi-los beneficiaria Franken.

Um dos motivos foi que os votos por correspondência, que são usados por uma população um pouco diferente da que vai às urnas, tendiam a favor de Al Franken, mais que os do resto dos eleitores do estado. Assim, problemas específicos ao cômputo dessas cédulas (e não faltaram problemas nessa contagem) tendiam a tirar mais votos dos democratas que dos republicanos. Outro motivo foi que as cidades costumam ter uma inclinação mais democrata, enquanto as áreas rurais pendem mais para o lado republicano. As zonas eleitorais localizadas em zonas urbanas em geral têm maior concentração de eleitores, mais máquinas, mais pessoal e mais coisas que podem dar errado. E, quando as coisas realmente dão errado em condados grandes, os erros tendem a ser maiores. Por exemplo, um problema em uma urna eletrônica no condado de Ramsey – onde fica a cidade de Saint Paul – engoliu 171 cédulas que tinham de ser somadas ao total. Em Mineápolis, 133 cédulas que estavam em um envelope sumiram em algum momento entre a eleição e a recontagem dos votos. Em ambos os casos, a maior parte desses votos favorecia Franken, e não Coleman.

Houve, claro, erros que beneficiavam Coleman. Durante a auditoria pós-eleitoral – a recontagem manual em locais aleatórios exigida pela legislação do estado –, as autoridades eleitorais aumentaram a liderança de Coleman de 206 para 215 votos. E durante a meticulosa recontagem manual que se seguiu, muitos, muitos outros erros foram corrigidos, alguns dos quais beneficiavam Coleman. Esses erros não foram difíceis de encontrar, afinal, centenas e mais centenas de votos tinham desaparecido.

As votações têm muito em comum com as pesquisas de opinião. Em ambos os casos, há um propósito semelhante; tanto o voto quanto as pesquisas são instrumentos que buscam descobrir o que a população pensa sobre determinado assunto. Além disso, como as pesquisas, o processo de votação também está sujeito a erros – embora estes sejam de tipos diferentes. O voto, por sua própria natureza, evita muitos dos problemas que afetam as pesquisas.

As pesquisas de opinião tentam chegar a uma verdade subjacente. Esta, porém, é obscurecida por erros, tanto estatísticos quanto sistemáticos. Quando os entrevistadores abordam a amostra de algumas centenas ou alguns milhares de pessoas com uma pergunta, surge o inevitável erro estatístico, introduzido pela crença – sem nenhuma garantia – na ideia de que a amostra representaria as opiniões da população como um todo. As leis da aleatoriedade garantem que, mesmo sob as melhores circunstâncias, há um erro subjacente que obscurece a verdade. E as circunstâncias normalmente não são tão boas assim. Os pesquisadores têm grande dificuldade em obter uma amostra que seja de fato representativa de toda a população. Em geral, isso causa um erro sistemático – um vício – que encobre ainda mais a verdade. E, claro, pesquisas mal-elaboradas ou realizadas de maneira inadequada, podem produzir erros sistemáticos ainda mais graves, capazes de torná-la algo totalmente inútil.

Com uma votação, esses problemas são quase eliminados. Quando se vota, a verdade – o vencedor de uma eleição – é determinada pela vontade do povo que vai às urnas manifestar sua escolha. Ao contrário de uma pesquisa de opinião, que aborda a amostra de uma população, o resultado de uma votação leva em conta todo o universo de eleitores que depositam seus votos nas urnas. As pessoas cujas opiniões se quer descobrir, por definição, são exatamente as mesmas cujos votos estão sendo contados. Não há nenhum exagero na suposição de que uma amostra realmente represente as opiniões de toda a população, portanto, não há nenhum erro estatístico. Da mesma forma, não é preciso ter medo de cair no erro da *Literay Digest* – como todo o universo de votos depositados está sendo examinado, em vez de apenas uma amostra dele, não existe o risco do erro sistemático provocado pela possibilidade de a amostra não ser representativa. Os votos que são contados e certificados, por definição, são perfeitamente representativos dos eleitores cujas opiniões precisavam ser consideradas.[5] Finalmente, as questões decididas por votação são (em geral) tão obviamente claras que (em geral) não há nenhum erro sistemático causado pela formulação ou pela apresentação das perguntas.

Por esse motivo, as votações quase não são afetadas pelos grandes erros que, nas pesquisas de opinião, encobrem a verdade.[6] Os enormes erros com vários pontos percentuais que tornam a maioria das pesquisas de opinião não significativas simplesmente não são possíveis numa eleição. Mas isso não demonstra que as eleições estejam livres de erros. Longe disso. Mas acontece que os erros registrados nas urnas são mais sutis. Eles são menores – uma fração de um ponto percentual do total de votos depositados –, mas existem.

Isso não deveria causar surpresa a nenhum leitor deste livro. O ato de contar votos é um exemplo de medição. E, como qualquer outra medição, não é perfeito. Há erros associados à contagem: existe uma imprecisão, e o grau de imprecisão depende de o que se está contando e de como se está contando.

Na década de 1960, a Marinha norte-americana estava ficando bastante irritada com o fato de não conseguir manter um registro confiável do material que estocava em seus armazéns. Todos os catálogos dos materiais guardados continham erros enormes, mesmo depois de a equipe do armazém ter feito uma ronda, inventariando fisicamente tudo o que havia no local. Fartos disso, os militares contrataram um engenheiro industrial para descobrir o que estava acontecendo. O engenheiro ficou surpreso ao descobrir que, quando pedia aos funcionários do armazém que contassem e recontassem os itens do estoque, as duas contagem não batiam – havia uma diferença de 7% entre o primeiro e o segundo levantamento. O próprio ato de contar estava sujeito a enormes erros. Como um especialista em estoques me disse: "Quando se trata de seres humanos contando coisas, não importa que coisas sejam essas, a contagem vai dar errado."

Enquanto contarmos votos, cometeremos erros. E, enquanto cometermos erros, não podemos ser perfeitamente precisos; há uma imprecisão inerente ao processo de determinar o vencedor de um pleito. Em uma eleição de vitória esmagadora, em que a diferença entre os dois candidatos é muito maior do que os erros, estes não chegam a afetar o resultado. Quando, porém, a eleição é tão apertada quanto a de Minnesota, os votos podem acabar se tornando irrelevantes, caso os erros sejam grandes o suficiente para isso. Nesse caso, a verdade sobre quem venceu a eleição permanecerá encoberta.

Isso suscita uma questão óbvia: qual o tamanho dos erros na contagem de votos? É difícil dizer ao certo, porque há muitas maneiras de as coisas darem errado. Pode haver problemas com as cédulas, que talvez sejam lidas de forma incorreta. O manuseio das cédulas pode ser inadequado, deixando-as de fora da apuração, ou elas são contadas duas vezes. Os votos podem ser apurados corretamente, mas, ainda assim, podem-se cometer erros bobos no registro ou na totalização dos números. E há também o inevitável erro de, vez por outra, perder a conta, pulando ou contando mais de uma vez a mesma cédula ou pilha de cédulas.

Os erros de Minnesota foram provavelmente bem poucos se comparados aos cometidos em outras eleições modernas. As cédulas de todo o estado seguiam mais ou menos o mesmo modelo, folhas com espaços que deveriam ser preenchidos pelo eleitor e, depois, lidos por um scanner ótico. Esse é considerado o melhor tipo de cédula de papel, pois são de preenchimento e interpretação relativamente fáceis. (Não estão sujeitas a nenhum dos problemas provocados por perfurações malfeitas, que afligem as zonas eleitorais que usam cartões perfurados, por exemplo.) Mas havia, sem dúvida alguma, diversos outros erros. Centenas e mais centenas.

É facílimo identificar votos perdidos quando dispomos dos dados certos. A eleição de Minnesota foi muito transparente, o que é digno de louvor. Durante toda a contagem e recontagem, o governo do estado compartilhou todas as informações disponíveis com o público e a imprensa. Todos os dias, era possível entrar no site do secretário de Estado e baixar o total de votos apurados (e apurados de novo) em cada zona eleitoral. Pouco depois do dia da eleição, também era possível consultar a participação eleitoral – quantas pessoas compareceram a suas seções eleitorais no dia da eleição, quantas recorreram aos diversos tipos de voto pelo correio. Na teoria, devia haver correspondência perfeita entre os dois conjuntos de dados: em cada zona eleitoral, para cada eleitor que depositasse um voto, um voto deveria ser contado. Porém, em quase 25% das zonas eleitorais de Minnesota, os dois números não batiam – ou havia mais eleitores que cédulas, ou mais cédulas que eleitores. Isso significa que um dos números estava errado.

Em alguns casos, os números da participação eleitoral estavam claramente errados. As listas de comparecimento do condado de Ramsey pareciam ter ficado sob os cuidados carinhosos de um orangotango. Uma zona eleitoral com aproximadamente mil eleitores no condado de alguma maneira registrou a participação 25 mil votantes – em sua maioria, votos de militares no exterior. (O erro foi corrigido depois de várias semanas, mas estava bastante claro, por outros motivos, que nenhum dos números originais de comparecimento eleitoral do condado de Ramsey era confiável.) Em outros casos, no entanto, os números da participação eleitoral pareciam ser consistentes. Foi aí que ficou óbvio que erros estavam sendo cometidos na contagem dos votos.

Às vezes uma conta errada fazia votos se materializarem do nada. Uma zona eleitoral no condado de Rice apurou 25 votos a mais que o número de eleitores presentes no dia da eleição. Segundo sugeriu Fran Windschitl, responsável pela apuração, a culpa disso seria de um simples erro de contagem: "Nossos procedimentos de cálculo determinam que disponhamos as cédulas em pilhas de 25; devem ter contado uma pilha a mais", afirmou ele. Às vezes um erro de contagem fazia votos desaparecerem. Em uma zona eleitoral no condado de Blue Earth, havia 25 cédulas a menos do que o número de eleitores que haviam comparecido às urnas. E, o que é pior, uma análise cuidadosa dos dados indicava que os votos desaparecidos eram todos a favor de Norm Coleman.[7] (Vários dos erros de contagem pareciam acontecer em lotes de 25, o que pode ser facilmente explicado pelas pilhas de 25 cédulas dispostas transversalmente, prescritas pela legislação de Minnesota, que podiam estar sendo puladas ou contadas duas vezes.) Às vezes, os erros eram mais que simples enganos na contagem, tendo uma explicação mais complexa. Em todo o estado, os votos por correspondência, em especial aqueles que haviam sido copiados para permitir a passagem pelas máquinas de leitura, estavam causando problemas. Em alguns casos, os originais desapareciam, em outros, as cópias é que sumiam – introduzindo possíveis erros na contagem final. Com tudo isso, havia um monte de votos mal contados. Centenas e centenas de cédulas haviam sumido e centenas de outras haviam surgido do nada. Alguns desses erros beneficiavam Franken, alguns favoreciam Coleman, enquanto outros equilibravam o jogo.[8] Muitos desses erros tinham sido corrigidos quando a recontagem terminou, mas muitos – o número está provavelmente na casa das centenas –, não.

Os erros de contagem não podem ser evitados. Podemos reduzi-los um pouco, mas jamais acabar com eles. Mesmo sob as melhores condições imagináveis, ainda ocorrem falhas de contagem e de tabulação. Os dados da votação em Minnesota são a prova disso.

A legislação eleitoral de Minnesota exige a realização de uma auditoria pós-eleitoral. Antes da eleição, algumas centenas de zonas eleitorais ao redor do estado são sorteadas[9] para realizar uma recontagem manual das cédulas depositadas, verificando, assim, o correto funcionamento de todos os equipamentos usados na contagem dos votos. A lei determina que, nessas recontagens parciais, seja adotado o mesmo procedimento usado nas recontagens totais, feitas quando uma eleição tem resultado muito apertado. Diversos observadores conferem os votos com todo o cuidado e a meticulosidade possíveis a um ser humano, tentando, a todo custo, assegurar que nenhum erro seja cometido. Em se tratando de contagem manual de votos, este é o máximo rigor a que se pode chegar. Porém, como a disputa pelo Senado em Minnesota estava muito apertada, essas mesmas zonas tiveram de participar da recontagem geral, e as cédulas foram novamente recontadas – a mão, com todo o cuidado e a meticulosidade possíveis a um ser humano, tentando, mais uma vez, a todo custo, assegurar que nenhum erro fosse cometido. Nessas zonas eleitorais, o mesmo procedimento de contagem de extrema precisão foi repetido duas vezes. Mesmo sob um controle tão rígido, os números não batiam.

As divergências de fato eram pequenas; todos fizeram um trabalho maravilhoso na prevenção de erros. Mas, ainda assim, havia falhas. Nas cerca de duzentas zonas eleitorais sujeitadas à auditoria pós-eleição, houve aproximadamente cinquenta votos que trocaram de candidato de uma contagem manual para outra. Isso significava que aproximadamente quarenta milésimos de 1% – 0,04% – dos votos auditados haviam mudado entre uma contagem ultracuidadosa e outra contagem ultracuidadosa.[10] Esse nível de erro não seria um problema se Coleman estivesse vencendo Franken por 1% ou mesmo por 0,5%. Mas, quando a diferença entre os dois candidatos é de sete milésimos de 1% – 0,007% – percebemos, de repente, que até as mínimas falhas se mostram grandes. Somem-se a esses os erros causados por cédulas desaparecidas ou contadas duas vezes as questões envolvendo os votos por correspondência e diversos tipos de erros de tabulação, e fica claro: esses erros têm, pelo menos, uma dimensão comparável – e provavelmente são ainda maiores – com o número de votos que separam os dois candidatos. E isso antes da chegada dos homens-lagarto para abocanhar os votos.

Os erros inevitáveis inerentes ao cômputo dos votos teriam sido suficientes para levantar dúvidas sobre o resultado da eleição. O que realmente tornou questionável o processo foi o modo como agiam os partidários de ambos os lados para conseguir que os votos a favor de seu oponente fossem descartados.

Quando a recontagem começou, mais ou menos duas semanas após a eleição, o mito da "boa Minnesota" ainda estava vivo. O responsável pela eleição no condado de Ramsey, Joe Mansky, deu o pontapé inicial da recontagem em sua região explicando o procedimento que seria adotado: a equipe de apuração contaria os votos a favor de Franken e Coleman, enquanto dois representantes dos partidos, um republicano e um democrata, fiscalizariam. Se algum dos fiscais discordasse do modo como uma cédula foi computada, poderia contestá-lo, e o voto seria identificado e armazenado em um envelope. Essas contestações, declarou Mansky, deveriam ser extremamente raras. "Estive à frente do conselho eleitoral do estado dezessete vezes", afirmou ele. "Durante aquele período, acho que eles talvez tenham recebido dez cédulas contestadas, ... e o motivo disso é que a maioria dos cidadãos de Minnesota sabe como marcar nossas cédulas da forma adequada; mesmo os poucos que não sabem, colocam sua marca tão perto do nome do candidato que não resta absolutamente dúvida sobre em quem votaram." A multidão ao redor – agentes eleitorais, fiscais partidários e a imprensa – balançou a cabeça, concordando. Estavam todos muito cordiais.

Aquilo durou menos de uma hora. Passados alguns minutos, as contestações começaram a se somar. Em uma das mesas, a coisa estava pegando fogo. Um fiscal bigodudo, vestido com uma camisa de flanela xadrez e calça bem larga (amarrada à cintura com um barbante), contestava as cédulas sob os pretextos mais absurdos, na esperança de caçar os votos dos eleitores democratas. Em dado momento, chegou a questionar diversas cédulas em que os pequenos espaços estavam claramente preenchidos a favor de Al Franken. Mesmo assim, o fiscal argumentava que a marca estava um pouco mais clara que as outras da mesma cédula, o que bastaria para invalidá-la.

Apesar dos grandes esforços das autoridades eleitorais para limitar a quantidade de cédulas contestadas, os números continuavam subindo cada vez mais em todo o estado. Ambas as campanhas eram responsáveis por isso; para cada idiota pró-Coleman (como o de Ramsey) que fazia contestações frívolas havia um estúpido pró-Franken fazendo exatamente a mesma coisa (como o do condado de Stearns, tão inconveniente que o condado divulgou um comunicado oficial à imprensa sobre seus disparates). "Os dois lados estão se comportando mal", comentou Mark Halvorson, observador eleitoral da organização apartidária Citizens for Election Integrity Minnesota. "Um começa e o outro aumenta." No fim da recontagem – mesmo depois de ambos os partidos haverem retirado algumas das contestações mais ridículas –, cada lado tinha contestado mais de 3 mil cédulas, que tiveram de passar, uma a uma, pelo conselho eleitoral, onde receberiam a sentença final.

Os membros do conselho – composto por quatro juízes e pelo secretário de Estado de Minnesota – ficaram estarrecidos. Com quase 7 mil votos contestados, seriam necessárias várias semanas de esforço extenuante para avaliar todos eles. A grande maioria dessas contestações não tinha nenhum fundamento – uma total perda de tempo. Na esperança de acelerar o processo, o conselho eleitoral solicitou aos partidos que retirassem as contestações mais bobas. Mas os dois lados relutavam em abrir mão de suas contestações. Havia um motivo cínico por trás disso: as falácias matemáticas.

Toda noite, às 9h, pelo fuso horário de Minnesota, o estado divulgava os resultados diários da recontagem – mas as cédulas contestadas eram removidas da apuração oficial. Isso significava que as campanhas podiam manipular os totais com contestações frívolas: toda vez que um defensor de Franken contestava um voto para Coleman, o total apurado a favor de Coleman era reduzido em um voto, e vice-versa. Ambos os partidos perceberam as possibilidades que assim se abriam. Se contestassem um número suficiente de votos, os partidários de Franken conseguiriam reduzir o total oficial de Coleman o bastante para fazer parecer que o candidato democrata estava "oficialmente" na liderança. A campanha de Coleman, por outro lado, simplesmente contestava votos suficientes para evitar que isso acontecesse, garantindo que o republicano nunca parecesse perder a liderança.[11] Essas manobras do cômputo oficial dos votos adquiriam o maior significado, deixando os partidos livres para inventar números de Potemkin que mais lhes aprouvessem. Quando a recontagem já chegava ao fim, a campanha de Franken proclamou sua vitória – por uma margem de quatro votos –, ao mesmo tempo que a equipe de Coleman anunciava a vitória republicana.

A imprensa, que sempre adora fazer "narrações ao vivo", tinha prazer em divulgar todo e qualquer número de Potemkin que lhe caísse nas mãos. Repórteres nada sofisticados simplesmente divulgavam os resultados oficiais da recontagem, sem nem tentar explicar os votos contestados. ("O candidato republicano à reeleição mantinha uma pequena liderança, com uma vantagem de 192 votos sobre o democrata Franken", divulgou a Associated Press.) Todos os outros sacavam depressa suas bolas de cristal, tentavam ler o futuro nas entranhas das aves ou lançavam mão de qualquer outro método que estivesse ao alcance para fazer projeções. O estudioso de eleições e estatístico dos esportes Nate Silver usou análises de regressão para prever que Franken venceria por 27 votos. Duas semanas mais tarde, voltou atrás, prevendo que Coleman ganharia na recontagem.

É evidente que esses números todos não tinham a menor serventia. As contestações frívolas garantiam que a apuração oficial não fizesse sentido. Não havia como saber qual dos dois candidatos estava à frente, até que o conselho eleitoral finalmente começasse a esmiuçar os votos contestados e descartasse todas as contestações levianas. Mas ninguém estava disposto a esperar. Gurus e jornalistas criavam números de Potemkin para cativar o público – os números fabricados lhes permitiam dar uma resposta à pergunta irrespondível sobre quem estava ganhando a corrida eleitoral. O mais preocupante é que os partidos também usavam números de Potemkin para promover a crença de que seu candidato estava ganhando – e de que o oponente tentava fraudar a eleição. Tudo não passava de falácias matemáticas forjadas para influenciar a opinião pública.

Nem todas as contestações tinham motivos cínicos. Embora, na grande maioria dos casos, os argumentos fossem levianos, em muitos outros, as justificativas nada tinham de ilegítimas. Houve resultados contestados por motivos válidos: votos duplos, votos ilegíveis, erros de preenchimento dos espaços ao lado do nome do candidato, marcas de identificação que revelavam quem tinha depositado aquele voto específico (um eleitor chegou a assinar seu voto e a reconhecer a firma em cartório).[12] Havia ali um verdadeiro museu de patologias eleitorais, onde podiam ser encontrados exemplos de toda e qualquer forma imaginável de invalidar uma cédula. Em alguns casos, os efeitos colaterais eram totalmente absurdos, como no vexame dos "homens-lagarto".

A disputa nas urnas foi tão acirrada que os juízes precisaram travar uma dura batalha de cinco minutos antes de chegar a uma decisão. O sr. Homens-lagarto podia ser uma pessoa real, portanto, o voto – que tinha sido contado a favor do democrata – devia ser descartado. Os homens-lagarto haviam abocanhado um voto de Franken.[13]

O voto nos homens-lagarto foi apenas uma das centenas de despropósitos concebidos pelos eleitores de Minnesota para divertimento e confusão do conselho eleitoral. Havia monstros de espaguete voadores, Mickey Mouse, votos em que constavam iniciais, carimbos e rabiscos de todo tipo. Havia círculos escuros bem longe de qualquer espaço para marcações em branco, diversas marcas de votação colocadas quase que com precisão a laser na metade exata entre os espaços correspondentes a Coleman e Franken. Mansky estava correto: a maioria dos cidadãos de Minnesota *realmente* sabe preencher seus votos do modo adequado. Entretanto, aqueles que não sabem cometem erros que estão bem longe do trivial.

Em um universo de alguns milhões de eleitores, é quase garantido que algumas centenas depositarão votos patológicos – em que a intenção do eleitor é obscura ou até impossível de determinar. (Cédulas malconcebidas podem tornar esse número ainda maior.) Esta será sempre uma fonte adicional de erros, independentemente de o quanto nossas cédulas sejam à prova de erros e de quão claras sejam as leis e normas eleitorais. Mesmo os apuradores mais cuidadosos cometem erros ao tentar interpretar o significado de uma cédula, pois alguns eleitores não expressam suas intenções com clareza. Por conseguinte, algumas cédulas serão interpretadas de maneira incorreta. Então, em qualquer eleição em que se faça uso de cédulas, haverá falhas de interpretação, além dos enganos na contagem. Sozinhas, essas duas fontes de erro bastariam para mascarar o verdadeiro vencedor de um pleito tão incrivelmente apertado quanto o de Minnesota. Mas aquela eleição reservava ainda outras surpresas. Havia mais uma fonte de erros que dificultaria sobremodo a definição do vencedor – e colocaria a hipocrisia inescrupulosa dos candidatos totalmente à mostra.

TODA VEZ QUE HÁ UMA DISPUTA acerca de uma eleição muito apertada, os candidatos se comportam da mesma forma. A lógica os proíbe de agir de qualquer outro modo. O candidato que está perdendo por poucos votos deve descobrir alguma maneira de compensar a diferença entre sua contagem e a de seu oponente, conquistando a liderança. Não há muitas formas de se fazer isso. Pode-se tentar fazer com que as autoridades eleitorais joguem fora um bloco de votos que favoreçam seu oponente. Outra possibilidade consiste em defender a inclusão de um bloco de votos rejeitados que o favoreçam. Os políticos raramente adotam a primeira tática; tentar privar os cidadãos de seu direito ao voto os faz parecer mais desprezível que o usual. No entanto, a segunda estratégia é muitíssimo atraente. No momento em que se vêm perdendo uma eleição concorrida, os políticos fazem nobres discursos sobre o quanto, em uma grande democracia, cada voto deve ser contado. Enquanto apelam para o patriotismo em pronunciamentos empolados sobre a justiça, a equidade e o sangue de nossos antepassados, quase ninguém percebe que só estão agindo movidos por seus próprios interesses egoístas, quando lutam para que esses votos sejam computados. E foi exatamente isso que os advogados de Al Franken fizeram. "Não há direito mais precioso numa democracia do que votar e ter seu voto contado", perorou, no dia anterior ao início da recontagem, o advogado de Franken, David Lillehaug. Ele pedia que o conselho eleitoral apurasse um grande número de votos por correspondência que havia sido rejeitado pelas autoridades. Que se conte cada voto!

Para o candidato que está na liderança, a estratégia deve ser exatamente a oposta. É preciso destruir a imagem do adversário, de "paladino dos eleitores privados do direito ao voto". O líder declara vitória com base nos primeiros resultados e faz com que o oponente pareça tentar fraudar a eleição e manipular as regras em benefício próprio. O primeiro colocado combate todas as tentativas do oponente de fazer com que mais cédulas sejam contadas, pois um número maior de votos (a menos que se tenha a garantia de que estes lhe serão favoráveis) tem o potencial de abalar sua frágil liderança. Portanto, a equipe de Coleman tinha que agir de imediato para evitar a inclusão daqueles votos por correspondência – e precisava fazê-lo de uma maneira que o republicano não parecesse um safado. Nada fácil. "Na verdade, é responsabilidade do eleitor certificar-se de que o voto vá para quem deve ir", debochou o conselheiro de Coleman, Fritz Knaak, ao ser indagado sobre a privação do direito de escolha dos eleitores em trânsito. Um advogado com um pouco mais de tato saberia formular a questão em termos mais favoráveis: apresentando o senador como o candidato da ordem pública, que simplesmente considera a lei algo sagrado. Não há nada de errado em ser rígido quanto a regras e regulamentações, e, se seu candidato tenta fazer valer votos dúbios, é preciso ser rígido. É uma pena deixar de contar o voto de um cidadão, mas regras são regras, afinal.

Essas eram as posições ideológicas no início da recontagem. Assim, os votos por correspondência se tornaram um pingue-pongue político e jurídico – em Minnesota, o que não faltava eram votos por correspondência. Na eleição de 2008, cerca de 300 mil cédulas foram enviadas pelo correio – cerca de 10% do total de votos depositados. Aproximadamente 12 mil dessas cédulas foram rejeitadas por diversas razões. Às vezes os motivos eram válidos. Em certos casos, o voto vinha de um eleitor não registrado. Em outros, o eleitor não assinava o envelope que continha a cédula, ou, o que era ainda mais comum, não conseguia uma testemunha para assinar o envelope (ambas as assinaturas são exigidas pela lei de Minnesota). Contudo, boa parte desses 12 mil votos descartados – algo na casa das centenas ou milhares – foi rejeitada de forma indevida. Por exemplo, alguns condados rejeitaram cédulas enviadas por eleitores que não dataram o envelope além de assinar, e não há nada na legislação eleitoral que invalide tais votos. Houve diversos casos claros e bem-documentados de votos em trânsito indevidamente rejeitados.

Com seu candidato seguindo atrás, a equipe de Franken travava uma incansável batalha movendo ações, impetrando recursos e preenchendo formulários para fazer com que as cédulas erroneamente rejeitadas fossem recontadas o mais rápido possível. É crucial contar cada voto. O conselho eleitoral de cinco membros simpatizava com os argumentos do democrata, afinal, aqueles eram votos válidos. No entanto, uma sutileza da linguagem jurídica significava que o conselho não tinha poderes para consertar o erro. (O órgão só podia corrigir erros que dissessem respeito a votos *depositados* durante as eleições, sendo que os votos por correspondência rejeitados não haviam tecnicamente sido depositados.) Estendendo suas prerrogativas até o limite, o conselho solicitou que os condados voluntariamente examinassem seus votos por correspondência, identificando aqueles que houvessem sido descartados sem uma justificativa válida.

Com seu candidato na liderança, a equipe de Coleman travava uma incansável batalha, movendo ações, impetrando recursos e preenchendo formulários, tentando fazer com que as leis fossem cumpridas, e aqueles votos fossem mantidos fora da recontagem. O partido tentou conseguir um mandado de segurança para interromper o processo. O óbvio interesse do republicano em impedir que os votos em trânsito fossem computados não era relevante. O que realmente o movia era uma profunda preocupação com a inviolabilidade de nosso processo eleitoral. Afinal, regras são regras. A disputa foi parar nos tribunais, e uma decisão judicial, no início de janeiro, determinou que outros 933 votos por correspondência fossem contados. Mas, nesse ínterim, o cenário mudara.

As primeiras disputas envolvendo os votos por correspondência foram travadas em novembro e dezembro, enquanto a recontagem ainda estava em andamento. No fim do processo, os cinco integrantes do conselho eleitoral haviam se debruçado sobre cada uma das cédulas contestadas, sustentando as contestações válidas e descartando as levianas. Os números saltavam de um lado para outro, mas, quando o trabalho do conselho chegou ao fim, no final de dezembro, a situação havia se estabilizado numa liderança de quase cinquenta votos a favor de Franken. Pela primeira vez, Coleman estava em desvantagem e Franken na dianteira. Então, depois que essas 933 cédulas enviadas pelo correio foram contadas, viu-se que a maioria delas registrava votos no democrata. Quando a poeira baixou, no início de janeiro, Franken estava 225 votos à frente.

De repente, o papel dos candidatos se invertera. Franken estava na liderança, tudo o que tinha a fazer era sentar e esperar. Coleman, por outro lado, já dava sinais de desespero. Não havia muitos caminhos que pudessem conduzir o senador republicano à vitória. A estratégia-padrão de "contar cada voto" não funcionaria; como as cédulas não computadas – especialmente os votos por correspondência – pareciam favoráveis a Franken, contar maior número delas só pioraria a situação. Assim, o republicano contestou o resultado da eleição e tentou adicionar outras

650 cédulas à contagem, votos que, como constava da própria petição que enviou à Justiça, "foram depositados em áreas que beneficiavam Coleman". Em outras palavras, o candidato queria contar apenas os votos que já seriam seus. Ele estava colhendo cerejas eleitorais. Entretanto, até os advogados do senador reconheciam que a estratégia não traria a vitória, de modo que, algumas semanas depois, Coleman passou para o plano B: tentar fazer com que milhares e milhares de outros votos por correspondência – inclusive os que haviam sido invalidados – fossem incluídos na totalização oficial.

O julgamento se estendeu por semanas, e já era fim de março quando o resultado saiu. O tribunal permitiu que outras quatrocentas cédulas fossem contadas. Infelizmente, para Coleman, esses votos, como os outros, favoreciam o candidato democrata e ampliavam sua liderança para 312. A contestação da eleição foi negada; Franken foi declarado vencedor.

Mas esse não seria o fim da saga. Coleman entrou com um recurso judicial – e o caso dava a impressão de que chegaria até o mais alto tribunal do país, a Suprema Corte. Se isso acontecesse, a decisão do caso *Coleman vs Franken* poderia muito bem se revelar tão polêmica quanto a de um caso julgado oito anos antes: *Bush vs Gore*.

A ELEIÇÃO DE 2000, na Flórida, foi uma versão mais perversa, mais suja, mais cheia de erros, na qual estava em jogo algo mais importante que uma vaga de senador por Minnesota. Quando Clinton deixou a Presidência, o país ficou dividido; desta maneira, a corrida eleitoral para a escolha de seu sucessor foi excepcionalmente apertada. A diferença entre George W. Bush e Al Gore era de um pouco menos de 0,5% dos votos depositados. Em alguns estados, a margem era ainda menor. Em Wisconsin, a vantagem de Gore era menos de ¼ de 1% dos votos depositados; o mesmo valia para o estado de Oregon. No Novo México, Gore venceu por menos de 0,1%. Mas essas vitórias pareciam folgadas quando comparadas ao que aconteceu na Flórida.

Ninguém previu quão apertada seria a votação na Flórida. Os dois candidatos ficariam separados por meros 1.784 de um total de quase 6 milhões de votos, uma margem de 0,03%, trinta milésimos de 1%. Poucos dias depois, uma recontagem automática exigida pela legislação do estado fez o número cair para 327: 0,006%, seis milésimos de 1% dos votos depositados. Desta ínfima quantidade de votos dependia o destino da eleição presidencial de 2000, já que os outros estados da união estavam divididos de maneira mais ou menos uniforme entre o republicano e o democrata. Os 25 eleitores da Flórida seriam decisivos. Quem vencesse no estado chegaria à Casa Branca.[14]

A eleição presidencial de 2000 foi um complexo espetáculo dramático, com um rico elenco de coadjuvantes e ironias em abundância. Mas a verdadeira complexidade do drama provinha da natureza das eleições na Flórida. Ao contrário do que ocorria em Minnesota, a legislação eleitoral na Flórida não era clara nem moderna, mas desordenada, vaga e cheia de brechas. Enquanto Minnesota possuía um sistema uniforme de votação – todas as zonas eleitorais empregavam as mesmas máquinas de leitura (relativamente confiáveis) para apurar cédulas de modelos similares, de maneira padronizada – o sistema de votação da Flórida era uma colcha de retalhos. Cada condado adotava máquinas diferentes, sistemas distintos e regras eleitorais variadas. Alguns condados usavam cartões de perfuração, enquanto outros empregavam cédulas de leitura digital. Não havia uma cédula padronizada, e as máquinas de leitura dos cartões de perfuração não eram confiáveis. Como já foi mencionado, uma lei estadual exigia a recontagem no caso de eleições apertadas; como em Minnesota, uma eleição com uma margem de menos de 0,5% dos votos depositados forçava os condados a recontar as cédulas. Entretanto, a recontagem não deveria ser feita manualmente, exceto em circunstâncias especiais – a menos que ficasse provado que havia "erro na tabulação dos votos", as cédulas eram simplesmente passadas pelas máquinas de leitura uma segunda vez.

Para aumentar o drama, a "colcha de retalhos" eleitoral da Flórida tornava a apuração no estado incrivelmente propensa a erros – muitíssimo mais do que em Minnesota. As cédulas de Minnesota eram relativamente uniformes e bem-projetadas, evitando que os cidadãos votassem na pessoa errada (embora sempre houvesse alguém que conseguia errar mesmo assim).

Na Flórida, não existia um modelo-padrão para todo o estado, e algumas das cédulas eram incrivelmente confusas. No condado de Palm Beach, uma região rica, de inclinação democrata, um vergonhoso cartão de perfuração mal-projetado, apelidado de "cédula borboleta", invalidou milhares de votos em Al Gore. Confusos com a diagramação da cédula, os cidadãos (idosos, em sua maioria) acidentalmente perfuravam o cartão na área que pertencia a Pat Buchanan, candidato de extrema direita, em vez de marcarem (ou ao mesmo tempo que marcavam) o nome de Gore. Estava claro que este era um erro sistemático, que custara milhares de votos ao democrata.[15]

Outra fonte de erros estava nos cartões de perfuração. As cédulas de cartão perfurado, mesmo para os padrões de 2000, eram antiquadas e não confiáveis, apresentando elevadas taxas de erros. Um dos problemas mais graves era a surpreendente dificuldade que os eleitores tinham para perfurar os cartões da maneira correta. A maior parte das cédulas consistia em pequenos pedaços de papel-cartão com retângulos marcados. O eleitor devia colocar a cédula em uma máquina de votação – uma caixa com uma grade de metal na parte de cima – e, com um estilete, perfurar os retângulos (fazendo com que se desprendessem pedacinhos de papel) correspondentes aos votos que ele pretendia depositar. Na teoria, a caixa deveria garantir que os fragmentos de cartão fossem completamente removidos da cédula, além de manter as cabines de votação arrumadas, armazenando os pedaços de papel descartados. Por infortúnio, o equipamento nem sempre funcionava como esperado. Muitas vezes, os fragmentos não se destacavam completamente da cédula e ficavam presos em um ou dois cantos, dificultando a interpretação correta, pela máquina de leitura. Às vezes – em especial quando a caixa estava cheia de papel picotado das cédulas de outros eleitores – o estilete apenas enrugava ou amassava o papel, em vez de perfurá-lo, fazendo com que o voto fosse interpretado como "em branco". Os sistemas de perfuração costumavam ser empregados em áreas mais pobres – em geral de tendência democrata; já nas regiões mais ricas, predominavam as cédulas de leitura digital.

Quando as cortinas do teatro eleitoral se abriram, os atores assumiram os papéis que lhes foram atribuídos sem hesitar nem por um segundo.

Gore, assim como Franken, estava atrás, e por isso foi escalado para representar o patriota defensor dos eleitores privados do direito ao voto; tinha de encontrar cédulas a serem contadas, de preferência nos distritos de maioria democrata, na esperança de alcançar Bush. Voltou-se em primeiro lugar para as áreas que eram baluartes de sua candidatura: os condados de Volusia, Palm Beach, Miami-Dade e Broward. Sua equipe argumentou que os votos desses quatro condados (pró-Gore), cheios de erros nos cartões de perfuração, deviam ser recontados manualmente, e não pela máquina – máquinas não seriam capazes de contar cédulas mal perfuradas. Ao mesmo tempo, porém, uma contagem manual provavelmente introduziria novos erros. Os cartões perfurados eram relativamente frágeis. O próprio ato de manusear os cartões alteraria algumas cédulas – alguns fragmentos de papel soltos cairiam. Ao contrário das resistentes cédulas com espaços preenchidos a caneta, as cédulas de cartão perfurado podem ser alteradas pelo simples manuseio. Além disso, não estava claro como deveria ser interpretada uma cédula com um fragmento de cartão picotado que não se desprendeu totalmente. Ela representaria um voto legítimo, ou o desprendimento parcial do pedaço de papel se devia a um manuseio descuidado durante a recontagem? Essas eram decisões que, quase com toda certeza, introduziam erros na contagem – e pelas quais os observadores partidários brigariam na tentativa de acumular votos a favor de seus candidatos. Os tribunais da Flórida, compostos em grande parte por juízes indicados pelos democratas, tendiam a se alinhar a Gore e sua tese de que era preciso contar cada voto.

Bush estava na frente. Assim, ele assumiu o papel de desmancha-prazeres. Declarou-se vencedor de imediato e acusou o oponente de tentar roubar a eleição (os republicanos logo colaram à chapa formada por Gore e seu vice, Lieberman, o rótulo de "perdedores amargurados"). E, o que é mais importante, Bush e sua equipe tiveram de contra-atacar as manobras de Gore. Quando o democrata tentou iniciar as recontagens, Bush brigou na Justiça para impedi-lo – sem sucesso. Para sorte dele, o republicano tinha mais um trunfo na mão. O governador da Flórida, por acaso, era seu irmão caçula, de modo que o governo do estado – responsável por administrar a eleição – estava cheio de partidários de Bush. A secretária de Estado, Katherine Harris, e o diretor do Tribunal Eleitoral da Flórida, L. Clayton Roberts, claramente jogavam no time republicano. Embora procurassem parecer imparciais, ao que tudo indica, esforçavam-se ao máximo (dentro dos limites impostos por seus cargos) no sentido de impedir as recontagens pedidas por Gore, com grande sucesso. Quando os democratas conseguiam uma vitória nos tribunais, o governo do estado questionava a decisão.

Esse padrão, sempre repetido, constituía o eixo dramático da disputa entre Bush e Gore. Tanto jogo sujo, tantos conflitos internos, tantas manipulações, tanta mentira e desonestidade adensavam a trama, mas não alteravam sua trajetória. Gore e seus aliados faziam pressão para que um maior número de cédulas fosse incluído na contagem. (Que se conte cada voto!) Bush e seus correligionários usavam prazos e interpretações rígidas de leis e regulamentações para impedir que esses votos fossem contados manualmente; quando essa estratégia falhava, para impedir que as contagens manuais fossem incluídas na apuração oficial. (Regras são regras!) Gore em geral levava a melhor nos tribunais, mas suas vitórias na Justiça muitas vezes eram questionadas por um contra-ataque das autoridades estaduais republicanas. As recontagens começavam e paravam em resposta a uma saraivada de processos, decisões judiciais e memorandos eleitorais.

Havia uma trama secundária que mostrava o quanto os dois lados eram hipócritas. Na verdade, a ética do "que se conte cada voto" não estava tão arraigada entre os partidários de Gore quanto estes queriam fazer crer. O princípio era abandonado sempre que isso lhes parecesse vantajoso. Da mesma maneira, Bush abdicava de seu papel de rígido defensor da lei e da ordem tão logo percebesse que poderia obter alguns votos contornando as regras. No caso dos votos por correspondência (que tendiam a favorecer Bush), a equipe de Gore, de repente, se prendia às regras, garantindo que as cédulas sem o carimbo obrigatório dos correios fossem descartadas. Os assessores de Bush eram mais sofisticados em sua hipocrisia. Nas áreas em que Gore provavelmente sairia favorecido, os republicanos se atinham às regras, descartando cédulas. Quando, porém, se tratava do voto de militares e de eleitores que se encontravam no exterior, entre os quais Bush era o mais votado, eles botavam a boca no trombone, fazendo pronunciamentos cheios de idealismo sobre a necessidade de se contar cada voto, em especial de "nossos corajosos soldados". "Não acredito que nossos garotos, que estão a serviço em terras estrangeiras, numa luta tão dura, possam ter seus votos desqualificados", questionou um dos advogados de Bush, num tom da mais profunda indignação. Quando era conveniente, Bush de repente se tornava um adepto do lema "que se conte cada voto", assim como Gore se transformava em um político para quem "regras são regras".[16] No entanto, essas batalhas eram travadas na obscura periferia da briga eleitoral, longe do palco central. Poucos viram o quanto as convicções de ambos os lados na verdade eram superficiais, o quanto todos eram hipócritas em suas tentativas de conquistar o grande prêmio. Os refletores estavam todos voltados para a disputa acerca das cédulas de cartão perfurado.

Bush ganhou a primeira batalha da guerra, conseguindo bloquear a tentativa de recontagem proposta por Gore. Quando Katherine Harris certificou o total de votos oficiais, no dia 26 de novembro – evidentemente ignorando os resultados das recontagens manuais –, Bush mantinha uma ligeira vantagem, com 2.912.790 a 2.912.253. A diferença entre os dois candidatos era de 537 votos, ou 0,009%: nove milésimos de 1% dos votos depositados. Gore imediatamente contra-atacou. Embora houvesse perdido uma disputa preliminar no tribunal, sua vontade prevaleceu no recurso. A Suprema Corte da Flórida ordenou o início imediato da recontagem em *todos* os condados – não apenas nos quatro de maioria democrata –, para procurar votos que as máquinas de tabulação tivessem deixado de contar. A segunda batalha foi vencida por Gore. A terceira, isto é, a disputa na Suprema Corte, determinaria o vencedor da guerra eleitoral.

Em 9 de dezembro, um dia depois que a Justiça do estado da Flórida ordenou as recontagens manuais, a Suprema Corte entrou na briga com entusiasmo. O golpe atingiu em cheio o pescoço de Al Gore – interrompendo as recontagens. Cinco dos nove juízes da Suprema Corte – Scalia, Thomas, Rehnquist, O'Connor e Kennedy – argumentaram que contar votos ilegais causaria um "dano irreparável" à legitimidade da eleição.

Os outros quatro – Stevens, Ginsberg, Breyer e Souter – sustentavam que não concluir a recontagem seria um baque ainda mais forte para a legitimidade do pleito. Mas os conservadores venceram e, por cinco votos a quatro, interromperam temporariamente as recontagens manuais. Até que, alguns dias depois, a interrupção se tornou permanente. Sem um pingo de ironia, a Corte determinou que as recontagens (suspensas por iniciativa dos próprios juízes) não poderiam ser concluídas a tempo de se cumprir o prazo estabelecido pela legislação federal, e, portanto, deviam ser completamente abandonadas. Não havia mais contra-ataque possível. Vitória de Bush.

Esse foi o elemento mais controverso na disputa entre Bush e Gore, pois expunha uma evidente parcialidade. Havia, contudo, outros aspectos problemáticos na decisão. Um problema em uma só seção tem o potencial de causar uma reviravolta em todo o processo eleitoral do país. Trata-se de um debate sobre se a realização da recontagem violava a cláusula da igualdade de proteção, presente na décima quarta emenda constitucional.

Em poucas palavras, a cláusula da igualdade de proteção determina que todo indivíduo seja considerado igual perante a lei. Este é um importante – embora vago – princípio, com repercussões em todo o nosso sistema jurídico. No direito eleitoral, entende-se que a cláusula significa que o voto de uns não pode valer mais que o de outros: uma pessoa, um voto. (O significado *disso* também dá margem a diferentes interpretações. Tomada ao pé da letra, o princípio pode ser usado como argumento para afirmar a inconstitucionalidade de todo o sistema de votação baseado no colégio eleitoral.[17]) No caso Bush contra Gore, as opiniões da maioria foram generosas na interpretação da cláusula; por toda parte se encontravam violações do princípio constitucional. Por exemplo, enquanto houver diferentes apuradores adotando critérios ligeiramente distintos ao interpretar o significado dos votos, algumas cédulas – aquelas que passarem pelas mãos de autoridades mais lenientes – terão mais chance de ser contadas que outras.

Algumas das preocupações quanto à cláusula da igualdade eram válidas. A democracia americana é assolada por problemas causados pela atribuição de pesos diferentes aos votos (mais sobre este assunto no próximo capítulo). Entretanto, os problemas observados na disputa entre Bush e Gore poderiam ter sido remediados pela elaboração de um conjunto de padrões uniformes, sensatos e práticos a serem adotados nas recontagens. A Suprema Corte considerava isso impossível. Assim, os juízes decidiram: "É óbvio que a recontagem não pode ser conduzida em conformidade com as exigências da cláusula da igualdade e do devido processo", sem realizar tarefas nada práticas e francamente idiotas, como avaliar novos softwares para as máquinas de votação, de modo que estas se tornem capazes de identificar votos duplicados. Na prática, a Suprema Corte determinava que as recontagens manuais de qualquer tipo, em que juízes eleitorais discordassem quanto à intenção de um voto, eram inconstitucionais. Era uma decisão de fazer cair o queixo e que colocava o sistema eleitoral americano numa sinuca de bico: em síntese, todas as recontagens – e quaisquer outros processos eleitorais que pudessem não ter 100% de objetividade e consistência – passavam a ser considerados inconstitucionais.[18]

Por mais que sejamos cuidadosos, sempre haverá erros na contagem e tabulação dos votos. Como seres humanos, nunca somos absolutamente coerentes e objetivos ao tomar decisões eleitorais. O caso da eleição em Minnesota prova que, mesmo nas recontagens mais bem-projetadas, com as leis mais detalhadas, haverá erros de contagem, e algumas cédulas com marcações estranhas farão até as pessoas mais sensatas e racionais brigarem sobre o modo como devem ser interpretadas. Não há prova mais clara de que a insistência da Suprema Corte na objetividade absoluta é um equívoco. É uma ilusão fingir que as eleições podem ser perfeitas. Trata-se de uma atividade imperfeita por sua própria natureza. Simplesmente temos a sorte de, na maioria das vezes, o resultado de uma eleição ser claro o suficiente para ser visível em meio à sujeira.

Quando a situação está difícil, não se pode garantir mais nada. Eleições apertadas são sujas por natureza. Os candidatos fazem os mais nobres discursos ao mesmo tempo que tentam roubar a eleição, atacando os adversários com qualquer mentira capaz de influenciar o eleitorado. Advogados, representantes do governo e juízes são usados como soldados em batalhas partidárias. Mesmo as instituições mais respeitáveis do país – como a Suprema Corte – cedem à tentação de pôr sua credibilidade em jogo para garantir a vitória de um candidato.

Mesmo quando os tribunais e juízes se comportam de maneira admirável, uma eleição apertada significa, sem dúvida, uma tremenda perda de tempo e dinheiro. O estado de Minnesota gastou milhares de dólares durante a recontagem, enquanto as campanhas de Coleman e Franken gastaram dezenas de milhões. Os cidadãos de Minnesota ficaram sem representante no Senado durante oito meses, à espera de uma decisão. Poderia demorar ainda mais tempo se Coleman tivesse recorrido à Suprema Corte, como fizera Gore, mas, depois de perder a batalha na mais alta instância judicial do estado, o republicano se deu por vencido. Oito meses após a eleição, Minnesota já tinha seu senador.

Não precisa ser assim. Os matemáticos têm formas de lidar com a incerteza. São capazes, partindo até da eleição mais apertada e suja, de encontrar um modo de determinar o vencedor de uma forma que seja justa para todas as partes envolvidas. Em vez disso, as eleições apertadas acabam nas mãos de advogados. A partir desse momento, o resultado passa a ser arbitrário. É quase irrelevante para o resultado quem conseguiu mais votos. O vencedor é determinado pela sorte, pelos advogados e pelas falácias matemáticas.

Uma eleição apertada é o terreno ideal para o florescimento de todo tipo de falácias matemáticas. Quando declararam que o oscilante total de votos da eleição em Minnesota era "estatisticamente dúbio" – o que implicava a existência de fraudes eleitorais –, os advogados estavam usando nossa randomiopia para criar falsas tramas e conspirações. Partidários de ambos os lados também se dedicavam à colheita de cerejas, oferecendo à imprensa dados favoráveis, escolhidos a dedo, ao mesmo tempo que tentavam esconder os desfavoráveis. Por exemplo, uma alfinetada muito repetida, que ecoava pela imprensa em janeiro: "Em 25 zonas eleitorais, em sua maioria redutos de Franken, o número de votos depositados era maior do que o de eleitores que haviam comparecido para votar." Na verdade, o número estava mais próximo de setecentas zonas, e, em várias delas, Coleman era o mais votado – omissão bastante significativa.[19] Esses tipos de randomiopia e colheita de cerejas são exemplos de distorção numérica que incitam o descontentamento e buscam solapar o apoio a um oponente. São sujos e desonestos, mas não são o que há de pior no contexto eleitoral.

Em uma eleição apertada, um gênero específico de falácia numérica – empregado tanto por democratas quanto por republicanos – é responsável pelas piores mentiras, seja na disputa entre Coleman e Franken, seja no embate entre Bush e Gore. Tais falácias eram quase uma garantia de que essas eleições seriam decididas da maneira errada. Como de fato, foram. Somente nos livrando delas seria possível saber quem deveria ter ganhado a disputa pelo Senado em Minnesota – ou se Bush poderia ou não ter tomado posse como presidente. O tipo de falácia matemática a que estou me referindo é a desestimação.

A desestimação é a raiz de todos os males surgidos no pleito presidencial do ano 2000 e na escolha de um senador por Minnesota em 2008. Enquanto houver eleições apertadas, essa falácia continuará a causar danos, ano após ano, encobrindo a verdade. Contudo, uma vez que tenhamos reconhecido o problema e conseguido enxergar através da névoa da desestimação, ficará claro como essas eleições *deveriam* ter sido decididas.

O primeiro passo é simplesmente admitir que eleições são mensurações, e, portanto, passíveis de erro. Mesmo sob condições ideais, mesmo quando os apuradores mais atentos contam cédulas bem-projetadas, há erros da ordem de alguns centésimos de 1%. E isso é só o começo. Há várias outras falhas presentes em qualquer eleição. Há erros causados por enganos ao digitar os dados. Há erros gerados quando o eleitor preenche a cédula de forma incorreta, votando no candidato errado. Há erros causados pela exclusão indevida, da contagem, de votos por correspondência, ou votos irregulares que, de alguma maneira, são incluídos na contagem. Cédulas são perdidas. Cédulas são contadas duas vezes. Todos esses erros dificultam a determinação da verdade – a verdade a respeito do verdadeiro vencedor de uma eleição.

Todos estão a par desses erros, pelo menos até certo ponto. No caso Bush versus Gore, a Suprema Corte comentou que a disputa "colocou em nítido foco o fenômeno comum, mas até então despercebido",[20] de que o processo de contagem de votos era propenso a erros. Tais erros, porém, são completamente ignorados por quase todos. Isso é desestimação.

O anúncio, pelo secretário de Estado de Minnesota, de que Barack Obama obteve 1.573.354 votos, e John McCain obteve 1.275.409 votos na eleição de 2008 foi um caso de desestimação – ao apresentar os números dessa maneira, o secretário fez parecer que a medição eleitoral era muito melhor do que era na realidade. Trata-se de uma tolice tão grande quanto a do proverbial guia de museu, quando afirmou que um dinossauro tinha 65.000.038 anos de idade. Na verdade, dados os erros, a coisa certa a dizer seria que Obama havia obtido cerca de 1.573.000 votos, e McCain, cerca de 1.275.000. Esta é a declaração mais precisa que se pode fazer sobre uma eleição, dada a magnitude dos erros no processo de contagem. (Mesmo isso ainda implicaria um grau de precisão alto demais.) Entretanto, diante de uma diferença tão grande entre os candidatos, a questão se torna irrelevante.

No caso da disputa entre Franken e Coleman, era igualmente errado o secretário de Estado declarar que o primeiro obtivera 1.212.317 votos, e o segundo, 1.212.629. Ele deveria dizer que tanto o democrata quanto o republicano haviam, cada qual, recebido cerca de 1.212.000 votos. A eleição de 2000, na Flórida, foi ainda mais propensa a erros, de maneira que o resultado oficial foi uma desestimação ainda maior. Não se deveria afirmar que Bush teve 2.912.790 votos e Gore 2.912.253. Na verdade, o resultado foi algo como: Bush, aproximadamente 2.910.000; Gore, aproximadamente 2.910.000. Essas são as declarações mais precisas que se poderia fazer sobre as eleições de Minnesota e da Flórida. Seria impossível ser mais preciso, dados os erros inerentes à medição.

Tantas batalhas ferozes envolvendo algumas centenas de votos aqui e ali são inúteis. São brigas por algo inteiramente fictício. A disputa entre Coleman e Franken para saber se um venceu por 206 votos ou se o outro venceu por 312 é equivalente a uma discussão entre dois guias de museu para decidir se um dinossauro tem 65.000.038 ou 65.000.019 anos de idade: o resultado não tem qualquer conexão com a realidade.

Todos os debates sobre votos por correspondência, fragmentos de papel mal destacados das cédulas e coisas do tipo são uma completa perda de tempo, não passam de um efeito colateral das falácias matemáticas das quais quase todos são cúmplices. Somos todos cúmplices porque ninguém quer encarar a verdade.

E a verdade é a seguinte. A corrida eleitoral pelo Senado em Minnesota, em 2008, terminou empatada. Franken e Coleman obtiveram a mesma quantidade de votos, pelo menos segundo os critérios de que nós seres humanos dispomos, empregando os instrumentos que temos à nossa disposição. E o vencedor da eleição presidencial da Flórida de 2000? Ninguém. Bush e Gore receberam o mesmo número de votos. Isso é o máximo que qualquer um poderia afirmar com segurança. Essa disputa eleitoral também terminou em empate. Os métodos de contagem de que dispomos não nos permitem dar nenhuma resposta mais precisa do que essa. Então qualquer resposta diferente não passa de ficção – é mera falácia matemática.

No entanto, todos acreditam no mito de que aquelas últimas centenas de votos que separavam Bush de Gore ou Coleman de Franken eram significativas. As autoridades governamentais não querem admitir que sua capacidade de contagem de votos é limitada. Jornalistas exigem certeza. Se lhes apresentarem dados aproximados, tentam, contra toda e qualquer lógica, descobrir quem é o *verdadeiro* vencedor.[21] Os candidatos também acreditam nesse mito – quem está na frente tem todos os motivos para fingir que a liderança é mais do que mera ilusão; já o candidato que está atrás deve fingir que há algum significado no punhado de votos não contados pelos quais luta nos tribunais. Cada um desses participantes tem seus próprios motivos para se aferrar às ilusões da desestimação. Assim, nenhum dos envolvidos com poderes para ungir o vencedor de uma eleição – o governo, a imprensa ou, especialmente, os próprios candidatos – tomará a única atitude cabível: declarar que uma eleição apertada terminou em empate.

Mas é a pura verdade. Deixe as falácias matemáticas de lado, e ficará evidente que as eleições de Minnesota e da Flórida acabaram empatadas. Isso revela qual deveria ter sido o resultado desses pleitos.

Cada estado tem uma legislação eleitoral com procedimentos específicos a serem seguidos caso aconteça empate nas urnas. Na Flórida, o procedimento está descrito nos estatutos do estado, título IX, capítulo 103.162; na legislação eleitoral de Minnesota, é preciso consultar o capítulo 204C.34. Depois de enfrentar a aridez da linguagem jurídica, fica patente que ambos os estados, por coincidência, fariam o desempate da mesma maneira. No caso de eleição empatada, o vencedor deve ser determinado por sorteio. Em outras palavras, jogando uma moeda para o alto.

É difícil de engolir, mas a corrida eleitoral para o Senado de Minnesota, em 2008 e, o que é ainda mais surpreendente, a eleição presidencial de 2000 deveriam ter sido decididas no cara ou coroa.

6. Injustiça eleitoral

"É muito difícil, na vida militar ou na vida pessoal, garantir a completa igualdade. A vida é injusta."

JOHN FITZGERALD KENNEDY

"Acabei de receber o seguinte telegrama de meu generoso pai: 'Querido Jack, não compre nem um voto a mais que o necessário. Pobre de mim se tiver de pagar por uma vitória esmagadora'."

JOHN FITZGERALD KENNEDY

ELEIÇÕES SÃO INJUSTAS por natureza. Não importa o método usado pelo governo para conduzir uma votação, não há como promover uma disputa igualitária, pelo menos no sentido matemático. Essa é uma verdade inexorável: todas as eleições estão sujeitas a falhas, e não há nada a fazer para consertá-las.

Essa é a má notícia. Mas a *péssima* é que há vários políticos e juízes trabalhando para tornar nosso falho sistema eleitoral muito, mas muito mais injusto do que já é.

A democracia, por sua própria natureza, é uma instituição fundada sobre uma operação matemática – a contagem de votos. Essa operação, porém, é vulnerável às falácias matemáticas. Armados de falsos argumentos matemáticos e táticas fraudulentas, os políticos e seus aliados no Judiciário se empenham em distribuir as cartas do baralho eleitoral de modo a alçar seu partido ao poder e ali conservá-lo. E esse empenho está sendo recompensado.

A democracia está ameaçada, sem forças para resistir aos ataques das falácias matemáticas.

Ao mesmo tempo que o derradeiro recurso de Norm Coleman se arrastava pelos corredores da Suprema Corte de Minnesota, os juízes estaduais deliberavam sobre outra ação judicial concernente às eleições no estado – um processo que tinha o potencial de mudar a forma como as eleições eram realizadas em Minnesota. Na teoria, a mudança poderia evitar a repetição de fiascos como o ocorrido na disputa entre Franken e Coleman.

A título experimental, a cidade de Mineápolis pôs de lado o método-padrão de votar em apenas um candidato, o chamado sistema de "pluralidade", na decisão de algumas eleições. Em seu lugar, a cidade adotou a chamada votação preferencial, sistema no qual cada eleitor classifica os candidatos em ordem de preferência. Seus defensores argumentam que o método preferencial torna as eleições mais justas e transparentes. Eles têm razão: se o voto preferencial houvesse sido empregado na eleição para o Senado, em 2008, as autoridades eleitorais quase com certeza seriam capazes de declarar um vencedor em questão de dias.

Após a recontagem, depois de todas as disputas jurídicas, os resultados finais do pleito senatorial de 2008 em Minnesota foram os seguintes:

- 1.212.317 votos recebidos por Norm Coleman.
- 1.212.629 votos recebidos por Al Franken.
- 437.505 votos recebidos por Dean Barkley.

Como essa era uma eleição pelo sistema da pluralidade, em que cada eleitor depositava um só voto na disputa pela vaga no Senado, o vencedor seria simplesmente o candidato que obtivesse o maior número de votos – Al Franken, nesse caso. Mas como a eleição foi muito apertada (e os advogados, muito habilidosos), foram necessários oito meses e milhões de dólares para determinar quem afinal vencera.

Em um sistema de votação preferencial, por outro lado, a recontagem provavelmente seria desnecessária. No método preferencial de eleição, os votos são um pouco diferentes do que em uma eleição de sistema plural. Em vez de votar em um só candidato, cada eleitor classifica os candidatos em ordem de preferência – do melhor para o pior. Então, a partir dessas classificações, as autoridades eleitorais determinam quem ganhou. Não é tão simples quanto uma mera contagem de votos; uma versão preferencial da disputa pelo Senado, em 2008, teria um resultado muito mais complicado que uma eleição pelo sistema plural. Os números seriam algo mais ou menos assim:

- 1.202.310 eleitores preferem Norm Coleman a Dean Barkley, e este a Al Franken.
- 10.007 eleitores preferem Norm Coleman a Al Franken, e este a Dean Barkley.
- 1.201.620 eleitores preferem Al Franken a Dean Barkley, e este a Norm Coleman.
- 11.009 eleitores preferem Al Franken a Norm Coleman, e este a Dean Barkley.
- 287.010 eleitores preferem Dean Barkley a Norm Coleman, e este a Al Franken.
- 150.495 eleitores preferem Dean Barkley a Al Franken, e este a Norm Coleman.

Então... Quem vence? É necessário certo malabarismo numérico. Em primeiro lugar, observa-se a primeira opção de todos. Nesse caso,

- 1.212.317 eleitores escolheram Norm Coleman como primeira opção.
- 1.212.629 eleitores tinham Al Franken como candidato favorito.
- 437.505 eleitores preferiam Dean Barkley.

Exatamente como numa votação pelo sistema de pluralidade. Mas a eleição não termina aí. Em uma escolha pelo método preferencial, só vence quem obtiver mais de 50% dos votos. Nem Franken (com 42%) nem Coleman (também com 42%) conseguiram cruzar esse limite e ganhar a maioria dos votos. Quando isso acontece, começa a "fase decisiva": o candidato que se encontra em último – Dean Barkley – é eliminado, e com isso passamos a ter uma disputa entre dois candidatos, Coleman e Franken. Mas os eleitores que votaram a favor de Barkley não perdem a capacidade de influir na decisão. As autoridades eleitorais contam seus votos de segunda opção, e não mais os de primeira opção a favor de Barkley, agora sem valor. Usando os números (hipotéticos) anteriores, o resultado da eleição preferencial seria:

- 1.499.327 votos a favor de Norm Coleman (incluindo os de 287.010 eleitores preferenciais de Barkley).
- 1.363.124 votos a favor de Al Franken (incluindo 150.495 que haviam votado em Barkley como primeira opção).

Norm Coleman agora possui uma sólida maioria, e assim a eleição termina. Como bônus adicional, a disputa eleitoral não está mais terrivelmente apertada – a margem é de quase 5% dos votos depositados –, de maneira que não há necessidade de recontagem. A votação preferencial provavelmente teria poupado o estado de Minnesota de muitos problemas.

No entanto, quando a cidade de Mineápolis propôs o uso do sistema preferencial em algumas eleições, os oponentes imediatamente moveram uma ação judicial alegando que o método é injusto – mais especificamente, que o sistema é inconstitucional, porque nele os votos não são todos contados da mesma maneira – argumento que a Suprema Corte de Minnesota logo descartou. Contudo, não há como negar que a votação preferencial apresenta desvantagens em relação ao voto plural. No sistema de pluralidade, as cédulas são muito simples – tudo que temos de fazer é votar em um só candidato –, porém, como ficou demonstrado na eleição de Minnesota, sempre há quem consiga votar errado. Imagine todas as formas possíveis de preencher incorretamente uma cédula com as seguintes instruções: "Classifique os candidatos na ordem de sua preferência." A taxa de erro da eleição aumentaria drasticamente.

Outra desvantagem do sistema preferencial é que ele nem sempre chega ao melhor resultado do ponto de vista do público votante. De fato, no exemplo acima, Dean Barkley poderia argumentar que, na verdade, ele deveria ter sido eleito, pois esta seria a escolha que deixaria o maior número de eleitores menos insatisfeitos. Para entender melhor esse ponto, vamos partir dos resultados preferenciais já citados, fazendo pequenas alterações. Toda vez que um eleitor classificar um candidato em primeiro lugar, atribuiremos a esse candidato dois pontos, representando um grande desejo de elegê-lo. Toda vez que um eleitor classificar um candidato em segundo lugar, este receberá um ponto, significando que, para o eleitor, esta não é a escolha ideal, mas também não é uma opção tão ruim. Por fim, toda vez que um eleitor classificar um candidato em terceiro lugar na cédula, este terá pontuação zero, por ser considerada a pior escolha possível. (Esse esquema é conhecido como "contagem de Borda" e, tal como a votação preferencial, é geralmente apresentado como uma alternativa ao sistema de pluralidade.) A soma dos pontos nos mostra, de repente, uma situação eleitoral bem distinta da anterior:

- 2.722.653 pontos para Norm Coleman.
- 2.585.760 pontos para Al Franken.
- 3.278.940 pontos para Dean Barkley.

Dean Barkley – de maneira geral, o candidato menos odiado, vence com facilidade. Os eleitores de Franken preferem Barkley a Coleman, e os de Coleman preferem Barkley a Franken. Barkley é o candidato do meio-termo, que todos estariam dispostos a aceitar.

Na eleição para o Senado, em Minnesota, três diferentes esquemas de votação – o plural, o preferencial e o de Borda – teriam produzido três diferentes vencedores, embora as preferências dos eleitores fossem as mesmas nas três situações hipotéticas. Podemos partir exatamente dos mesmos votos e analisá-los de três maneiras diversas, criando um argumento válido sobre por que cada candidato deveria ser eleito para o Senado.

Isso põe em evidência um problema crucial das votações. Pessoas sensatas podem analisar a mesma pilha de votos e chegar às conclusões mais díspares sobre quem deveria ser o vencedor de um pleito. Embora os sistemas de pluralidade, de Borda e preferencial tenham, cada qual, suas vantagens e desvantagens,[1] nenhum deles pode ser apresentado como a maneira mais justa de eleger um político. Todos os métodos têm falhas. Este é um truísmo matemático conhecido como teorema de Arrow.

Na década de 1950, o economista Kenneth Arrow provou que é impossível desenvolver um sistema eleitoral perfeitamente justo. Mas o que significa "justo" nesse contexto? Bem, há certas características que são esperadas em qualquer eleição. Uma parece ridiculamente óbvia: não pode haver um ditador que determine o resultado final; não pode existir um único indivíduo cujo voto prevaleça sobre o dos demais. Eleições justas seguem a regra implícita da "ausência de ditadores". Outra característica óbvia: uma eleição não deve ignorar a vontade unânime do povo. Se todos em um país votarem em Ross Perot, então, por Deus, é melhor que Ross Perot vença a eleição. Eleições justas seguem também essa regra implícita do "voto unânime". Finalmente, há uma terceira característica, um pouco menos óbvia: a classificação dos candidatos em uma eleição perfeitamente justa deve ser um reflexo fiel da preferência dos eleitores. Se as pessoas genuinamente preferem Ronald Reagan a Jimmy Carter, Ronald Reagan deve sempre estar à frente de Jimmy Carter quando os resultados forem apurados, não importam quais sejam os outros candidatos disputando a eleição. Sob nenhuma circunstância, Jimmy Carter pode conseguir vencer Ronald Reagan. Se o fizer, o resultado será um reflexo imperfeito da verdadeira preferência dos eleitores. Assim, uma eleição perfeitamente justa deve, de modo implícito, seguir também essa regra do "reflexo fiel".

O teorema de Arrow prova que as três precondições para uma eleição perfeitamente justa, a "ausência de ditadores", o "voto unânime" e o "reflexo fiel", são contraditórias entre si. É matematicamente impossível ter as três ao mesmo tempo. Isso significa que não existe nenhuma eleição perfeitamente justa.

Na prática, eleição nenhuma cumpre a condição do "reflexo fiel". As votações não consistem numa simples apuração da preferência dos eleitores por um candidato ou outro; as coisas são bem mais complicadas que isso. Apesar de as pessoas preferirem Ronald Reagan a Jimmy Carter, este, teoricamente, poderia ter vencido se um terceiro candidato interessante também houvesse se apresentado para ocupar a Presidência em 1980, dividindo a opinião dos republicanos. Com isso, a condição do "reflexo fiel" teria sido violada, porque Carter teria saído vitorioso, ainda que, entre ele e Reagan, a maioria da população preferisse este último. Em outras palavras, eleições são tão complexas que, não importa o sistema de voto utilizado, a pessoa "errada" pode acabar eleita. Esse é simplesmente um fato da vida, algo com que temos de conviver numa democracia. Qualquer que seja o método empregado para eleger nossas autoridades, sempre haverá certo nível de injustiça inerente ao processo. É inevitável.

Embora o teorema de Arrow garanta que nenhum sistema eleitoral possa ser perfeitamente justo, o nível de injustiça é bem moderado. Não nos preocupamos demais com a possibilidade de um terceiro candidato atrapalhar a eleição. De fato, esse é um dos fatores que faz das eleições algo tão imprevisível – e tão interessante. Porém, o teorema explica apenas uma pequena fração da injustiça que assola as eleições nos Estados Unidos e no resto do mundo. Existem problemas muito, mas muito mais preocupantes no processo eleitoral americano – problemas que são, em larga medida, intencionais. Os políticos estão se esforçando para transformar um sistema de votação moderadamente injusto em algo de uma injustiça inacreditável. Não se deixe enganar: há quem esteja disposto a solapar os próprios mecanismos da democracia a fim de assegurar que seus aliados ideológicos sejam eleitos – independentemente da vontade do povo. Quem age assim dispõe de uma arma poderosa: a falácia matemática.

HÁ ANOS A DEMOCRACIA vem sendo minada pelos manipuladores do sistema eleitoral americano. Nos Estados Unidos, essa é uma tradição quase tão antiga quanto o próprio país. No início da década de 1800, alguns políticos já haviam tramado um método eficiente – e legal – de se manter no poder mesmo quando o povo tentava votar contra essa permanência. O método leva o nome de um senhor cuja assinatura aparece no canto direito da Declaração da Independência dos Estados Unidos, não muito abaixo da assinatura de seus colegas de Boston, Sam e John Adams. Seu nome era Elbridge Gerry.

Gerry elegeu-se governador de Massachusetts em 1810, mas seu partido – o democrata-republicano – tornava-se cada vez mais impopular. Ele e seus aliados perdiam terreno para os rivais, os federalistas, e se sentiam aterrorizados com a perspectiva do resultado das eleições que estavam por vir em 1812. Se os eleitores conseguissem o que queriam, os democrata-republicanos seriam afastados do governo, e os federalistas subiriam ao poder. Do ponto de vista de Gerry, isso tinha de ser evitado a qualquer custo.

Um dos poderes do governo do estado é reorganizar os distritos: mudar os limites das zonas eleitorais, redefinindo que regiões serão representadas por quais senadores estaduais. Os democrata-republicanos perceberam que, se fossem realmente criativos no modo de redesenhar esses limites, conseguiriam conservar a maioria das cadeiras do Senado pelo estado, ainda que a maioria dos eleitores votasse nos federalistas.

O plano, quando executado pelos democrata-republicanos, foi alvo de muitas críticas. Os novos distritos, de estranhos contornos, pareciam horríveis e nada naturais. Um deles lembrava uma salamandra, com o corpo enrolado em volta do condado de Essex, a barriga voltada para oeste e a cabeça serpenteando em direção ao norte. Piadistas logo começaram a chamar o distrito pelo nome de seu criador. Nascia a "gerrymandra".

Por mais feia que fosse, a criatura bizarra fez maravilhas pelos democrata-republicanos. Embora os federalistas tenham conseguido a maioria dos votos na disputa pelo Senado estadual – 50,8% do total, para ser preciso –, os democrata-republicanos conquistaram a maior parte das cadeiras: 29 de 40. Com a ajuda da gerrymandra, os democrata-republicanos haviam transformado o que deveria ser uma grande derrota em vitória esmagadora. O partido se manteve no poder, não pela vontade do povo, mas apesar dela. Eles usaram a gerrymandra para solapar o processo eleitoral, anulando os votos de seus oponentes.

Uma gerrymandra é uma criatura nascida das falácias matemáticas. Em sua essência, a tática da gerrymandra é uma espécie de colheita de cerejas, com uma diferença fundamental: os dados manipulados são votos. De fato, a gerrymandra é, basicamente, um monstro que permite aos políticos fazer uma seleção cuidadosa dos votos, escolhendo aqueles de que gostam e ignorando os que os desagradam.

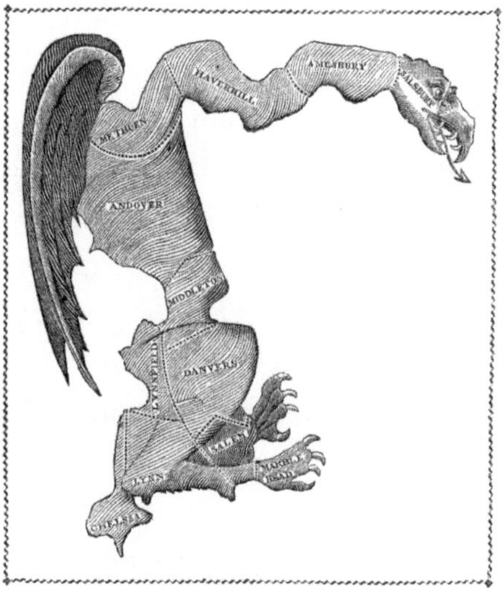

FIGURA 11 A guerrymandra original.

A gerrymandra extrai sua força de duas formas de manipulação de votos – dois truques para os quais os políticos desenvolveram uma habilidade extraordinária ao longo dos anos. Esses truques são conhecidos como agrupamento (*packing*) e divisão (*cracking*). No agrupamento, os votos da oposição são reunidos num mesmo distrito, tornando a maior parte deles redundante. Na divisão, os baluartes oposicionistas são desintegrados, tendo seus votos distribuídos entre múltiplos distritos, de modo que o inimigo não consiga obter maioria em nenhum deles.

A título de exemplo, imagine que exista um condado dividido em quatro distritos – dois urbanos e dois rurais –, e que cada um deles tenha um representante no Congresso. Esse condado, por acaso, divide-se de igual maneira entre democratas e republicanos. Nos dois distritos urbanos, o Partido Democrata tem a maioria, enquanto nos dois distritos rurais, a maioria é republicana.

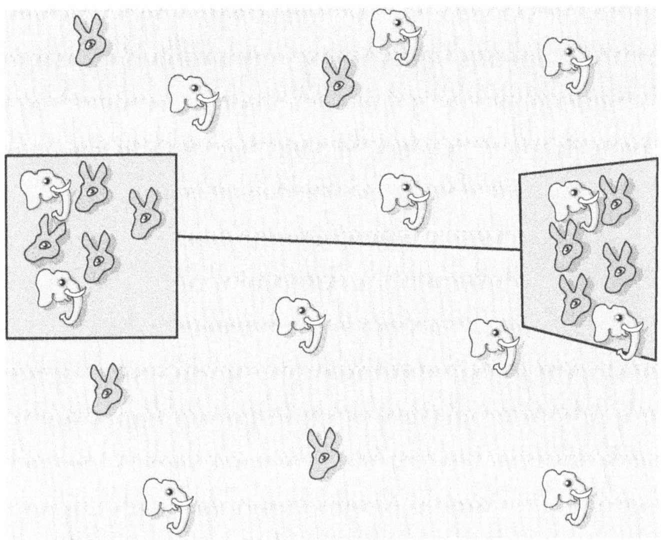

FIGURA 12 Uma divisão distrital justa.

Cada distrito envia um representante à Assembleia Legislativa do estado. As duas cidades elegem, cada uma, um deputado democrata para representá-la; já os dois distritos rurais, naturalmente, elegem, cada um, um deputado republicano. Deveria ser assim; um eleitorado dividido uniformemente também deve dividir seus representantes de maneira uniforme. Mas, imagine que os republicanos ganhassem o controle do estado, tornando-se capazes de redesenhar os limites distritais. Sua estratégia de gerrymandra consistiria em isolar o maior número possível de democratas em um só distrito urbano. A outra cidade seria dividida, distribuindo seus eleitores democratas entre os distritos rurais de tendência fortemente republicana, de modo que não conseguissem formar maioria em lugar nenhum. O resultado disso é uma profusão de distritos que fazem muito pouco sentido geográfico – o eleitorado urbano fica misturado ao rural –, mas que dão aos republicanos uma cadeira extra no legislativo.

Embora o eleitorado estivesse dividido ao meio – no condado, o número de eleitores de tendência democrata era exatamente o mesmo que o de eleitores de orientação republicana –, a gerrymandra permitiu que os republicanos conquistassem 75% das cadeiras no Parlamento. Por outro

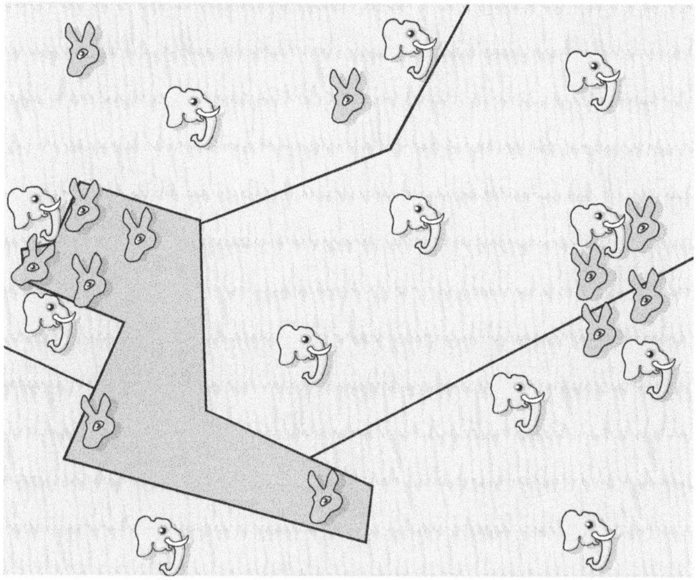

FIGURA 13 Uma gerrymandra pró-republicana.

lado, se os democratas tivessem conseguido chegar ao poder, teriam feito exatamente a mesma coisa, só que ao contrário. Agrupariam os pró-republicanos em um distrito rural e dividiriam o outro, distribuindo eleitores pró-republicanos entre os três distritos restantes, assegurando-se de que eles fossem minoria.

Os democratas seriam tão eficientes quanto os republicanos em sua tentativa de tomar para si um número maior de vagas no Legislativo. O partido elegeria 75% dos deputados, apesar de ter apenas 50% dos votos.

Em mãos habilidosas, a gerrymandra é capaz de dar a um partido mais força do que as pessoas querem que ele tenha; pode entrincheirar no poder um nome sem popularidade ou desalojar um político popular; pode tornar alguns votos contestáveis, ao mesmo tempo que concede grande peso a outros. E, o que é pior, a prática da gerrymandra dificulta a punição, pelos eleitores, dos políticos que estão lhe roubando os votos – os planos de redefinição dos distritos são feitos de tal maneira que são quase nulas as chances de os responsáveis pela gerrymandra perderem a eleição seguinte.

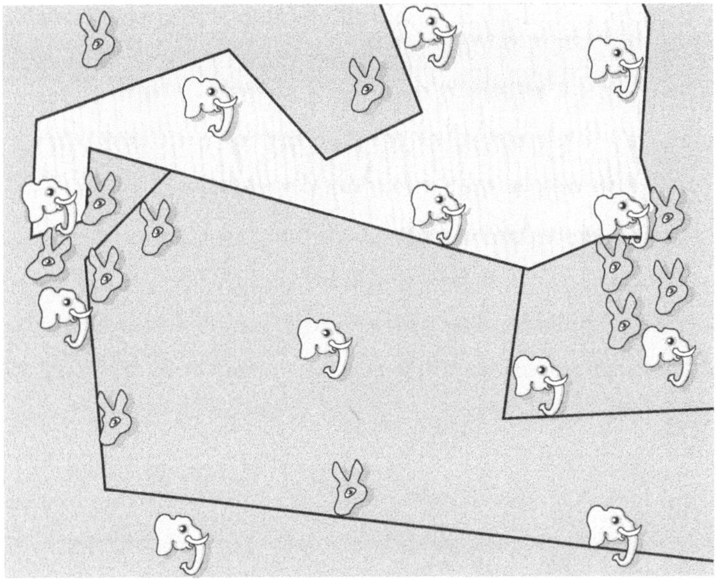

FIGURA 14 Uma gerrymandra pró-democrata.

A gerrymandra é uma afronta direta ao processo democrático. Ao permitir que os políticos selecionem os votos numa colheita de cerejas, a alteração dos distritos prejudica a legitimidade das eleições. Mas não é fácil livrar-se dessa criatura, porque a questão é de uma complexidade diabólica. Por muitos anos, o sistema de tribunais federais, de certo modo, decidiu que seria melhor nem sequer tocar no assunto, declarando-o algo que deveria ser combatido pelos políticos, e não pelos juízes. Mas o Judiciário não poderia continuar ignorando o problema indefinidamente, porque a prática da gerrymandra ameaçava direitos fundamentais inscritos na Constituição.

A Constituição americana determina que o número de cadeiras de cada estado na Câmara dos Representantes seja proporcional à sua população. Dessa maneira, à medida que a população cresce e se desloca, a representação deve mudar. Assim, os estados precisam mudar os limites de suas zonas eleitorais em resposta aos novos números apresentados pelo recenseamento populacional, a cada dez anos. Entretanto, o poder de alterar esses limites não é absoluto, pois vê-se restringido pela décima quarta emenda constitucional. Ratificada pouco depois do fim da Guerra Civil, essa emenda garante que todos os cidadãos sejam "igualmente protegidos" pela legislação do país. Isto é, todos os cidadãos são iguais perante a lei – o que, em tese, significa que o voto de todos deve ter o mesmo valor. Na década de 1960, os tribunais foram forçados a reconhecer que a prática da gerrymandra, em alguns casos, estava fazendo com que os votos de certos cidadãos valessem menos que os de outros – os votos de alguns cidadãos estavam sendo diluídos. O Poder Judiciário não podia continuar ignorando a questão, em grande parte graças ao movimento pelos direitos civis.

Pouco depois do fim da Guerra Civil, antigos escravos de repente se tornaram cidadãos, e como todo e qualquer outro cidadão, passaram a ter o direito de votar e a receber a mesma proteção da lei. Assim estava no papel. Na realidade, porém, os estados em que anteriormente havia escravidão usavam todos os truques possíveis, como impostos eleitorais, para manter os afro-americanos longe das urnas. (Mais sobre isso adiante.) Nesses estados, também se praticava a gerrymandra, dividindo populações de afro-americanos de modo que elas não conseguissem representação no Congresso. Apesar das garantias constitucionais, os ex-escravos estavam sendo tratados como cidadãos de segunda classe.

Em meados da década de 1960, porém, o movimento pelos direitos civis mudou o cenário político. Os legisladores e os tribunais finalmente atacaram o problema de frente, declarando ilegais os truques antiéticos dos políticos racistas. A vigésima quarta emenda tornava ilegal os impostos eleitorais. Um conjunto de decisões jurídicas estabeleceu o padrão "um cidadão, um voto", que determina que o voto de cada eleitor tenha peso aproximadamente igual. A Lei do Direito de Voto, de 1965, tornava ilegais procedimentos – entre eles a prática da gerrymandra – cuja intenção fosse privar os cidadãos do direito de voto com base em raça ou cor. Isso tornou a gerrymandra ilegal, mas somente quando praticada por motivos racistas.[2] A gerrymandra política – a redefinição dos distritos com o intuito de obter vantagem política – continuava a ser perfeitamente aceitável.

A questão seria simples, exceto pelo fato de que raça e política não podem ser separadas. Nos tempos modernos, os eleitores afro-americanos demonstram uma forte preferência pelo Partido Democrata. Os eleitores latinos também. Desse modo, questões raciais são sempre profundamente políticas. Salvaguardar o poder de voto das minorias é, em certa medida, equivalente a dar uma mãozinha aos democratas.[3] A distinção entre gerrymandra racial e gerrymandra política é um tanto artificial. Mesmo ignorando esse fato, a verdade é que a manipulação dos distritos com fins políticos não dilui menos os votos dos cidadãos que a manipulação motivada pelo racismo.

A legislação que trata da alteração dos distritos eleitorais, falando de forma educada, é uma bagunça. A Suprema Corte se contorce em paroxismos contraditórios na tentativa de se esquivar do problema. Depois de anos fingindo que ações judiciais não eram um meio adequado de lidar com a questão da gerrymandra política, em 1986, a Suprema Corte afinal decidiu que essa prática, ainda que usada para fins estritamente políticos, poderia, em tese, violar as proteções garantidas pela décima quarta emenda. No entanto, o tribunal não deu nenhuma pista sobre o que era necessário ocorrer para que uma gerrymandra política ultrapassasse os limites da constitucionalidade. Dessa maneira, a determinação não decidiu absolutamente nada. Seu único efeito, se é que houve algum efeito, foi tornar o assunto ainda mais confuso. No primeiro teste pelo qual aquela decisão passou na Suprema Corte – dezoito anos depois –, a confusão aumentou ainda mais. Por cinco votos a quatro, os juízes declararam a gerrymandra política perfeitamente constitucional. Quatro dos magistrados foram ainda mais longe, julgando que a Suprema Corte não tinha poderes para estabelecer a inconstitucionalidade nem das gerrymandras políticas mais óbvias, pois não existia nenhum critério para determinar se um caso tinha ou não motivação política. Era um vale-tudo.

Era o velho oeste da gerrymandra política, e até as poucas regras de cavalheirismo que pareciam conter a ambição dos políticos estavam se desfazendo. Em 2001, em resposta aos números do novo Censo, o

Poder Legislativo bicameral do Texas afinal chegou a um acordo quanto a um plano de redefinição dos limites distritais. Foi uma batalha longa e árdua, mas que terminou antes do Censo seguinte. Ou assim pensavam os democratas. Quando os republicanos venceram as eleições para ambas as casas do Poder Legislativo, em 2002, o partido empreendeu uma nova reforma distrital, quebrando a antiga tradição pela qual isso só deveria ocorrer uma vez a cada dez anos. Os democratas tentaram suspender a alteração dos distritos, deixando o estado, de modo que não houvesse quórum para a votação. Os republicanos recorreram ao Departamento de Segurança Nacional dos Estados Unidos para rastrear os legisladores indisciplinados, e o plano acabou posto em prática, dando aos vitoriosos o controle de 22 dos 32 distritos legislativos do estado. O caso – ou, mais precisamente, quatro casos – foi parar na Suprema Corte, e esta decidiu que, exceto por um distrito, predominantemente latino, que havia sido dividido de modo ilegal, violando a Lei do Direito de Voto, não havia nada de errado com a gerrymandra. Embora a mudança nos limites distritais não estivesse relacionada ao Censo e, evidentemente, só estivesse sendo feita com o objetivo de ganho político, estava tudo certo.

FIGURA 15 O distrito 12 na Carolina do Norte, uma das muitas gerrymandras monstruosas.

Hoje, nos Estados Unidos, a gerrymandra, desde que não tenha motivação racial, é considerada uma prática legítima. Embora essa manobra permita que os políticos selecionem votos pela colheita de cerejas, e, assim, diluam aqueles que lhes são desfavoráveis, os tribunais não parecem inclinados a corrigir o problema.[4] Desse modo, muitos de nossos distritos eleitorais ficaram tão distorcidos que põem a monstruosidade original de Elbridge Gerry no chinelo.

Enquanto não houver uma profunda mudança no modo como a prática é vista pela Suprema Corte, não nos livraremos da falácia matemática da gerrymandra.

A "GERRYMANDRA" É APENAS uma das ameaças matemáticas à democracia. Existe outro gênero de falácia que, por ser menos visível, é ainda mais perigosa. Trata-se de um recurso que permite aos políticos privarem seus oponentes do direito ao voto. Mais que isso, esse método os torna inexistentes, transformando-os em "não pessoas", que não têm a prerrogativa de serem representados no Congresso. E o que é pior, os criadores desse esquema são justamente aqueles que deveriam constituir a última linha de defesa contra os desmandos dos políticos que estão no governo: essa forma específica de falácia matemática vem diretamente da Suprema Corte dos Estados Unidos.

A falácia matemática em questão é uma forma de supressão de eleitores, isto é, de manter votos "indesejáveis" longe das urnas. Os Estados Unidos têm um longo histórico de eleitores suprimidos; assim como ocorre na gerrymandra, nesse caso, as falcatruas políticas são inseparáveis do racismo. Após a Guerra Civil, os estados que antes possuíam escravos recorriam a truques de todos os tipos para evitar que os escravos emancipados exercessem seu direito ao voto. Criavam-se barreiras ao registro de eleitores, particularmente onerosas para os afro-americanos, que, em geral, estavam nos segmentos mais pobres e com menos educação formal da sociedade. Por exemplo, em diversos estados, os cidadãos não podiam votar, a menos que pagassem uma pequena taxa – um "imposto de votação" – que, obviamente, era muito mais pesada para os afro-americanos pobres do que para os cidadãos mais ricos. (Em especial porque muitos eleitores brancos eram isentos do tributo, graças à chamada "cláusula do avô."[5]) Assim, o imposto impedia muitos deles de votar.[6] Os governos fingiam que os impostos tinham uma finalidade legítima – serviriam para aumentar a arrecadação –, e argumentavam que os cidadãos que pagavam impostos estaduais se tornavam mais interessados na melhoria das condições de vida no estado. Na realidade, porém, os impostos de votação tinham o único propósito de evitar que os afro-americanos votassem. Do mesmo modo, testes de alfabetização, cuja suposta finalidade era garantir que os eleitores fossem capazes de tomar decisões informadas, na verdade, tinham o efeito de impedir que afro-americanos com pouca educação formal fossem às urnas. Os legisladores e juízes eliminaram essas formas particulares de supressão de eleitores na década de 1960, mas há outras, mais sutis, que ainda representam um problema. As leis de identificação de eleitores, por exemplo, são defendidas como uma maneira de reduzir as fraudes eleitorais, assim como os periódicos cancelamentos de registros de eleitores. No entanto, há bons motivos para acreditar que essas medidas são adotadas por terem o efeito indireto de reduzir o número de eleitores afro-americanos, latinos e de outras minorias.

Contudo, nenhuma das formas de supressão de eleitores é mais eficiente ou insidiosa do que aquela arquitetada pela Suprema Corte. Em uma série de decisões, os magistrados vestiram uma mentira matemática com o manto da verdade, eliminando milhões de pessoas da existência civil com uma penada. Graças a essas decisões, mais de 1% da população dos Estados Unidos é formado por criaturas fantasmagóricas, destituídas de direito ao voto – cidadãos que, na teoria, têm o direito de votar, mas são deliberadamente ignorados. É um assustador caso de falácia matemática que atinge o próprio âmago da democracia.

O cerne de uma democracia é o governo baseado na contagem – na contagem de seus cidadãos e de seus votos. Os Pais Fundadores dos Estados Unidos reconheceram a importância da contagem para o novo governo que criavam. De fato, logo no quinto parágrafo da Constituição norte-americana, há uma passagem determinando que o governo deve realizar uma "verdadeira enumeração" de seus cidadãos a cada dez anos. O Censo decenal é importantíssimo para o funcionamento da república, pois determina o grau de poder que diferentes grupos terão na Câmara dos Representantes.

Os 435 membros da câmara são divididos (aproximadamente) por igual entre os cidadãos dos Estados Unidos – cada deputado, hoje, vota por procuração em nome de um bloco de 700 mil pessoas. Quanto mais cidadãos um estado tiver, mais representantes ele terá, e mais poder exercerá no Congresso. À medida que a população vai mudando, o poder político (e o dinheiro) a acompanha. Com a atrofia do nordeste do país, Nova York e Pensilvânia têm perdido sua preeminência para a Califórnia e o Texas. O destino político de uma região – e daqueles que nela vivem – depende dos resultados do Censo decenal.

O governo gasta uma enormidade de tempo e dinheiro para realizar uma contagem precisa dos cidadãos. No ano 2000, o Censo dos Estados Unidos custou em torno de US$ 6,5 bilhões – mais de US$ 20 para cada homem, mulher ou criança. O Censo é um empreendimento fantástico, e é a mais precisa das mensurações. Infelizmente, trata-se de uma medição que, como qualquer outra, apresenta falhas. Desde a década de 1940, os estatísticos têm sido obrigados a admitir um fato deprimente: por maior que seja o empenho dos recenseadores, sempre haverá um erro sistemático do qual não há como se livrar. Não é possível contar a todos.

De certa forma, o Censo é como uma gigantesca pesquisa realizada pelo governo, mas com uma diferença muito importante. Em vez de entrevistar uma amostra de domicílios e estender esses resultados para toda a população, ele tenta chegar a cada família nos Estados Unidos. Na teoria, não é necessária nenhuma extrapolação. Portanto, assim como no caso de uma eleição, não há lugar para erros estatísticos. Não existe nenhuma preocupação de que um acaso estatístico torne a amostra censitária diferente do conjunto da população, porque a amostra *é* toda a população. Os recenseadores só precisam se preocupar com os erros sistemáticos. E há muitos deles com que se preocupar.

Toda pesquisa depende da cooperação dos pesquisados – um levantamento não tem como registrar as opiniões de pessoas que jogam seu questionário de respostas no lixo ou que desligam o telefone ao ouvir a voz de um entrevistador. Por conseguinte, todas as pesquisas estão sujeitas a um "viés do voluntariado" que pode inserir uma enorme quantidade de erros nos resultados. Com o Censo não é diferente. Cada domicílio nos Estados Unidos recebe um questionário de recenseamento, e a maioria o preenche, mas alguns não o fazem. Em 2000, mais ou menos um em cada três domicílios não se importou de entregar o questionário respondido. Para conseguir uma contagem exata da população, os responsáveis pelo Censo ainda precisam contar os cidadãos nos domicílios que se recusaram a responder. É aí que começam os grandes gastos. São enviados milhares de recenseadores que passam seis meses indo de casa em casa, procurando quem não respondeu. Quanto mais difícil for fazer um domicílio responder, mais dinheiro se gastará para tentar contatar as pessoas que lá vivem, mas o Censo continua tentando até o esgotamento do prazo, quando é obrigado, por lei, a passar os resultados ao Congresso. No fim do processo, o Censo consegue extrair dados de toda a população, deixando de fora apenas cerca de 2% dela. É um esforço extraordinário. Mas, ainda assim, eivado de erros.

O Censo não somente deixa de alcançar 2% da população, como também faz, acidentalmente, uma dupla contagem de cerca de 1%. Isso significa que, mesmo com todo esse esforço, a margem de erro é de aproximadamente 10 milhões de pessoas, para mais ou para menos. Esse "mais ou menos" é incrivelmente importante do ponto de vista político; os 10 milhões de pessoas mandariam quatorze representantes para o Congresso. É desanimador, tanto tempo e dinheiro gastos, e os erros no Censo ainda são enormes. Essas falhas são impossíveis de corrigir por meios comuns. Em tese, o governo poderia enviar recenseadores aos domicílios de cada pessoa que não respondeu, mas isso custaria uma soma astronômica, e, ainda assim, não seria possível encontrar a todos. Mesmo com o dobro de seu orçamento atual, o Censo não conseguiria fazer um trabalho de medição melhor do que já faz. A situação, porém, não é incorrigível. Existe uma maneira de reduzir muito esses erros, utilizando um conjunto de ferramentas estatísticas coletivamente conhecidas como "amostragem".

A melhor maneira de compreender a amostragem é usando um exemplo. Imagine que haja um lago raso cheio de trutas e piabas. O governo contratou você para contar quantos peixes há no lago. Você rema lentamente de uma margem a outra do lago, contando os peixes que vê pelo caminho. A contagem final é de 599 trutas e 301 piabas. O total de peixes contados no lago é de 900, dos quais aproximadamente 67% são trutas e 33%, piabas.

Como você deve estar imaginando, o resultado está errado, pois a contagem é propensa a erros. Uma fonte de erros é o fato de que os peixes estão em constante movimento, fazendo com que seja inevitável contar alguns deles duas vezes, e deixar de contar outros tantos. Outra fonte de erros é que as piabas são mais difíceis de enxergar que as trutas. Elas são pequenas e tímidas, tendem a se esconder quando o barco se aproxima. Portanto, é bem provável que você tenha contado piabas a menos – e não importa quantas vezes você contar, as piabas provavelmente estarão sub-representadas. Já as trutas, grandes e visíveis, talvez sejam contadas duas vezes.

É possível corrigir esses erros. Mas, para fazê-lo, será preciso realizar uma nova mensuração para descobrir a real dimensão das falhas. Depois de terminado o levantamento inicial da vida aquática, cabe fazer uma recontagem em uma seção pequena, mas representativa, do lago, registrando o número de peixes encontrado. (Digamos, trinta trutas e quinze piabas.) Então, faz-se uma última contagem mais minuciosa (e mais invasiva) nessa pequena seção. Jogue uma rede nessa pequena região do lago, capture todos eles e traga-os para o barco. Contá-los enquanto os devolve ao lago, um a um, resulta em um número extremamente preciso: digamos que você tenha descoberto que há, na verdade, 28 trutas e dezenove piabas.

Esses novos dados nos revelam o grau de precisão da contagem inicial. Os dados lhe dizem que você realmente contou trutas a mais (você contou trinta do barco, mas havia 28, na verdade) e piabas a menos (você contou quinze do barco, mas havia dezenove). E, então, dispondo de novas informações que mostram a natureza dos erros da medição, é possível corrigi-los. Agora você sabe que sua contagem original de 599 trutas é alta demais e precisa ser corrigida para menos – para aproximadamente 560 –, de modo a compensar uma tendência a contar trutas a mais. Da mesma maneira, sua contagem de 301 piabas é muito baixa e precisa ser corrigida para mais – para aproximadamente 380 –, a fim de incluir as piabas tímidas, que não podiam ser vistas do barco. O novo total corrigido é de 940 peixes no lago, dos quais aproximadamente 60% são trutas e 40%, piabas.

Os novos números não são perfeitos, de forma alguma. É possível que o local onde você lançou a rede não fosse verdadeiramente representativo de todo o lago. Pode ter acontecido uma concentração de piabas especialmente densa e difícil de identificar na área, por exemplo.[7] Além disso, como você está estendendo suas observações, de um pequeno número de peixes para todo o lago, é preciso se preocupar com erros estatísticos que seriam irrelevantes em uma contagem direta de toda a população. Ainda assim, o aumento nos erros estatísticos é mais que compensado pela diminuição nos erros sistemáticos – sua mensuração permite uma drástica redução nos problemas causados pela má contagem de certos segmentos populacionais. Em resumo, você está trocando grandes erros sistemáticos por (espera-se) erros menores, em sua grande parte, estatísticos – e o resultado é uma contagem melhor e mais precisa.

Isso é um resumo do que é a amostragem. Ao analisar com extremo cuidado uma amostra da população, o Censo pode gerar dados que permitam a correção de contagens com erros sistemáticos para mais e para menos. Do ponto de vista de um estatístico, isso não apresenta nenhuma dificuldade. Uma contagem corrigida produziria uma imagem muito mais precisa da população dos Estados Unidos do que a obtida por meio de um recenseamento que conta cada cidadão. Em vez de realizar recenseamentos com margem de erro de alguns pontos percentuais, seria possível reduzir os erros para uma fração de 1%. A contagem mais precisa da população dos Estados Unidos não viria de uma contagem individual, mas de um recenseamento corrigido por amostragem. Como bônus adicional, um recenseamento que adotasse a amostragem seria mais barato que uma contagem direta de cada um dos habitantes do país. Em vez de gastar bilhões de dólares para tentar encontrar aqueles poucos últimos que não respondem aos recenseadores, o Censo poderia gastar algumas dezenas de milhões fazendo a mesma coisa – de maneira ainda mais exaustiva – em um pequeno número de comunidades, usando os dados obtidos para compensar os erros de contagem. A técnica da amostragem é mais precisa e mais barata. Sendo assim, todo político deveria ser a favor dela, certo?

Nem tanto. Infelizmente, a amostragem acaba perdendo espaço por causa da política racial de supressão de eleitores. Os cidadãos que costumam ser ignorados pelo Censo, em geral, são pessoas pobres, que pagam aluguel e não têm casa própria. Um número desproporcional de pessoas não fala inglês e não confia nos representantes do governo (o que inclui os recenseadores). Esses cidadãos, geralmente, pertencem a minorias – e tendem a votar nos democratas. Ao contrário, os cidadãos contados a mais, em sua maior parte, são brancos e ricos, e é mais provável que sejam eleitores do Partido Republicano. Se os Estados Unidos fossem um lago, as minorias seriam as piabas, e os brancos, as trutas. A partir do momento em que se começa a adotar a amostragem para corrigir os erros, de repente adicionam-se vários milhões de pessoas às minorias – pró-democratas – na contagem da população. É algo que os republicanos querem tanto evitar que se veem forçados a fazer papel de idiotas: eles insistem que a maneira adequada de conduzir um recenseamento é o método menos preciso e mais caro.[8]

O Censo teve de se conformar em divulgar dois números populacionais para o Congresso a cada decênio: um cálculo corrigido por amostragem, usado pelos estatísticos e demógrafos que precisam usar dados precisos, e a contagem individual extremamente propensa a erros que o Congresso insistia em usar para redistribuir as cadeiras da Câmara. Quando, no fim da década de 1990, o Censo finalmente propôs apresentar ao Congresso somente seu melhor número corrigido por amostragem, os deputados republicanos logo abriram um processo judicial. Usar a técnica da amostragem para corrigir os números, argumentavam eles, era inconstitucional. A "verdadeira enumeração" exigida pela Constituição devia ser uma simples contagem individual intocada pela insensatez estatística, que poderia torná-la mais precisa.

O caso chegou até a Suprema Corte. A Associação Estatística Americana apresentou um informativo ao tribunal que esclarecia totalmente o caso: "Amostragens projetadas da maneira adequada em geral são um método melhor e mais preciso de obter esse conhecimento que uma tentativa inevitavelmente incompleta de levantar todos os membros de uma população. ... Não há base científica para rejeitar o uso de amostragem estatística no Censo do ano 2000." Mas a Suprema Corte discordou. Em uma decisão de cinco contra quatro – os cinco juízes mais conservadores de um lado e os quatro mais liberais do outro –, o tribunal decidiu que a amostragem era ilegal. A redistribuição de cadeiras na Câmara, por lei, tinha de se basear em números populacionais falhos e propensos a erros, que sub-representavam os eleitores das minorias.

Ainda que a decisão proferida tenha se esquivado da questão de saber se o uso da estatística contrariava ou não a Constituição – se a cláusula da "verdadeira enumeração" se referia apenas a uma contagem individual, e nada mais que isso –, não há dúvida de que a maioria conservadora se mostrou hostil ao conceito da amostragem. Em uma opinião contrária à amostragem emitida por Antonin Scalia, um dos juízes mais conservadores da Suprema Corte, o magistrado deixou bem claro que qualquer uso de técnicas estatísticas faria os Pais Fundadores dos Estados Unidos se revirarem na cova.

Scalia recorreu a dicionários do século XVIII para mostrar que a expressão "verdadeira enumeração" significava contar cada indivíduo, um a um. Ele citou o dicionário de Samuel Johnson, de 1773, por exemplo, que definia "enumerar" como "contar individualmente; relacionar distintamente; determinar o total". Aha! Contar individualmente! Scalia se agarrou a isso: ao usar o termo enumerar, os Pais Fundadores dos Estados Unidos queriam dizer contar cada pessoa, uma a uma. Assim, o Censo "exige uma contagem verdadeira, e não apenas uma estimativa numérica". Além disso, usar técnicas estatísticas "daria ao partido que controla o Congresso o poder de distorcer a representação a seu favor". Apenas contagens individuais, por mais imprecisas que sejam, estão livres de manipulação. Portanto, a amostragem é inconstitucional.

Esse é um argumento capcioso em vários aspectos. Em primeiro lugar, mesmo que o dicionário de Johnson fosse a chave para descobrir a intenção dos Pais Fundadores, a definição "determinar o total" seria tão válida quanto "contar individualmente". Além disso, a palavra "enumeração" estava lá por mero acidente. O termo foi inserido durante a revisão do texto constitucional dos Estados Unidos pelo Comitê de Estilo – um grupo que fazia pequenas alterações não significativas no documento, para corrigir a gramática e aumentar a clareza. O Comitê trocou a palavra "censo" por "enumeração", por motivos desconhecidos.[9] Portanto, esmiuçar nos mínimos detalhes a definição dicionarizada de "enumeração" é ignorar o fato de que os Pais Fundadores exigiram um "censo", e que "enumeração" entrou em seu lugar por questões de estilo.

O mais importante é que não há uma distinção clara entre "verdadeira contagem" e "estimativa". Como vimos, a contagem é uma forma de medida igual a qualquer outra, e, portanto, está sujeita a erros. Esses erros são inevitáveis; transformam até a melhor das contagens em nada além de uma estimativa, uma aproximação da verdade. Se existem outras técnicas de mensuração que produzem uma aproximação melhor da verdade, como a amostragem estatística, estas merecem mais o título de "verdadeiras" do a simples contagem. Afirmar o contrário é atribuir muita fé aos números propensos a erros provenientes da contagem de cabeças: é um ato de desestimação.

Finalmente, a ideia de que as contagens diretas são isentas de manipulação é falsa. Na verdade, até a contagem mais pura e imaculada do Censo dos Estados Unidos estará sujeita a algum tratamento estatístico. Não há como ser diferente. Os recenseadores devem ser capazes de manipular os dados usando ferramentas estatísticas, caso contrário, o Censo não seria significativo.

Imagine, por exemplo, que algum piadista, em Sitka, no Alasca, preencha o formulário de recenseamento dizendo que há 300 milhões de pessoas vivendo em sua casa. Se o recenseador o levasse a sério, isso faria com que o Alasca, de repente, se transformasse no estado mais populoso da União, com uma larga vantagem. De fato, metade dos membros da Câmara passaria a ser representante do domicílio deste senhor. Por sorte, nenhum recenseador é idiota o bastante para acreditar nisso. É óbvio que o entrevistado está mentindo – ele forneceu dados falsos ao Censo. Mas, o que os responsáveis pelo Censo podem fazer a respeito? A única escolha é limpar os dados de alguma forma – e, para fazer isso, é preciso empregar uma técnica estatística conhecida como "imputação".

Em uma imputação, um estatístico do Censo seleciona um dado que parece errado. (Qualquer um que diga ter 77 filhos ou 175 anos de idade, por exemplo, está provavelmente mentindo.) Então, o estatístico elimina a resposta questionável e a substitui por dados do Censo retirados de domicílios similares. O número de substituição é uma suposição, mas uma suposição embasada – e, sem dúvida alguma, está mais próximo da verdade que o dado falso eliminado. E, de fato, não há alternativa. Eliminar o dado – ou, numa atitude mais drástica, excluir todo um questionário do Censo – também é uma forma de imputação. O ato de eliminar um dado não deixa de ser uma substituição: o recenseador está substituindo uma informação (77 filhos) por outro dado (zero filhos). Uma resposta negativa ainda é uma resposta. Da mesma maneira, excluir um questionário do Censo equivale a imputar que um domicílio está vazio. Em vez de fazer más imputações simplesmente eliminando resultados dúbios, os encarregados do Censo preferem fazer uma suposição baseada nos dados mais recentes disponíveis, num processo conhecido como "imputação *hot decker*".[10] Os dados assim obtidos têm maior probabilidade de estar corretos, sendo menos danosos à validade dos resultados do Censo. A única outra opção – a única maneira de evitar totalmente a imputação – é levar todos os questionários do Censo ao pé da letra. Seríamos obrigados a registrar, sem questionamento, as respostas de cada mulher de 175 anos, de cada homem com 77 filhos e, claro, do senhor em Sitka que tem 300 milhões de pessoas em seu domicílio. Sem a imputação, os resultados do Censo tornam-se inválidos.

A decisão da Suprema Corte sobre a amostragem representou, na prática, o banimento do recurso a "truques estatísticos". A imputação, porém, é uma forma de truque estatístico e tem o respaldo dos responsáveis pelo recenseamento. Então, quando os resultados do Censo realizado no ano 2000 (sem amostragem!) foram divulgados, o estado de Utah, ao qual foi negada a chance de ter um representante extra no Congresso, moveu uma ação judicial contra o Censo. O governo do estado alegava que o uso da imputação no recenseamento era ilegal; em 2002, afinal, chegou à Suprema Corte.

O caso de Utah colocou a Corte diante de um dilema. Se determinassem que a imputação era inconstitucional, os juízes estariam privando os encarregados pelo Censo da possibilidade de corrigir dados capciosos. O piadista de Sitka, Alasca, poderia, teoricamente, invalidar toda a contagem. Entretanto, se o tribunal decidisse que a imputação era permissível, teria de encontrar um jeito de explicar por que uma técnica estatística – a imputação – era aceitável, enquanto outra – a amostragem – era ilegal.

Em mais uma decisão de cinco contra quatro – os liberais ganharam o apoio do em geral conservador presidente da Suprema Corte –, o tribunal decidiu escolher a segunda opção. O Censo teve permissão para continuar usando a imputação, pelo menos por enquanto. Contudo, a minoria caiu em cima da decisão, acusando os recenseadores de empregar "feitiçarias" estatísticas ilegais e talvez inconstitucionais. Sandra Day O'Connor escreveu que a imputação era simplesmente uma forma de amostragem, e portanto deveria ser banida. Clarence Thomas, em linhas gerais, repetiu o argumento de Scalia no caso de amostragem anterior (chegando até a reciclar as definições de dicionário de "enumeração"), mas foi um pouco mais longe. O magistrado insistiu que os Pais Fundadores estavam "bastante familiarizados com os métodos de estimação", e, portanto, haviam rejeitado explicitamente as sofisticadas técnicas usadas pelos estatísticos do Censo. (Considerando que tais técnicas foram desenvolvidas no século XX, isso teria sido uma proeza e tanto.) Thomas ainda repetiu o absurdo de que uma "verdadeira contagem" é fundamentalmente diferente de uma "estimativa", apesar de uma contagem *ser* uma estimativa. Mais uma vez, os juízes recorreram a falácias matemáticas para justificar o uso de números ruins em vez de números melhores – e para tentar garantir que certas pessoas fossem privadas de sua representação em virtude de um Censo propositadamente impreciso.

No momento em que este livro estava sendo escrito, os recenseadores começavam a trabalhar no Censo de 2010. As duas decisões da Suprema Corte transformaram a legislação censitária em um verdadeiro pandemônio. Existe a ideia de que algumas técnicas estatísticas são *kosher*, enquanto outras são ilegais, mas não há base real para diferenciar umas das outras. Os legisladores republicanos já estão se armando para questionar a validade do novo Censo. Anunciam que irão entrar com uma ação judicial antes mesmo que o primeiro questionário seja enviado pelo correio. Alguns vão além das ameaças. Em outubro de 2009, o senador pela Louisiana David Vitter – provavelmente mais conhecido pela ostensiva escolta que o acompanha – tentou forçar o Censo a reformular os questionários, introduzindo um quesito para saber se os pesquisados são naturais dos Estados Unidos. Se a proposta passasse, isso não somente iria custar uma enorme quantia em dinheiro (425 milhões de questionários teriam de ser jogados fora) e atrasar o início da pesquisa, mas ainda assustaria os não cidadãos, sobretudo os imigrantes ilegais, que temeriam participar do recenseamento. Isso era vergonhoso e produziria uma subestimativa ainda pior.[11] De forma previsível, a proposta foi derrotada por pequena margem de votos. Os democratas se opuseram, os republicanos apoiaram.

Contudo, uma nova temporada vai começar quando chegarem os resultados desse novo Censo. É quase certo que a nova década trará uma nova série de processos questionando os métodos do recenseamento, e, dada a configuração conservadora da Suprema Corte, é bastante possível que o primeiro Censo do século XXI, nos Estados Unidos, seja o primeiro totalmente despojado de todas as técnicas matemáticas desenvolvidas depois do século XVIII.

As falácias matemáticas minaram as próprias bases da democracia americana – os mecanismos que usamos para contar nossos cidadãos e garantir que todos estejam representados na república de maneira justa. A gerrymandra feita com o propósito de obter vantagens políticas é considerada aceitável, embora dilua os votos de alguns de nossos cidadãos. A amostragem estatística é considerada inaceitável, embora rejeitá-la force o governo a usar números que sabe serem imprecisos. Não importam quantos malabarismos intelectuais os legisladores e juízes façam para justificar suas posições, o fato se impõe: empregamos uma matemática ruim para negar aos nossos cidadãos – em sua grande parte, às nossas minorias – o voto que é do direito deles. Na democracia, não poderia haver pecado maior.

7. Realidades paralelas

"Acredito na existência de uma verdade objetiva, mas muitos leitores têm uma verdade objetiva diferente da minha."

CYNTHIA TUCKER, editora da seção de cartas do *Atlanta Journal-Constitution*

OS GOVERNOS NÃO CONSEGUEM alterar a realidade. Mas não é por falta de tentativas.

Os políticos questionam – e tentam mudar – qualquer fato que os desagrade, por mais incontestável que ele seja. Certa vez, o estado de Indiana chegou a ponto de tentar mudar o valor de pi.

Exatamente isso, aquele mesmo pi que conhecemos nas aulas de matemática – a razão entre o perímetro e o diâmetro de um círculo. Ao que parece, o senador de Indiana Taylor I. Record, instigado por um médico excêntrico, decidiu que o valor de pi (aproximadamente 3,14159) era inconveniente. Dificultava os cálculos. Portanto, devia ser modificado. Em 18 de janeiro de 1897, foi lançado o projeto de lei n.246 – caso aprovado pelas duas casas do Legislativo estadual e sancionada pelo governador, a proposta mudaria oficialmente o valor de pi para 3,2. O número antigo, "totalmente insatisfatório e enganoso", seria descartado, para glória da humanidade.

De início, o projeto foi muito bem-recebido. A comissão de educação deu carta branca para que a iniciativa fosse encaminhada ao plenário da Câmara, onde foi aprovado por unanimidade – 67 votos a 0. O próximo passo seria o Senado. A proposta foi enviada, de modo bem conveniente, à mesma comissão que tratava do consumo excessivo de bebidas alcoólicas, que a aprovou com entusiasmo. O projeto teria recebido a aprovação final do Senado, não fosse a intervenção do chefe do Departamento de Matemática da Universidade de Purdue, que explicou aos senadores por que a promulgação daquela lei transformaria Indiana em motivo de chacota. Após uma breve discussão – em que um senador exclamou que "poderiam também tentar criar uma lei para obrigar a água a subir pela encosta de uma montanha, já que se tratava de estabelecer verdades matemáticas por lei" –, o projeto de lei foi arquivado indefinidamente. As forças da realidade matemática conquistaram uma rara vitória.

A tentativa fracassada de reescrever as leis da natureza em Indiana foi absurda, mas não um incidente isolado. Nossos governos estão o tempo todo fazendo péssimo uso da matemática, das maneiras mais sutis, tentando proibir fatos embaraçosos ou inconvenientes. As negações mais incompreensíveis da realidade matemática vêm do ramo do governo que em tese deveria ser o guardião da verdade: o Judiciário.

Nossos tribunais estão infectados pelas falácias matemáticas. O conhecimento matemático e estatístico pode ser usado para libertar os que foram condenados por erro, para ajudar a condenar culpados e reduzir a parcialidade e a injustiça policial e judiciária. Contudo, os advogados de defesa recorrem a falácias matemáticas para libertar culpados, e os promotores lançam mão delas para condenar inocentes. Em todos os setores do sistema judiciário, argumentos matemáticos fajutos são usados para justificar a injustiça. O problema chega à mais alta instância; mesmo os juízes da Suprema Corte usam estatísticas enganosas para impor seus próprios objetivos políticos – a verdade e a justiça que se danem.

Nas mãos dos tribunais, as falácias matemáticas são armas de um poder aterrorizante. As realidades paralelas construídas pelos juízes determinam, literalmente, a diferença entre a vida e a morte.

O SISTEMA JUDICIÁRIO não pode ser totalmente livre de mentiras e distorções; afinal, os tribunais estão cheios de advogados. Para muitos, a lábia é uma virtude – para um advogado, um argumento capcioso pode ser tudo o que é preciso para livrar a cara de um cliente. E não há nada melhor para confundir um júri que as falácias matemáticas.

O famoso advogado Alan Dershowitz conquistou merecida reputação por deixar os promotores para trás. Seu melhor momento aconteceu em 1995, quando ele e sua equipe conseguiram absolver O.J. Simpson da acusação de duplo assassinato. Apesar da incrível quantidade de indícios que pareciam provar a culpa do réu, Dershowitz e seus colegas levantaram uma nuvem de fumaça, e seu cliente foi liberado das acusações. As falácias matemática foram um elemento-chave dessa nuvem.

Simpson havia sido preso alguns anos antes por espancar sua então esposa. Assim, quando ela foi morta a facadas, era natural considerá-lo um dos principais suspeitos. Dershowitz, no entanto, manipulando as probabilidades, conseguiu virar do avesso esse histórico incriminador. O advogado convenceu o júri de que o espancamento tornava ínfimas as chances de que seu cliente houvesse matado a ex-mulher; afinal, apenas um em cada mil homens que espancam suas esposas acabam assassinando-as. Um em cada mil! Uma probabilidade tão pequena significa que O.J. Simpson, com quase toda certeza, não é o assassino, certo?

É difícil expressar como esse argumento é absurdo. É o equivalente a transformar o fato de Simpson ter espancado a esposa – um claro indicativo de tendências violentas contra ela – em uma evidência exculpatória. Na verdade, a linha de raciocínio de Dershowitz é flagrantemente especiosa, pois não leva em consideração o fato de que ser assassinado é algo muito improvável. Uma chance em mil de uma mulher ser morta por um marido agressivo é uma proporção comparativamente enorme. Quando o cálculo das probabilidades é feito da maneira correta, fica evidente que, se uma mulher vítima de abuso é assassinada, é muitíssimo provável que o assassino seja aquele que a maltratou. (Usando suposições razoáveis, grupos diferentes de estatísticos calcularam que essa probabilidade é de mais de 50% – chegando talvez a 80%.) O argumento de Dershowitz não passava de um caso grosseiro de mau gerenciamento de risco; com um ágil jogo de cintura, o advogado confundiu o júri quanto à probabilidade de Simpson ser assassino e transformou uma evidência contundente em trunfo. Os jurados, pelo visto, foram levados na conversa. Simpson foi absolvido.

Embora tenha usado um argumento falso, que ajudou a mandar um provável assassino de volta à ruas, Dershowitz apenas fazia o seu trabalho. Os advogados devem lançar mão de todos os recursos jurídicos disponíveis para defender seus clientes. Eles são a última linha de defesa quando o governo tenta tirar a liberdade de alguém, e o preço de um sistema de defesa jurídico sólido, em algumas ocasiões, é deixar que criminosos permaneçam livres. Os advogados às vezes recorrem a falácias matemáticas para absolver seus clientes, mas este não é um pecado tão grave quanto usar argumentos falaciosos para pôr alguém atrás das grades.

Existe um ditado que diz: "Qualquer promotor pode condenar um homem culpado, mas é preciso um grande promotor para condenar um inocente." As falácias matemáticas são ferramentas maravilhosas para criar grandes promotores. Lançando mão de uma testemunha especializada que declame contrassensos matemáticos sob juramento, um promotor pode até fazer uma pessoa inocente parecer culpada.

Na Inglaterra, deu-se um caso famoso. A advogada britânica Sally Clark foi condenada, em 1998, pelo assassinato de seus dois filhos recém-nascidos. A condenação, em parte, se deveu ao espetacular testemunho do renomado pediatra sir Roy Meadow, que usou uma probabilidade enganosa para "provar" que os filhos da acusada não haviam sido vítimas da Síndrome da Morte Súbita Infantil (SMSI). Descartada a SMSI, ficava claro que Sally era a assassina.

Meadow ficou famoso na década de 1970 ao identificar um distúrbio que batizou de "Síndrome de Münchausen por procuração", transtorno mental em que os pais (geralmente a mãe) buscam atenção simulando – ou causando – doenças em uma criança. Sua carreira logo se transformou em uma cruzada para proteger as crianças de pais mentalmente perturbados. O médico demonstrava especial preocupação com a possibilidade de que muitas crianças com diagnósticos genéricos e vagos de SMSI houvessem sido, na verdade, assassinadas. O pediatra se mostrava tão cético quanto à condição que, em certo momento, sugeriu abandonar totalmente o termo SMSI.

Em 1996, o filho de Sally morreu pouco depois do nascimento, e o médico legista tratou o caso como SMSI. Mas, quando o segundo filho da advogada morreu, dois anos mais tarde, o legista mudou de ideia. Menos de um mês depois, a mãe das duas crianças foi acusada de assassinato em série: ela teria asfixiado o primeiro filho e sacudido o segundo até a morte.

Meadow foi uma testemunha-chave para a acusação, e ajudou a encerrar o caso com o atordoante dado estatístico de que a probabilidade de ocorrerem dois casos de SMSI na mesma família era de aproximadamente uma em cada 73 milhões; ou, como sir Roy formulou, era mais provável que um turfista acertasse quatro páreos de oitenta por um que a família da sra. Clark sofrer dois casos de SMSI. Tal coincidência, afirmava ele, só ocorreria na Grã-Bretanha uma vez a cada século. O júri considerou a ré culpada, e o juiz a sentenciou à prisão perpétua.

O problema era que o testemunho de Meadow não valia nada, era um exemplo de mau gerenciamento de risco. O número 1 em 73 milhões fora obtido pela multiplicação por si mesma da probabilidade de ocorrência de SMSI na família de uma mulher mais velha, não fumante e saudável (uma em 8.543). Infelizmente, os cálculos estavam muito inflados, e por diversos motivos. A SMSI parece ter um componente genético (além de ambiental). Assim, em uma família na qual se registre uma morte por SMSI, os riscos de um segundo caso são maiores – as chances ficam muito além de uma em 8.543 –, portanto, a probabilidade total é significativamente superior a uma em 73 milhões. Ainda mais grave é o fato de o número levar a conclusões equivocadas, similares às obtidas pela exploração das estatísticas no caso de O.J. Simpson. Isoladamente, a probabilidade de duas mortes por SMSI parece muito pequena, mas o procedimento estatístico adequado precisa compará-la à probabilidade de uma pessoa ser um assassino em série, que é ainda menor. Da mesma forma que uma mulher que já sofreu maus-tratos e acaba sendo assassinada tem mais chances de ter sido assassinada por quem a maltratou, o segundo filho de Clark tem mais chances de ter morrido de SMSI. A probabilidade astronômica calculada por Meadow foi muito superestimada, pois não levava em conta o contexto. Esse tipo específico de mau gerenciamento de risco é tão comum nos tribunais que passou a ser conhecido como "falácia do promotor". (Ver Anexo C para uma explicação detalhada sobre a falácia do promotor nos casos de Sally Clark e de O.J. Simpson.)

Por sorte, o testemunho de Meadow foi alvo de um protesto veemente por parte de alguns estatísticos de olhar aguçado. Um artigo enfurecido no *British Medical Journal*, intitulado "Condenação por erro matemático?", atacava os números de sir Roy; e, quando Sally foi derrotada no processo de apelação, o presidente da Royal Statistical Society escreveu ao lorde chanceler – então à frente do Judiciário da Inglaterra – declarando que o cálculo de um em 73 milhões era "inválido".

Em retrospecto, parece que a acusada era realmente inocente. Um fato que os promotores jamais divulgaram durante o julgamento de Sally foi que o segundo filho sofria de uma forte infecção estafilocócica no sistema nervoso central – esta, muito provavelmente, foi a causa de sua morte. A segunda apelação da ré, em 2003, foi bem-sucedida, e três outras mulheres que haviam sido condenadas com a ajuda do testemunho de Meadow também foram libertadas.

Os promotores contam com testemunhas especializadas, como Roy Meadow, para apresentar aos júris fatos – reais ou fabricados – que ajudariam a sustentar seus argumentos. O especialista certo pode facilitar a remoção até das maiores barreiras jurídicas. No Texas, um condenado só pode receber a pena de morte se os jurados estiverem convencidos de que ele continuaria a cometer atos violentos e representaria uma ameaça à sociedade. Isso deve ser algo relativamente difícil de provar – a menos que se possa contar com a colaboração de testemunhas especializadas, como o psiquiatra James Grigson. Ele foi apelidado de "Doutor Morte", porque adentrava os tribunais para declarar que um condenado era sociopata e que seria quase certo que voltaria a matar, abrindo caminho para a aplicação da pena capital. O psiquiatra fez isso repetidas vezes – mesmo em casos nos quais a pessoa errada fora condenada.[1]

O caso do assassino Thomas Barefoot é um exemplo de como Grigson usou falácias matemáticas para influenciar os jurados. No caso de Barefoot, Grigson nem concedeu ao réu a cortesia de um exame psiquiátrico antes de testemunhar, diversas vezes, que tinha 100% de certeza de que o criminoso voltaria a matar. Não importava se Barefoot estivesse na prisão ou se fosse libertado – Grigson podia dizer com perfeita certeza que Barefoot mataria novamente. Este é um impressionante caso de mau gerenciamento de risco. Grigson não poderia, de maneira alguma, ter tanta certeza. Entretanto, seus testemunhos confiantes costumavam impressionar os jurados – e foi o que aconteceu. Barefoot recebeu a sentença de morte. O caso chegou à Suprema Corte.

A American Psychiatric Association redigiu um informe que expunha a falta de fundamento do trabalho de Grigson:

> O grande volume de pesquisas nessa área indica que, mesmo sob as melhores condições, previsões psiquiátricas de periculosidade futura de longo prazo estão erradas em pelo menos dois de cada três casos. …
>
> O uso de testemunhos de psiquiatras nessa questão causa sérios prejuízos ao réu. Manipulando os dados estatísticos com a opinião de um "especialista", o testemunho de um psiquiatra pode receber peso indevido. Além disso, permite que o júri evite problemas estatísticos difíceis, procurando refúgio em um diagnóstico médico que fornece uma falsa aura de certeza.

Em outras palavras, as previsões de Grigson valiam menos que nada, porque eram opiniões questionáveis disfarçadas de certeza matemática. Na melhor das hipóteses, o psiquiatra era culpado de mau gerenciamento de risco, já que deturpava a probabilidade de um condenado voltar a matar. É mais provável que suas previsões fossem um total absurdo, sem qualquer base racional; eram números de Potemkin.

Três juízes da Suprema Corte ficaram estarrecidos com as falácias matemáticas de Grigson:

> Um leigo com acesso às estatísticas pertinentes ao caso poderia se sair pelo menos tão bem quanto o Doutor Morte, ou até melhor; a formação psiquiá-

> trica não é relevante para a análise dos fatores que podem ser validamente empregados em tais previsões, e os psiquiatras exibem uma tendência consistente a errar, prevendo uma violência maior que a de fato verificada. ... Apesar de sua suposta capacidade de prever o comportamento futuro de Barefoot "com razoável certeza psiquiátrica", ou "com uma certeza de 100% e absoluta", a chance de estarem certos não era maior do que uma em três.

Mas, para azar de Barefoot, os outros juízes rejeitaram o argumento da American Psychological Association: "Sugerir que não se deve apresentar o testemunho de nenhum psiquiatra com respeito à periculosidade futura de um réu é como nos pedir para desinventar a roda", escreveram os juízes que formavam a maioria. O emprego de dados duvidosos era tão importante para o processo que não se podia prescindir de tal prática. Além disso, o testemunho era aceitável, segundo os juízes, porque os psiquiatras não estavam "sempre errados no que dizia respeito à periculosidade futura, só na maioria das vezes".

Quatro meses mais tarde, pouco depois da meia-noite do dia 30 de outubro de 1984, Thomas Barefoot disse: "Sharon, diga adeus a todos os meus amigos. Você sabe quem são: Charles Bass, David Powell". Barefoot tossiu uma última vez e então calou-se. Foi declarado morto – executado por injeção letal – às 0h24min.

Barefoot não era flor que se cheirasse e tinha uma longa ficha de antecedentes criminais. Havia baleado um policial durante uma fuga e era suspeito de ter estuprado uma menina de três anos no Novo México. É bem possível que sua pena tenha sido merecida, mas, nesse caso, os promotores não precisariam recorrer a nenhuma falácia matemática para aplicá-la. Contudo, eles o fizeram, e não somente no caso de Barefoot. Muitas vezes a promotoria contava com Grigson para despachar seus casos de pena de morte, recorrendo a ele para construir realidades paralelas em que cada pessoa condenada por assassinato era um assassino serial latente, doido para matar de novo. Por mais de três décadas, o psiquiatra serviu de testemunha especializada em centenas[2] de julgamentos onde estava em jogo a pena capital. Na maioria deles, declarava que o condenado era um sociopata que merecia a morte – às vezes sem nem se dar ao trabalho de examinar o paciente. Os serviços de Grigson eram bem-remunerados. Consta que, em meados da década de 1980, o especialista ganhava US$ 100 por hora para oferecer seu testemunho em casos de pena de morte. Em 1995, a American Psychological Association e a Texas Society of Psychiatric Physicians expulsou Grigson por violação da ética, mas os promotores continuaram a considerá-lo indispensável. Eles continuavam a chamá-lo aos tribunais – onde, ao que parece, uma conduta antiética não é nada de muito grave – a fim de mandar pessoas para o corredor da morte. Grigson continuou testemunhando nos tribunais até se aposentar, em 2003.

Há muitos outros como Meadow e Grigson por aí, gente que recorre a falácias matemáticas para condenar pessoas ou sentenciá-las à morte. Quando o absurdo é intencionalmente vestido com o manto da verdade absoluta – por meio da falácia do promotor, de testemunhas especializadas ou de qualquer outro método –, o sistema de justiça vai sendo, pouco a pouco, solapado.

Quando há matemática envolvida, o caos impera nos tribunais. Vale tudo. Qualquer argumento matemático, até o mais capcioso, tem chances de ser aceito por um juiz que não esteja alerta. Se for do agrado dele, um juiz pode até recorrer a falácias matemáticas tiradas da própria cabeça para fazer valer sua opinião.

Um bom exemplo disso é a sentença proferida há alguns anos por um juiz da corte distrital de Washington D.C., em um caso de pouca importância. O processo tratava de uma ferrovia desativada que atravessava duas pequenas cidades no Missouri. O Surface Transportation Board – órgão responsável pela regulamentação ferroviária – havia autorizado o início das operações na linha férrea com dois trens por dia. No entanto, os moradores das cidades atravessadas pela linha moveram uma ação judicial porque a ferrovia não avaliara o impacto ambiental dos trens. Essa avaliação é (ou parece ser) obrigatória quando se registra "aumento de pelo menos 100% no tráfego" ferroviário. Isso foi suficiente para que o juiz perdesse a linha:

> As cidades acreditam que um aumento de tonelagem zero para uma tonelagem bruta equivalente a 520 trens por ano (dez por semana) representaria um "aumento de pelo menos 100% no tráfego ferroviário". É um mistério como isso foi calculado. A regulamentação suscita a seguinte pergunta: qual o aumento percentual na linha adquirida? Suponhamos que houvesse cem toneladas por ano antes da aquisição, e duzentas toneladas depois. Não é preciso ser nenhum Richard Feynman para perceber que estas duzentas toneladas superam em 100% as cem toneladas anteriores. Esse percentual é obtido pela fórmula $100 \times (a/b)$, onde a é igual ao aumento na tonelagem pós-aquisição (cem toneladas), e b é igual à tonelagem pré-aquisição (cem toneladas). Mas há um problema quando b é igual a zero, como acontece aqui. Pois, nesse caso, o cálculo envolveria uma divisão por zero. Contudo, como os matemáticos sabem, "não se pode legitimamente dividir por zero". Essa divisão não tem nenhum significado.

O magistrado insistia que as cidades estavam dividindo por zero e, portanto, estavam erradas em pedir uma avaliação de impacto ambiental.[3]

Apesar de todos os seus paroxismos sobre paradoxos lógicos, o juiz estava construindo uma realidade paralela na qual um problema matemático cuja resposta era bastante simples se transformava numa questão insolúvel. Bastaria fazer três perguntas. Primeira: existe um aumento no tráfego de trens na linha? (Sim. A circulação está passando de zero para dois trens diários.) Segunda: o que seria um aumento de 100% sobre o tráfego atual na linha? (Seria zero trens: 100% vezes zero é zero.) As respostas dessas duas perguntas permite que se faça uma terceira e crucial pergunta: o aumento no tráfego de trens na linha é maior ou igual a um aumento de 100% sobre o tráfego atual? (Sim. Dois é maior que zero.) Logo, a resposta da terceira pergunta é sim, a regulamentação foi cumprida – de fato, há um aumento no tráfego de trens de pelo menos 100%, portanto, sim, é preciso fazer uma avaliação de impacto ambiental.[4] Não são necessários joguinhos lógicos mirabolantes

Os tribunais são péssimos nas questões de verdade matemática ou científica. Não raro, a realidade paralela das falácias matemáticas prevalece sobre a realidade genuína. Charlie Chaplin descobriu isso da maneira mais difícil, em 1944, quando Joan Berry, uma jovem mentalmente instável, o acusou de ser pai de sua filha. A coisa estava ruim para o lado de Chaplin – ele admitia haver mantido relações sexuais com Joan, mas afirmava que o caso terminara meses antes de a criança ser concebida. Além do processo de investigação de paternidade, Chaplin era acusado de crime federal. Como a suposta relação amorosa havia ocorrido em Nova York, o governo o acusava de violar a lei de Mann – transportar uma mulher de um estado a outro com "fins imorais". (O processo provavelmente foi motivado, pelo menos em parte, pelo fato de o FBI ter rotulado Chaplin de simpatizante do comunismo.)

Logo no início do julgamento, Chaplin deu uma tremenda sorte. Os médicos testaram seu sangue, o da mãe e o da filha, e provaram, de forma irrefutável, que Chaplin não era o pai. O tipo sanguíneo da criança – tipo B – não poderia ter sido produzido por uma união entre Chaplin (que tinha sangue tipo O) e Berry (que tinha tipo A). Como os médicos declararam em depoimento, "o resultado desses testes de grupo sanguíneo é que, de acordo com as difundidas leis da hereditariedade, este homem, Charles Chaplin, não pode ser o pai da criança, Carol Ann Berry". A menos que tivesse ocorrido algum erro no resultado dos testes (que facilmente poderiam ser repetidos se houvesse qualquer suspeita de má conduta), havia quase 100% de certeza de que o verdadeiro pai era um desconhecido de sangue tipo B ou AB. Chaplin era claramente inocente das acusações.

Não importava. O promotor – e os tribunais – rejeitou a ideia de que os testes sanguíneos eram conclusivos e prosseguiram com o julgamento, usando evidências científicas, como um teste de "similaridade física", pelo qual os jurados observavam o bebê e determinavam se ele se parecia ou não com Chaplin. As acusações de violação da lei de Mann acabaram levando primeiro a um julgamento nulo e depois a uma absolvição. Contudo, na investigação de paternidade, ele foi considerado o pai. A verdade do tribunal – a verdade jurídica – foi que Chaplin era o pai do bebê de Joan Berry, apesar de a verdade, com uma certeza matemática quase absoluta, afirmar o contrário. E tanto os promotores quanto os juízes sabiam disso.

Um sistema judicial realmente justo trataria como sagradas as evidências que podem mostrar, com baixíssima probabilidade de erro, que uma pessoa acusada é inocente. Nosso sistema não é assim. Em 2009, por exemplo, a Suprema Corte determinou, por cinco votos a quatro, que William Osborne, condenado por estupro, não teria direito a obter o teste de DNA de alta qualidade que poderia absolvê-lo. Nas palavras dos juízes favoráveis ao exame: "O teste de DNA que Osborne quer fazer é simples, seu custo é modesto, e o resultado é inequivocamente preciso. Contudo, por motivos que o Estado não tinha capacidade ou disposição de articular, impediu-se que Osborne fizesse o teste arcando ele mesmo com as despesas e, assim, constatando a verdade de uma vez por todas." Mesmo assim, o pedido foi negado.

Ainda que a vida de um condenado esteja em jogo, os tribunais estão dispostos a tapar os ouvidos para evidências que comprovariam a inocência. Em 1993, a Suprema Corte determinou que Leonel Herrera, condenado pelo assassinato de dois policiais, não tinha direito a outro julgamento. O réu foi impedido de apresentar provas novas e convincentes – inclusive um bilhete do advogado da pessoa que provavelmente matou os policiais – que poderiam mostrar sua inocência. Herrera foi executado por injeção letal quatro meses depois.

Infelizmente, não há lugar onde as falácias matemáticas sejam mais evidentes do que em casos de pena de morte. A máquina da morte é lubrificada com mentiras.

No OUTONO DE 1986, apenas quatro meses depois de nomeado para a Suprema Corte, Antonin Scalia enfrentou um delicado problema numérico. Scalia, defensor convicto da pena capital, recebeu evidências perturbadoras de que o modo como a pena de morte era administrada nos Estados Unidos – ou pelo menos na Geórgia – era inconstitucional.

Tais evidências formavam o cerne de um caso que tinha chegado até a Suprema Corte, *McCleskey vs Kemp*. O solicitante, Warren McCleskey, fora condenado por balear um policial no rosto com uma pistola de calibre 38, matando-o, durante o roubo de uma loja de móveis. O criminoso havia sido sentenciado à morte.

O caso nada tinha a ver com inocência. Sem a menor sombra de dúvida, o condenado era culpado pela participação em um assalto a mão armada; o próprio McCleskey admitia isso, embora negasse que havia sido ele quem puxara o gatilho da arma que matou o policial. Mas a questão era um pouco mais sutil. O réu argumentava que não deveria ser executado porque, na Geórgia, onde fora julgado, a aplicação da pena capital era racista. McCleskey dispunha de estatísticas que provavam isso, graças ao professor da Universidade de Iowa David Baldus, que analisara quase 2.500 casos de assassinato na Geórgia, procurando padrões.

E os encontrou. Baldus usou a análise de regressão na tentativa de descobrir que fatores eram responsáveis por um criminoso ser condenado à morte na Geórgia. Foi um esforço hercúleo. O professor pesquisou elementos como: se o condenado havia ou não resistido à ordem de prisão; se a vítima havia ou não sido esfaqueada diversas vezes; se o condenado tinha ou não estuprado a vítima; enfim, todo tipo de circunstância que poderia influenciar um promotor a pedir a pena de morte ou um juiz e o júri a aplicá-la. Assim como qualquer análise de regressão (sobretudo aquelas com grande número de variáveis), o trabalho de Baldus estava longe de ser perfeito. Entretanto, quando os números foram analisados, identificou-se um fator que saltava aos olhos: a raça.

Os promotores pediam a pena de morte com muito maior frequência se a vítima do crime fosse branca, e não negra. Naturalmente, isso significava que qualquer pessoa condenada por matar um branco teria maior probabilidade – em torno de quatro vezes mais chances – de ir para a cadeira elétrica do que alguém que houvesse matado um negro. Isso era uma prova contundente da existência de um preconceito racial nos tribunais. Havia outras evidências, também: os condenados negros tinham mais chance de receber a sentença de morte que os brancos, principalmente quando se tratava de crimes de negros contra brancos. (Entretanto, os dados que sustentam isso eram um pouco menos claros, em especial porque as estatísticas anteriores e posteriores a uma decisão de um importante caso de pena capital, em 1972, eram bem diferentes.) Embora o estudo de Baldus apresentasse algumas falhas, aquela era uma evidência extremamente inquietante de que a justiça não era cega quanto à cor da pele dos cidadãos.

Para um fervoroso defensor da pena de morte como Scalia, o estudo de Baldus representava uma grave ameaça. No momento em que a corte reconhece que a pena de morte é aplicada de maneira racista, a sentença passa a ser inconstitucional. A décima quarta emenda garante que todos os cidadãos são iguais perante a lei, portanto, se os afro-americanos estão recebendo sentenças diferentes no tribunal, existe aí uma óbvia violação da Constituição.

O que aconteceu depois serve de exemplo cabal de como a Suprema Corte – e Scalia em especial – recorre a falácias matemáticas para manter viva a pena de morte nos Estados Unidos. Em uma decisão de cinco contra quatro, o tribunal invalidou o estudo de Baldus. Para isso, os juízes se basearam na colheita de cerejas técnica (e muitas vezes mal-orientada) realizada pela corte distrital da Geórgia, que apontava problemas na análise de regressão. Assim, a maioria dos membros do tribunal levantou dúvidas sobre se Baldus havia mesmo encontrado algum indício real de racismo. Mesmo que tais indícios houvessem sido encontrados, isso talvez não bastasse para convencer os juízes. A Suprema Corte decidiu que, "para se beneficiar da cláusula da igualdade de proteção, McCleskey precisaria provar que os responsáveis pela decisão em *seu* caso haviam agido com intenção discriminatória. Ele não oferece nenhuma evidência específica quanto ao seu próprio caso que sustente a inferência de que considerações raciais tenham desempenhado algum papel na sentença. Em vez disso, o reclamante conta somente com o estudo de Baldus." Isto é, para o condenado, não basta mostrar que as cartas não lhe favorecem, é preciso provar que o crupiê trapaceou naquela rodada específica. Estamos, na melhor das hipóteses, diante de um caso de jurisprudência questionável.

Em um momento de sinceridade, a Suprema Corte admitiu que o recurso do sentenciado jamais seria aceito, em parte porque "McCleskey está questionando decisões referentes ao cerne do sistema de justiça criminal do Estado". Se estivesse correto, o estudo de Baldus teria graves implicações para os tribunais da Geórgia, pois revelaria um racismo disseminado que lançaria dúvida sobre muitas das decisões judiciais ao longo dos anos. Tal conclusão era tão prejudicial que os juízes tiveram de se fechar diante dessa possibilidade. Foi preciso construir uma realidade paralela, na qual a pesquisa do professor tinha erros fatais e em que o sistema de justiça da Geórgia era completamente justo, não importando a raça da vítima ou do réu.

Scalia não foi o responsável pela redação do acórdão. Essa honra coube ao juiz Lewis Powell. Entretanto, o papel de Scalia merece atenção especial graças a um memorando que veio a lume vários anos depois da decisão do caso McCleskey. No documento, datado de 6 de janeiro de 1987, alguns meses antes de a decisão ter sido tomada, Scalia expressou a opinião de que o estudo de Baldus seria válido, e que os tribunais, de fato, eram racistas: "Por acreditar que a operação inconsciente de simpatias e antipatias irracionais, inclusive raciais, em decisões do júri e (portanto) da promotoria, é real, reconhecida pelos [casos] deste tribunal e inerradicável, não posso honestamente dizer que tudo de que preciso são mais provas."

Essa foi uma declaração chocante. Na cabeça de Scalia, o caso estava decidido. Não importava que quantidade de provas lhe fosse apresentada; ele já havia aceitado o fato de que a aplicação da pena de morte pelo tribunal da Geórgia sofria de uma distorção racial. Simplesmente não importava. A máquina da morte devia continuar funcionando sem entraves. Mas, em vez de admitir isso, Scalia se juntou à maioria de Powell, atacando o estudo de Baldus e exigindo provas mais contundentes do que as que poderiam ser obtidas a partir dos números da pesquisa. O memorando de Scalia mostra o nível de cinismo de que o juiz então recém-nomeado era capaz. Embora acreditasse no estudo de Baldus, o magistrado o atacou, fazendo uma colheita de cerejas ao ressaltar suas falhas e ignorar seus méritos. Apesar de saber que o sistema de pena capital da Geórgia era racista, exigiu um nível de prova impossível de um réu que estava lutando por sua vida. O texto assinado por Scalia desmascara suas falácias matemáticas.

McCleskey foi para a cadeira elétrica em 25 de setembro de 1991. Powell deixaria a Suprema Corte alguns meses depois de assinar a decisão do caso. Anos mais tarde, um biógrafo perguntou a Powell se mudaria seu voto em qualquer de suas decisões. A resposta imediata foi: "Sim, *McCleskey vs Kemp*." Powell, assim como alguns de seus colegas juízes, tinha chegado à conclusão de que a pena de morte não era viável no sistema judiciário americano, profundamente falho. Nos anos que se seguiram à análise de Baldus, a hipótese do preconceito racial se fortaleceu. Diversos outros estudos foram publicados, mostrando padrões similares em casos de pena capital. Um relatório governamental de 1990, que analisou 28 estudos, mostrou, haver, em tempos recentes, "um padrão de evidência indicando disparidades raciais na acusação, sentença e imposição da pena de morte".

Scalia, por sua vez, permanece impassível diante dos novos dados. Se algo mudou, foi que sua defesa da pena de morte tornou-se ainda mais acentuada – e mais dependente de falácias matemáticas do que nunca.

VINTE ANOS DEPOIS DA DECISÃO, Scalia e seu adversário liberal John Stevens eram os únicos participantes do caso *McCleskey vs Kemp* que continuavam em seus cargos. Agora ele dependia ainda mais de argumentos matemáticos falsos do que quando havia sido nomeado para a Suprema Corte. Em 2008, Scalia foi pego em flagrante por dois pesquisadores. O magistrado recebeu uma reprimenda pública dos estudiosos por fazer mau uso do trabalho deles no julgamento do processo *Baze vs Rees*.

No caso em questão, o assassino condenado Ralph Baze moveu uma ação para impedir sua execução, alegando que a injeção letal era uma punição cruel e incomum, e, portanto, violaria a oitava emenda. Por sete votos a dois, o tribunal rejeitou a apelação. Entretanto, o julgamento foi o estopim de um desentendimento entre Scalia e Stevens. Embora ambos os juízes houvessem votado com a maioria e concordassem que a injeção letal não violava a oitava emenda, os dois discordavam quanto ao efeito dissuasivo da pena – se o fantasma de uma condenação à morte evitava ou não que alguns criminosos cometam crimes capitais.

Stevens mantinha-se cético quanto à possibilidade de a pena capital ter um efeito dissuasivo eficaz. "A legitimidade da dissuasão como uma justificativa aceitável para a pena de morte também é questionável, na melhor das hipóteses", escreveu o magistrado. "Apesar de trinta anos de pesquisas empíricas na área, ainda não há evidências estatísticas confiáveis de que a pena capital de fato dissuada criminosos em potencial." Para Scalia, tais palavras soavam como uma provocação. Citando um artigo então recém-publicado no periódico *Stanford Law Review*, ele redigiu uma opinião divergente, na qual afirmava que "a análise do juiz Stevens praticamente ignora as 'significativas evidências recentes de que a pena capital pode muito bem ter um efeito dissuasivo, possivelmente bem forte'".

Na realidade, Scalia selecionava os dados em uma colheita de cerejas, ignorando, de forma conveniente, o fato de que também foi apresentada boa quantidade de evidências contrárias. Naquela mesma edição do periódico, os autores do estudo reconheciam não ser capazes de concluir que a pena capital já teria demonstrado um efeito dissuasivo. Na melhor das hipóteses, a capacidade dissuasiva das execuções era ambígua. No entanto, Scalia escolhia manipular os dados de modo a criar a impressão de que a maioria das evidências indicava um efeito dissuasivo. Pouco depois da decisão do caso *Baze vs Rees*, um dos autores do estudo o desafiou. Como coautor de um artigo publicado no *Washington Post*, o cientista acusou Scalia de deturpar sua pesquisa: "Em resumo, a melhor leitura dos dados acumulados é a de que esses não estabelecem um efeito dissuasivo para a pena de morte."[5]

Para Scalia, aquela foi uma humilhação extraordinária. O juiz foi pego com a boca na botija, colhendo cerejas. E justamente pelos autores do estudo de onde extraíra os dados a seu favor. Mas *Baze vs Rees* não é o exemplo mais flagrante da tendência de Scalia às falácias numéricas. Sua opinião em outro caso de pena de morte, *Kansas vs Marsh*, é um atordoante exemplo de absurdo jurídico – um julgamento em que uma grande e alarmante mentira numérica foi usada para mandar um prisioneiro para a morte.

Michael Lee Marsh foi condenado por um crime particularmente brutal. O criminoso invadiu a casa de Marry Ane Pusch e ficou de tocaia, esperando que ela voltasse para casa. Quando ela voltou, ele a baleou e cortou sua garganta. Ao sair, ateou fogo na casa, deixando o bebê de Pusch ser queimado vivo. Ele foi considerado culpado e recebeu sentença de morte.

O caso de Marsh dependia de um dado técnico sobre as diretrizes de sentenciamento, isto é, sobre o modo como o estado do Kansas, onde Marsh fora condenado, pesava as circunstâncias atenuantes e agravantes do crime. Em 2006, a Suprema Corte reverteu a decisão de um tribunal inferior que havia concedido novo julgamento a Marsh. Por cinco a quatro, os juízes restabeleceram a pena de morte que havia sido descartada. Em seu entendimento divergente, os quatro juízes de voto vencido citaram algumas evidências de que o número de condenações equivocadas era "fora do comum e, sem dúvida, desmesuradamente alta em casos capitais", incluindo um artigo recente publicado no periódico *Journal of Criminal Law and Criminology*, em que eram listados 340 prisioneiros (nem todos no corredor da morte) inocentados entre 1989 e 2003.

Scalia lançou um violento contra-ataque sobre o que ele chamou de "o hipócrita dedo em riste das forças antipena de morte". Sua argumentação baseava-se numa escandalosa falácia matemática. O magistrado afirmava que o sistema judiciário seria quase completamente à prova de erros: a taxa de erros em enganos criminais seria de ínfimos 0,027%. É um número impressionante – se fosse verdadeiro, significaria que os júris e juízes têm uma habilidade sobre-humana de evitar que inocentes acabem atrás das grades.

A cifra havia sido extraída de um artigo publicado seis meses antes pelo *New York Times*. Assinado por Joshua Marquis, promotor do Oregon, o texto atacava o estudo que mencionava os 340 prisioneiros inocentados e chegava ao número de 0,027% a partir de cálculos grosseiros:

> Conceda-se, então, ao professor o benefício da dúvida: suponhamos que ele tenha subestimado o número de inocentes por aproximadamente um fator de dez, isto é, que em vez de 340 tenham sido 4 mil os presos sem nenhum tipo de envolvimento com o crime. Durante esses mesmos quinze anos, houve mais de 15 milhões de condenações criminais em todo o país. Isso geraria a taxa de erro de 0,027% – ou, em outras palavras, uma taxa de acerto de 99,973%.
>
> A maioria dos setores da economia desejaria contar com tal histórico de eficiência.

Este é um cálculo espantosamente incorreto. O principal problema é o raciocínio falacioso: ao calcular a taxa de erro judiciário, leva em conta todas as 15 milhões de condenações criminais registradas no país. Temos aqui uma comparação de bananas com laranjas, pois a maior parte dessas condenações nunca teve a possibilidade de ser revista, ainda que talvez fossem indevidas. Para calcular a taxa de erro real, teríamos de analisar cuidadosamente quais desses 15 milhões de casos deveriam entrar no cálculo. Não é uma tarefa fácil.

Em primeiro lugar, nem todos os crimes são iguais. Os condenados por emissão de cheques sem fundos, chantagem e outros delitos não violentos tendem a sair da prisão com relativa rapidez. É aos crimes violentos, como estupro e assassinato, que se impõem as sentenças mais longas. São os condenados a penas de maior duração que recebem o auxílio de advogados pro bono e de grupos como o Innocence Project, e talvez tenham suas condenações revogadas. Estupros e assassinatos são apenas uma pequena porcentagem dos crimes cometidos anualmente (em 2002, 0,6% das condenações criminais foram por assassinato e 3,3% por estupro ou agressão sexual). No entanto, assassinato, estupro e agressão sexual representavam 326 das 340 revogações listadas pelo *Journal of Criminal Law and Criminology*. Ou seja, a grande maioria das sentenças revistas é retirada de menos de 4% do total de crimes. Essas 600 mil pessoas condenadas por assassinato, estupro e agressão sexual são aquelas cujos casos podem ter revisão – em virtude de um alto nível de escrutínio e das sentenças mais longas. É esse o tipo de condenação que deveria entrar no cálculo de Marquis, e não os 15 milhões de condenações de todos os tipos.

No entanto, mesmo esse número de 600 mil crimes é enganoso. Para começar, a cifra inclui muitos casos em que nem sequer houve julgamento. Se quisermos descobrir a proporção de pessoas condenadas erroneamente, devemos considerar apenas os condenados que se declaram inocentes, excluindo os que admitem a culpa. Em 2002, mais de 90% daqueles que foram presos por estupro ou agressão sexual assinaram uma confissão de culpa; quase 70% dos assassinos fizeram o mesmo e admitiram a culpa. O cálculo da taxa de erro deve excluir esses criminosos, deixando apenas cerca de 80 mil casos passíveis de revisão.

Esse número é obviamente bem menor do que os 15 milhões originalmente incluídos por Marquis. Repetindo os cálculos, agora com a substituição dos 15 milhões totalmente descabidos por 80 mil, obteríamos uma taxa de erro de aproximadamente 5%, e não mais de 0,027%. É possível que uma em cada vinte condenações esteja errada.[6]

Essa é apenas uma cifra aproximada, claro, mas é provável que não esteja muito longe da verdade. Há vários estudos que tentam calcular de maneira confiável o número de condenações errôneas, e os resultados desses trabalhos não diferem muito disso. Por exemplo, um artigo de 2007 analisou condenações por estupro seguido de assassinato que haviam sido esclarecidas por testes de DNA – uma prova indubitável de que as sentenças eram equivocadas. Os dados indicam que entre 3% e 5% dessas condenações eram indevidas.

A imagem pintada por Scalia, de um sistema judiciário quase perfeito, que condena um criminoso erroneamente apenas em 0,027% dos casos, é absurda. Nem o próprio magistrado ignora esse fato. Scalia é sofisticado o bastante para compreender quão falho é o sistema judiciário. O juiz sem dúvida percebe que um esforço humano tão confuso e subjetivo quanto um julgamento criminal jamais poderia estar correto 99% das vezes, muito menos 99,97%, como ele mesmo afirmou. Scalia tinha ciência de que a cifra de Marquis era um número de Potemkin, mas fez uso dela mesmo assim.

A falácia matemática de Scalia servia a uma finalidade definida e cínica. O terrível fato de que o sistema judiciário é imperfeito e a possibilidade de que 5% das pessoas que estão no corredor da morte não tenham cometido o crime pelo qual foram condenadas são contrários aos interesses dos defensores da pena capital. O enorme número de erros em nossos tribunais faz da concretização de uma execução – de um erro irreversível – algo difícil de justificar. A única maneira de contornar este terrível fato é fingir que as coisas não são assim. Scalia usou seu número de Potemkin para construir uma realidade paralela. Nesse universo paralelo, o sistema judiciário é praticamente infalível. Nenhum inocente que não o mereça jamais será morto. E, todas as noites, os juízes dormem um sono tranquilo.

8. Propaganda baseada em números

"O homem moderno precisa se relacionar a fatos, uma autojustificativa para convencer a si mesmo de que, agindo de certa maneira, está seguindo a razão e as experiências comprovadas. ... O problema é produzir uma reação irracional a partir de elementos racionais e factuais. Essa resposta deve ser alimentada de fatos, esses frenesis devem ser provocados por provas rigorosamente lógicas."

Jacques Ellul, *Propaganda*

Todo dia às cinco da tarde, em um edifício de concreto reforçado, a alguns quarteirões do rio Saigon, o Pentágono bombardeava os jornalistas com números, na esperança de convencer a imprensa de que os americanos estavam vencendo a Guerra do Vietnã.

Não bastava que os generais declarassem estar vencendo a guerra. Os repórteres eram céticos demais quanto à natureza humana para acreditar em autoridades militares. Os jornalistas exigem fatos objetivos, verdades verificáveis que possam ser usadas para sustentar uma história fraca. Sabendo disso, o Pentágono começou a fornecê-las.

Os informes traziam um amontoado de números e estatísticas. Oficiais e autoridades recitavam uma ladainha sobre contagens de corpos, números de armas capturadas, número de soldados em diferentes cenários de guerra – qualquer informação quantificável que pudesse ajudar a provar que as forças americanas estavam fazendo progresso, independentemente de quão ridículos fossem esses números. O Pentágono inventou um "Sistema de Avaliação de Vilarejos" para quantificar as partes da região rural

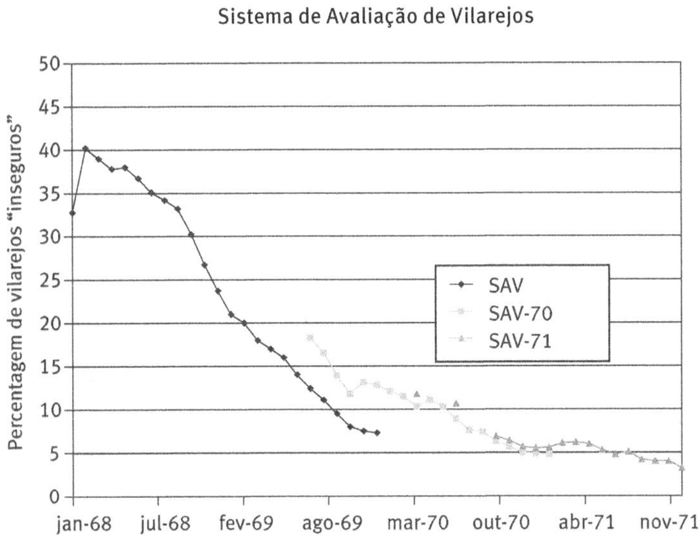

FIGURA 16 A marcha dos Estados Unidos rumo à vitória no Vietnã, segundo o Sistema de Avaliação de Vilarejos.

sul-vietnamita que já haviam sido "pacificadas" – estavam sob o controle dos Estados Unidos e do Vietnã do Sul – e orgulhosamente relatava os números para a imprensa. A cada mês, as cifras aumentavam, mostrando que as forças do governo lentamente venciam a guerra. Ano após ano, o número de povoados sob controle continuava a subir em ritmo constante, e o número de aldeias controladas pelos vietcongues continuava a cair, demonstrando um progresso lento e contínuo. Até que nossa inevitável derrota levou tudo por água abaixo.

Os jornalistas mais espertos, aqueles que saíam de Saigon e visitavam as tropas nos campos de batalha, viam que a situação se deteriorava cada vez mais, não melhorava. Perceberam que as estatísticas oficiais, distribuídas nos informes diários – que logo apelidaram de "loucuras das cinco horas" –, não passavam de fantasias. Como disse a revista *Time*, em 1969:

> Repetidas vezes, os informantes militares no Vietnã "provaram" que a guerra estava sendo ganha com a ajuda de impressionantes "contagens de corpos" de inimigos mortos impossíveis de serem verificadas, que dirá

contestadas. Graças ao auxílio de computadores, as autoridades militares dos Estados Unidos demonstravam a mesma confiança em declarações, cuja precisão chegava às casas decimais, sobre o número de vilarejos já "pacificados" no Vietnã.

Por mais inegável que seja a lambança feita, por mais que se saiba que a vaca foi para o brejo, uma estatística pode transformar um completo fracasso em motivo para sorrir. Imagine que você seja um general que acaba de testar um míssil caríssimo, e que o projétil tenha errado o alvo pela sexta vez consecutiva. Você diria à imprensa que o teste foi um fracasso? Claro que não! Simplesmente diga que o teste foi um sucesso porque o míssil alcançou dezesseis entre dezessete objetivos. (Evidente que o décimo sétimo objetivo era justamente *acertar* o alvo.) Dessa forma, você poderá declarar, com a cara mais séria do mundo, que os resultados foram "animadores".[1]

A falta de habilidade exibida às vezes pelo Pentágono no uso de estatísticas fajutas – números de Potemkin e outros tipos de falácia matemática – para distorcer fatos desagradáveis pode ser quase cômica. Mesmo assim, essa distorção é um recurso de surpreendente eficiência para controlar a imprensa. As falácias matemáticas exploram a melhor qualidade encontrada em um repórter, sua reverência à objetividade e à verdade, contra ele mesmo.

"Se sua mãe disser que ama você, é melhor checar."

Este é um antigo aforismo jornalístico, geralmente atribuído ao Departamento de Notícias da Cidade de Chicago, repetido ao longo dos anos por editores e professores de jornalismo em todo o país. A frase representa um ideal jornalístico: desconfiar de tudo que não é observável ou verificável, rejeitar o boato. Repórteres perfeitos não podem dar nada como certo – apenas baseando cada palavra de uma reportagem em observações ou fatos verificáveis, poderemos ter certeza de que estamos relatando a verdade. Tudo que não é sustentado por uma estatística, uma observação ou algum outro tipo de fato deve ser deixado de lado. Nas palavras de um professor da Faculdade de Jornalismo de Columbia:

> Fui ensinado a acreditar apenas no que é observável e quantificável. Os jornalistas se sentem mais seguros com a média de rebatidas em uma temporada de beisebol, o preço das ações, a contagem de corpos, o total de votos apurados (bem, talvez não na Flórida, em 2000). Sentimo-nos confortáveis assistindo à final de um campeonato de futebol ou uma chuva de papel picado com os nossos próprios olhos.
>
> Espera-se que os jornalistas se isolem atrás das muralhas de uma fortaleza onde não admitimos nada além das informações obtidas pelos sentidos e das verdades verificáveis que as estatísticas parecem representar. É desse tipo de informação que se alimenta o jornalismo. É esse alimento que confere aos jornalistas sua força; sem fatos concretos nos quais basear nossas palavras, não temos como nos expressar.

O Pentágono percebeu isso há muito tempo. Durante a Guerra do Vietnã, os militares, semana após semana, "vomitavam" números de Potemkin e dados embelezados pela prática de empacotamento de frutas, fornecendo matéria-prima a jornalistas que precisavam produzir histórias para seus editores. Embora muitos jornalistas experientes desprezassem as "loucuras das cinco horas" e preferissem colher informações conversando com as tropas nos campos de batalhas, outros se contentavam em ficar em Saigon, regurgitando as cifras fabricadas que o Pentágono lhes dava de mão beijada. Além disso, as estatísticas forjadas pelo Ministério da Defesa não precisavam nem ser muito verossímeis para cumprir sua finalidade. O motivo disso é contraintuitivo: as mentiras não eram destinadas aos inimigos ideológicos, mas aos aliados.

As contagens semanais de corpos e os números mensais do Sistema de Avaliação de Vilarejos jamais conseguiram convencer os mais céticos em relação à guerra na comunidade jornalística – esses dados serviam de munição aos jornalistas e estudiosos mais belicosos, aqueles que já estavam convencidos de que a guerra ia ser ganha, como Joseph Alsop. A coluna de Alsop, intitulada "Questão de fato", ocasionalmente divulgava os números forjados pelo Pentágono para provar que a guerra estava sendo ganha – estatísticas de safras, contagens de corpos, número de documentos apreendidos. Alsop soube se servir até do Sistema de Avaliação de Vilarejos para pintar um quadro otimista dos conflitos:

> É possível citar um sem-número de fatos sobre esse processo de [pacificação], que elevou o número de pessoas sob o controle do governo no delta, de menos de 3 milhões para mais de 4,6 milhões, em menos de um ano; e, ao mesmo tempo, reduziu a população controlada [pelos vietcongues], de quase 2 milhões para pouco mais de 500 mil, com mais meio milhão "contestado".

Isso foi escrito no fim de 1969. Naquele momento, nem o governo Nixon estava tão confiante na perspectiva de vitória quanto Alsop.[2]

Além do Pentágono há uma ampla variedade de fábricas produtoras de falácias matemáticas, que elaboram estatísticas mentirosas e forjam fatos, divulgando-os na esperança de que alguém faça uso deles. A estratégia muitas vezes funciona, mesmo com os números de Potemkin mais ridículos que se possa imaginar. Nenhuma cifra é absurda demais.

Em março de 2007, uma agência de pesquisa de marketing produziu um relatório para seus clientes do setor automobilístico que chegou a uma conclusão muito surpreendente. Andar de Hummer H3, um notório bebedor de gasolina, afirmavam os pesquisadores, era melhor para o meio ambiente que dirigir o eficiente híbrido Toyota Prius.

Bastava uma breve análise do relatório para perceber que o documento estava cheio de números de Potemkin. Por exemplo, a pesquisa afirmava, sem muita justificativa, que um Prius percorria uma média de 14.719km por ano ao longo de 11,92 anos, chegando a um total de 165 mil quilômetros marcados no odômetro. O Hummer H3, por outro lado, era submetido a condições muito mais pesadas e durava muito mais antes de chegar a seu desgaste máximo: 21.795km por ano durante 15,28 anos, 333 mil quilômetros ao todo. (Isso não era nada em comparação ao Hummer H1, que aguentava a incrível marca de 34,96 anos de estrada e 610 mil quilômetros *em média*.) Esses são exemplos evidentes de números de Potemkin – não há como um Hummer H1 típico durar mais de 600 mil quilômetros – e têm o efeito de inflar a eficiência energética dos Hummers e deflacionar a eficiência energética do Prius.

O absurdo do relatório saltava aos olhos. Mas aqueles números soavam como música aos ouvidos dos críticos do ecologismo e dos céticos quanto ao aquecimento global. Rush Limbaugh trombeteava a pesquisa em seu programa de rádio, e o trabalho começou a ser comentado. Dentro de poucas semanas, o programa chegaria à grande imprensa. Em abril, o colunista do *Washington Post* e inveterado oposicionista da teoria do aquecimento global George Will exultava: "Por falar em Hummers, talvez seja um ato ambientalmente responsável comprar um e passar por cima de um Prius com ele", escreveu o jornalista, reproduzindo os números de Potemkin. Durante os seis meses seguintes, toda vez que um crítico queria atacar o movimento ambientalista, tudo que ele precisava fazer era repetir exaustivamente as conclusões do relatório e escrever uma coluna sobre a pesquisa.

Embora fossem falsos, os números do relatório cumpriam seu propósito. A agência de marketing ajudou seus clientes, fornecendo munição aos aliados da indústria automobilística. Os críticos antiambientalistas levantavam dúvidas sobre a racionalidade da aquisição de veículos com boa eficiência energética. Discutir se o Hummer é melhor para o ambiente do que o Prius é um debate sem sentido – um dos lados baseia-se em uma premissa extremamente duvidosa –, contudo, a imprensa estava sempre divulgando a discussão.

Isso se deve, em parte, ao fato de que polêmicas sem sentido são outro tendão de aquiles jornalístico. Os repórteres são treinados para adotar um ponto de vista neutro, apresentando ambos os lados de um debate de maneira equilibrada. Entretanto, quando não há equilíbrio na polêmica, com vasta preponderância de evidências apoiando um dos lados em detrimento do outro, a "imparcialidade" jornalística é tão sem sentido quanto a própria polêmica – o jornalista tende a dar crédito demais a ideias marginais, baseadas em falácias matemáticas, à custa daquelas mais convencionais. Não importa quão ridículo seja um dos lado da disputa, não importa o quanto ele dependa de argumentos matemáticos falaciosos, a imprensa o transmite e amplifica de modo obediente, dando vida própria a "fatos" fabricados.

A IMPRENSA É APENAS um dos alvos das falácias matemáticas. Os fabricantes de números de Potemkin, estudos baseados em dados selecionados pela técnica da colheita de cerejas e outras formas de nonsense numérico sabem que há muito mais gente interessada em seus produtos. Nas mãos certas, as falácias matemáticas podem ser uma poderosa ferramenta para abrir caminho até nas mais duras batalhas políticas.

Nos Estados Unidos, por exemplo, o debate sobre o aborto tem sido áspero há décadas. A decisão do caso *Roe vs Wade*, pela Suprema Corte, em 1973, revogou leis estaduais que impediam os abortos. Desde então, diversos estados têm tentado reconquistar o terreno perdido, erguendo barreiras que tornam mais difícil a interrupção da gravidez.

No Texas, estado de onde vieram "Jane Roe" e Henry Wade, quem realiza o aborto deve oferecer a cada paciente em potencial informações baseadas em falácias matemáticas, na esperança de fazê-lo mudar de ideia e ficar com o bebê. Uma lei de 2003 – a "Lei do Direito da Mulher à Informação" – determina que todo médico encarregado de realizar um aborto informe cada cliente sobre "a possibilidade de maior risco de câncer de mama após um aborto induzido". O problema é que esse risco ampliado *não existe*. A associação entre aborto e câncer de mama é mera falácia matemática.

Ao longo dos anos, alguns estudos pareciam indicar um pequeno aumento na incidência de câncer de mama entre mulheres que já tinham feito um aborto, mas o assunto realmente pegou fogo em 1996, quando o endocrinologista Joel Brind analisou algumas pesquisas que continham dados sobre câncer e também sobre abortos. Depois de estudar os números, o médico concluiu que as mulheres que tinham feito um aborto tinham uma chance 30% maior de contrair câncer de mama do que outras mulheres. Entretanto, Brind deixou de levar em conta diversos desvios que fazem com que os dados pareçam seguir um padrão quando não existe padrão algum. Por exemplo, mulheres com saúde perfeita têm muito menos chances de relatar um aborto anterior do que as que estão gravemente doentes – é bem mais provável que as doentes sejam mais francas sobre seu histórico médico. (Em uma pesquisa holandesa, descobriu-se que um resultado ainda mais drástico que o relatado por Brind – um aumento de 90% no risco de desenvolver câncer de mama entre as pesquisadas que haviam feito um aborto – desaparecia quando se observavam apenas mulheres de regiões mais "liberais", onde era mais fácil admitir um aborto anterior.) Diversos estudos mais amplos e cuidadosamente controlados, difundidos desde a análise de Brind, não mostraram nenhum aumento no risco de câncer de mama depois de um aborto.

A ligação entre aborto e câncer de mama é um caso de randomiopia; as pessoas viam um padrão onde não havia nada para ser visto. Em 2003, o Instituto Nacional do Câncer dos Estados Unidos promoveu uma conferência sobre o assunto – no final do encontro, o relatório afirmava que estava cientificamente comprovado que os abortos não aumentavam o risco de câncer de mama. (O relatório foi endossado por todos os participantes da conferência exceto um: Joel Brind.) O consenso científico era o mais claro possível; o elo entre aborto e câncer não passava de uma ficção. Contudo, alguns meses depois, o Texas aprovou a Lei do Direito da Mulher à Informação. Em todo o estado, os médicos que realizavam abortos foram forçados a colocar uma dúvida falsa na cabeça de suas pacientes – uma dúvida sobre se elas desenvolveriam um câncer de mama por causa do procedimento.

O Texas não estava sozinho. Com a desculpa de proteger as pacientes, os inimigos do aborto aprovaram leis, em cinco outros estados, obrigando os médicos que realizavam o procedimento a informar suas pacientes sobre a possível ligação entre aborto e câncer de mama. Embora o mais avançado conhecimento científico disponível hoje diga que essa ligação não existe, fazer esse risco parecer maior do que é serve a uma finalidade política. É mau gerenciamento de risco transformado em lei, com a intenção de amedrontar as mulheres para que elas mudem de ideia sobre fazer um aborto. E essa não é a única forma de falácia matemática que os legisladores empurram para as candidatas à realização do procedimento, criando leis ironicamente chamadas de "direito à informação". A legislação que regulamenta o aborto em Dakota do Sul é um bom exemplo. Naquele estado, os médicos são obrigados a informar a paciente sobre um "maior risco de tendências suicidas e suicídios". Esse é mais um exemplo de absurdo matemático transformado em legislação oficial.

É verdade que as mulheres que fizeram abortos têm maior risco de suicídio que aquelas que não se submeteram ao procedimento. Segundo um estudo finlandês de 2005, mulheres que interrompem a gravidez têm em torno de seis vezes mais chances de tirarem a própria vida. Entretanto, o mesmo estudo também descobriu que as mulheres que fazem abortos têm uma chance maior de serem assassinadas – dez vezes mais que aquelas que levam a gestação adiante. Elas também têm uma probabilidade 4,4 vezes maior de morrer num acidente. Essas estatísticas indicam o que realmente acontece aqui: causuística. Na verdade, os abortos não estão fazendo ninguém cometer suicídio, ser assassinado ou sofrer um acidente. Mulheres que se enquadram em categorias de alto risco para suicídio, homicídio e acidentes sem dúvida têm maior probabilidade de viver uma situação na qual precisarão de um aborto do que as mulheres da população em geral. Quem sofre de doenças mentais tem atração por correr riscos; quem anda em más companhias tem mais chances de se meter em problemas de todos os tipos, inclusive uma gravidez indesejada. Ao contrário, mulheres com filhos têm mais chances de levar uma vida doméstica e responsável, e menos chances de correr riscos desnecessários. Contudo, os legisladores antiaborto transformam essa correlação em causalidade, forçando os médicos a amedrontar suas pacientes com a ideia de que fazer um aborto pode levá-las a cometer suicídio no futuro. As leis de "direito à informação" não têm o propósito de informar. Esses dispositivos legais são apenas veículos para a propagação de toda e qualquer falácia matemática que possa ser empregada na defesa das opiniões dos legisladores.

A esquerda também tem sua parcela de culpa. Os liberais ficam tão alterados quando ouvem falar em armas quanto os conservadores quando se fala em aborto; por isso, criam falácias matemáticas para conseguir o que querem. Em 1996, um jovem historiador da Emory University, Michael Bellesiles, explodiu no mundo acadêmico. Seu passaporte para a fama foi um artigo publicado no *Journal of American History*, no qual defendia que a presença de armas era rara entre os americanos durante os séculos XVIII e XIX – e que o povo resistia às tentativas do governo de armar os cidadãos. Se isso fosse verdade, mudaria o teor do debate sobre o controle de armamentos e o direito ao porte de armas. A tese de Bellesiles daria novo enquadramento à ideia de uma população que andava armada, transformando-a em uma invenção relativamente moderna, e não uma parte orgânica da cultura norte-americana. O artigo rendeu muitos elogios e atenção ao historiador – além de um contrato para escrever um livro. A grande obra de Bellesiles, *Arming America*, foi louvada pela revista *The Economist* e chegou a ganhar o prestigioso Bancroft Prize. A influência da pesquisa cresceu depressa, e os ativistas do desarmamento logo a abraçaram, ainda que o trabalho encerrasse um contrassenso matemático.

Bellesiles afirmava haver baseado suas conclusões no número de armas encontradas em documentos de arquivo – em particular em testamentos e inventários de todo o país. Mas logo ficou claro que, na melhor das hipóteses, os dados eram questionáveis. Era evidente que o pesquisador havia feito uma interpretação equivocada de alguns dados e escolhido outros a dedo, num processo de colheita de cerejas. Houve também insinuações veladas de que Bellesiles havia tirado algumas cifras do nada. Um crítico ressaltou que um dos números do historiador era matematicamente impossível, o que significava que o autor estava deflacionando, de maneira artificial, o número de armas na região estudada. Quando a Emory University investigou o trabalho do professor, concluiu-se que ele era culpado de "extrema negligência com a documentação" ou de fraude. Esta última alternativa parecia a mais provável, pois haviam encontrado "evidências de falsificação" em alguns dos dados da pesquisa. Em outras palavras, Bellesiles provavelmente havia cometido o maior dos pecados acadêmicos.[3] Seu desejo de mudar o debate sobre controle de armas o levou a forjar números de Potemkin. Desmascarado, o autor do estudo teve de renunciar ao cargo universitário.

Havendo demonstrado seu poder, as falácias matemáticas foram abraçadas tanto pela direita quanto pela esquerda. Não importa quanto um número seja idiota, não importa quão evidente seja a falsidade de uma estatística, ela ainda pode servir para justificar uma lei, uma política pública... ou uma falsa crença.

As falácias matemáticas dão à fantasia a aparência de fato, reforçando-a e fortalecendo-a, de modo que ela se torne resistente a qualquer ataque. Em certo sentido, as falácias matemáticas são a antítese do conhecimento.

Na primeira metade do século XX, cientistas do Bell Labs e de outras instituições criaram um novo ramo da ciência conhecido como teoria da informação. Originalmente concebido como uma maneira de responder a alguns problemas bastante triviais de telecomunicações (quantos telefonemas podem ser agrupados em um só fio de cobre), a teoria da informação logo cresceu para além de suas raízes e se tornou uma das teorias científicas mais profundas do século XX. Ela explicava como as informações são transmitidas, armazenadas e manipuladas por dispositivos de processamento, como, por exemplo, os computadores – ou os nossos cérebros.[4]

Uma das máximas dessa teoria é que a informação reside no inesperado. Obtemos conhecimento quando encontramos aquilo que não havíamos previsto. Um fluxo de dados que podemos prever com perfeita exatidão não contém informação; ele não pode nos dizer nada que já não saibamos. A busca do conhecimento é a busca de novidades, a procura de um novo conjunto de dados ou uma nova ideia que nos force a ver o mundo de uma maneira um pouco diferente de como o víamos antes. O acúmulo de conhecimento é a demolição e reconstrução sistemática de nossa visão de mundo.

Esse processo pode ser incômodo e desconcertante. É sempre difícil destruir um mito querido, abandonar uma crença arraigada, ou levantar dúvidas em um debate que parecia estar bem-decidido. É da natureza humana resistir a mudanças, apegando-se a ideias antigas e familiares, em vez de abandoná-las diante de novas informações. Afastamo-nos de dados que desafiam nossos preconceitos, tendemos a procurar – e a acreditar em – dados que os reforçam.

Em nenhum lugar isso é tão evidente quanto nos noticiários. Há algumas décadas, tínhamos apenas um pequeno punhado de fontes das quais podíamos obter nossas notícias. No café da manhã, líamos um ou dois jornais. No caminho entre a casa e o trabalho, podíamos escolher entre escutar duas ou três estações de rádio. Depois do jantar, podíamos assistir ao noticiário da televisão em três ou quatro canais. Na cama, podíamos relaxar com uma revista. Com o advento da televisão a cabo e, mais tarde, da internet, o número de fontes de notícias se multiplicou enormemente. A audiência foi fragmentada e, então, atomizada. Já se foi o tempo em que os norte-americanos eram forçados a escolher um dentre três noticiários noturnos. Agora há tantas opções que, de repente, podemos encontrar uma fonte de notícias que nos seja menos desconfortável.

Cada vez mais, as pessoas parecem estar procurando fontes de notícias que reforcem suas crenças, sem desafiá-las. Os conservadores agora podem obter seus fatos da Fox News; os liberais podem procurá-los no *Huffington Post*. Não precisamos mais confrontar ideias que nos forcem a reavaliar nossas posições. Em vez disso, podemos agora ouvir apenas aquilo com que já concordamos. Podemos nos afundar em nossos mitos, sem nos preocupar com a inconveniência da dúvida. Já é possível escutar o noticiário sem o desconfortável subproduto da aquisição de conhecimento.

As falácias matemáticas estão no cerne desse problema. Números falsos têm a aparência de verdade absoluta, de puro fato objetivo, de modo que podemos usá-los como justificativa para nos prender a nossos preconceitos. O empacotamento de frutas pode dar uma aura de respeitabilidade ao mais errado dos conceitos, enquanto um número de Potemkin fabricado com inteligência ou uma desestimativa pode contornar até a evidência mais esmagadora de que uma ideia está incorreta. As falácias matemáticas são a matéria-prima que arma os combatentes na luta contra o ataque do conhecimento, vestindo a irracionalidade com o manto do racional e do científico. É isso o que torna os argumentos matemáticos falaciosos uma ferramenta tão poderosa para a propaganda.

Nos Estados Unidos, a propaganda ideológica é uma forma de solapar a democracia. A propaganda permite que os líderes instiguem tempestades de emoções irracionais, um frenesi irrefletido que leva as pessoas a votar contra seus interesses e a apoiar políticas que rejeitariam. É uma forma sutil de controle da mente, um mecanismo para levar as pessoas a concordar com seus líderes. Assim como as falácias matemáticas solapam a democracia de outras maneiras – diluindo nossos votos, privando nossos cidadãos do direito de votar, prejudicando nosso sistema judiciário – por meio da propaganda, as falácias matemáticas podem nos roubar o direito democrático de pensar por nós mesmos.

Nem toda propaganda ideológica precisa fazer uso de falácias matemáticas. De fato, pode-se dizer que o mais eficiente exemplo de uso da propaganda na modernidade não teve nas falácias matemáticas um componente expressivo. Nos meses que precederam a Guerra do Iraque, elementos neoconservadores do governo, como Richard Perle, contaram com a colaboração de Judith Miller, repórter do *New York Times*, para espalhar histórias sobre projetos iraquianos fictícios de produção de armas de destruição em massa. Os armamentos inexistentes foram usados para legitimar a invasão do país. Quando as mentiras foram descobertas, já era tarde demais.

No entanto, os mestres da propaganda sabem que as falácias matemáticas possivelmente são a melhor arma em seu arsenal. Trata-se de um recurso sutil. Quando produzida por um especialista, uma falácia matemática pode ser muito difícil de descobrir. Um número fabricado com requinte e usado com perfeição pode conduzir a opinião americana – e mundial – em uma direção favorável. É extremamente difícil combatê-lo, em especial se não houver dados suficientes para provar que o número é falso. Uma campanha de propaganda baseada em falácias matemáticas, quando feita de maneira inteligente, pode continuar válida por décadas e décadas. Por exemplo, nas décadas de 1970 e 1980, um grupo de políticos linha-dura no Pentágono foi responsável por uma campanha de propaganda extremamente elaborada baseada em um exemplo muito bem selecionado de falácia matemática, um dado que por pouco não sepultou a tentativa democrática de assinar um tratado com a União Soviética que baniria os testes nucleares.

Em 20 de julho de 1982, estampada na primeira página do *New York Times* estava a surpreendente notícia de que os Estados Unidos estariam abandonando as negociações de um tratado nuclear com a Rússia. Foi um vazamento de informações cuidadosamente controlado; as autoridades haviam contatado uma repórter do jornal para divulgar a notícia para o mundo e explicar a lógica do que poderia parecer um ato belicoso. No dia seguinte, o *Times* publicou mais um artigo, dando continuidade ao assunto e explicando a posição do governo: a União Soviética provavelmente estava trapaceando e descumprindo um tratado nuclear anterior, de modo que não fazia sentido assinar um novo acordo. A acusação era bem específica; um membro do governo cuja identidade não era revelada acusava os soviéticos de uma provável violação do tratado de limitação dos testes subterrâneos de armas nucleares, que estabelecia um limite de 150 quilotons para as explosões – aproximadamente dez vezes a potência da bomba lançada sobre Hiroshima. "Em diversas ocasiões, sinais sísmicos provenientes da União Soviética tiveram magnitude suficiente para suscitar dúvidas sobre o cumprimento soviético do limite de 150 quilotons", disse a autoridade anônima à jornalista do *Times*. Passados alguns dias, a retórica se tornou um pouco mais agressiva. O jornal reproduziu a afirmativa de uma figura (também anônima) do governo, segundo a qual "vários" testes soviéticos "tinham sido estimados em 300 quilotons". Eram acusações específicas e críveis, que estavam acabando com a esperança do Partido Democrata de firmar um acordo com a União Soviética de proibição total de testes. As acusações eram também completamente falsas. Tudo não passava de um astucioso emprego de falácias matemáticas em uma obscura equação usada para estimar a magnitude das explosões nucleares.

É uma tarefa realmente difícil descobrir a magnitude de uma detonação nuclear subterrânea a meio mundo de distância. O melhor método é monitorar a atividade com sismógrafos – os mesmos instrumentos que detectam terremotos – e, com base na violência do tremor, obter uma estimativa aproximada da magnitude da explosão. Ao longo dos anos, os geólogos aperfeiçoaram a metodologia de cálculo dessas estimativas. Depois de observar muitos experimentos, os cientistas desenvolveram uma excelente equação para calcular a capacidade de uma arma nuclear detonada na Área de Testes de Nevada com base na intensidade do abalo sísmico:

$$m_b = 3{,}92 + 0{,}81 \times \log(Y),$$

onde m_b é a a magnitude, na escala Richter, do tremor causado pelo teste, e Y é a energia liberada pelo artefato nuclear em quilotons. Era assim que o governo calculava a intensidade dos testes nucleares da União Soviética. Baseados na violência dos abalos, o governo Reagan concluiu que os russos estavam detonando bombas de 300 quilotons, numa óbvia violação do tratado.

O único problema era que a equação estava errada. A forma precisa da equação depende de diversos fatores, em especial da geologia da área em que a explosão ocorre. Uma explosão em um leito de rocha duro faz a terra tremer muito mais que outra da mesma magnitude em solo lodoso e pouco rígido. Da mesma forma, os sismógrafos têm mais facilidade de captar uma explosão em uma região geologicamente estável que em uma região ativa cheia de falhas geológicas. Nevada é assim, encontra-se em uma região relativamente ativa da Terra, com tufos pouco rígidos e solos aluviais, enquanto a área de testes de Semipalatinsk, na União Soviética, é formada por duras rochas basálticas, em uma região relativamente estável do planeta. Consequentemente, a equação russa tinha uma forma similar à de Nevada, com ligeiros ajustes:

$$m_b = 4{,}45 + 0{,}75 \times \log(Y)$$

Isso significa que um terremoto de intensidade 6,0 na Rússia correspondia a uma bomba de aproximadamente 100 quilotons, e não aos absurdos 400 quilotons que causariam um tremor da mesma magnitude em Nevada.

As supostas violações soviéticas do tratado de limitação dos testes subterrâneos de armas nucleares foram o resultado do uso deliberado da equação errada para calcular a intensidade das explosões. No final do governo Nixon, um grupo de políticos linha-dura no Pentágono se opôs a acordos de controle de armamentos com a União Soviética e começou a produzir evidências de que os russos estavam violando o acordo. "Começaram a fazer circular cálculos de capacidade de explosões baseados na curva de Nevada", o que inflava artificialmente a magnitude aparente das detonações soviéticas, diz Fred Lamb, físico da Universidade de Illinois em Urbana Champaign. "Claro que, assim, algumas explosões pareciam estar violando o tratado, e isso fez as pessoas enlouquecerem". Embora reclamassem que os números estavam errados e que as "violações" eram absurdas, os cientistas foram ignorados. "Ficou claro para mim que [os números falsos] estavam sendo usados por aqueles que se opunham de maneira geral a acordos de controle de armamentos", diz Lamb.

A questão chegou a um ponto crítico no governo Reagan. Autoridades do Pentágono, principalmente o linha-dura secretário-assistente de política de segurança internacional, pressionavam o presidente a subir cada vez mais o tom das acusações contra os soviéticos, que estariam burlando os tratados nucleares.[5] Nos bastidores, vários sismólogos e físicos tentavam convencer o governo a usar a equação correta e parar com as denúncias infundadas. O Pentágono, porém, invalidava os relatórios dos cientistas, e o secretário-assistente lançou um perverso ataque contra aqueles que tentavam fazer a verdade prevalecer. "[Ele] realmente acusou os sismólogos de serem comunistas e simpatizantes da União Soviética", declarou Lamb. E as falsas denúncias continuaram a ser feitas sem entraves.

Em 1985, Reagan foi ao Congresso com uma acusação formal: "As atividades nucleares soviéticas, registradas em diversos testes, constituem uma provável violação dos compromissos legais assumidos no tratado de limitação dos testes subterrâneos de armas nucleares de 1974." O presidente continuou batendo na mesma tecla ano após ano, sem jamais abrandar suas falsas denúncias. "Ainda que as evidências em contrário continuassem a se acumular, e que seus argumentos fossem derrubados um a um, o governo ainda defendia a tese da existência de uma 'provável violação'", conta o geofísico da Universidade de Columbia, Paul Richards. (Um experimento conjunto, realizado em 1988, no qual os americanos tiveram permissão para medir diretamente a energia liberada por um teste russo, provou sem dúvida alguma que os sismólogos sempre tiveram razão. A segunda equação estava correta, e os soviéticos não haviam descumprido o tratado.)

Contudo, a mentira cumpriu muito bem seus fins propagandísticos. A farsa deu aos políticos linha-dura uma justificativa para rejeitar propostas pacíficas da União Soviética, e o sonho de um tratado de proibição total de ensaios nucleares – uma moratória de todos os testes de armas atômicas – foi adiado por mais uma década. O acordo de suspensão das detonações só se tornou realidade em 1996, durante o governo Clinton. Embora o presidente tenha assinado o tratado, os democratas haviam perdido o controle do Congresso, e o Senado, dominado pelos republicanos, se recusou a ratificá-lo. Deste modo, o tratado de proibição completa de testes nucleares permanece no limbo jurídico até hoje.

As acusações contra os soviéticos constituíram um diabólico caso de propaganda ideológica. Uma sutil falácia matemática permitiu que os Estados Unidos levantassem falso testemunho contra os adversários soviéticos. Esse é um padrão clássico. De fato, todo o episódio é bem semelhante à propaganda que nos levou à Guerra do Iraque. Autoridades linha-dura do governo, como o secretário-assistente de política de segurança internacional, deixaram vazar informações falsas para uma repórter do *New York Times*, que então usou o jornal como plataforma de uma campanha propagandística interesseira. É realmente assustador perceber como os dois episódio foram similares.

O belicoso secretário-assistente de política de segurança internacional era um cavalheiro neoconservador chamado Richard Perle. E a jornalista do *Times*? Judith Miller.

As falácias matemáticas exercem um efeito tóxico sobre a democracia porque os números nos influenciam. Algarismos são poderosos – quase místicos. Por pensarmos que eles representam a verdade manifesta, temos dificuldade para imaginar que um número possa ser usado para mentir. Até o apatetado Joe McCarthy sabia disso. Quando o senador declarou que 205 comunistas haviam se infiltrado no Departamento do Estado, aquela mentira deslavada foi tomada como um fato inquestionável. Mas as falácias matemáticas não são apenas uma ferramenta de propaganda ideológica, como no caso de McCarthy – elas são muito mais perigosas que isso. A democracia é um sistema de governo baseado em números, e números distorcidos estão erodindo toda a sua base por dentro. Nos Estados Unidos, as falácias matemáticas são usadas para privar eleitores de seu direito ao voto e para deturpar as eleições. São empregadas também para desviar dinheiro do nosso Tesouro e colocá-lo no bolso de executivos inescrupulosos. As falsidades matemáticas desequilibram a balança da justiça e ajudam a condenar inocentes. Colocam mentiras na boca de repórteres. Não há nenhuma instituição democrática que seja imune a elas.

O único antídoto às falácias matemáticas é, ironicamente, a matemática. Os números podem desfazer mitos e refutar mentiras. As cifras podem ser viradas contra aqueles que abusam delas. Os números podem ser empregados para acabar com as falácias matemáticas – ou pelo menos reduzir sua influência.

A compreensão de que o mundo real dos números é feito de medidas imperfeitas pode nos vacinar contra os números de Potemkim, a desestimativa e o empacotamento de frutas – ela nos fornece o ceticismo necessário para saber de onde surgem os dados, se eles são confiáveis e foram apresentados de maneira honesta e direta. Um pouco de sofisticação matemática – e um pouco de prática – nos permite reconhecer erros de randomiopia, causuísmo e regressão à lua; à medida que nos tornamos apto a localizar falsos padrões e conexões fajutas, vamos começar a percebê-los em toda parte. Vamos ver como os publicitários supervalorizam seus produtos, como os burocratas ocultam seus projetos fracassados, como os videntes convencem os desavisados a acreditar em previsões sem significado. Se o conhecimento matemático não consegue impedir que os negócios destruam a economia, que os políticos fraudem as eleições e que os funcionários da Justiça arruínem o sistema judicial, ele ao menos pode fazer com que os malfeitores não escapem despercebidos.

A sofisticação matemática é o único antídoto para as falácias, e nosso grau de conhecimento determinará se sucumbiremos aos argumentos falaciosos ou se lutaremos contra eles. Não se trata de mera retórica, os números podem determinar o sucesso ou a derrocada da democracia.

Anexo A: Erro estatístico

Imagine que você seja um entrevistador, trabalhando numa pesquisa. Estamos em outubro de 2000 – uma época emocionante para qualquer pesquisador, pois Bush e Gore estão emparelhados na corrida eleitoral. Você não sabe disso (afinal, você ainda não realizou sua pesquisa), mas acontece que o país está dividido *exatamente* ao meio, exatos 50% dos eleitores querem que Bush vença, e exatos 50% querem a vitória de Gore. A verdade – a preferência genuína do eleitorado – está dividida bem no meio. Uma pesquisa de opinião ideal, isenta de erros de qualquer espécie, mostraria que os dois candidatos estão empatados com exatos 50%.

Façamos uma pesquisa e vejamos se sua resposta corresponde à verdade. Bem, não temos como voltar no tempo até o ano 2000 e perguntar às pessoas suas preferências. Por sorte, existe um excelente substituto para um eleitor do ano 2000, uma moeda: cara, Bush, coroa, Gore.

"Com licença, senhor, o senhor votará em Bush ou em Gore?" Lance a moeda – ela cairá a favor do republicano 50% das vezes e a favor do democrata outras 50%, assim como ocorreria com um eleitorado dividido exatamente ao meio. Nessa situação particular, lançar uma moeda é uma excelente simulação de se perguntar a uma pessoa se ela prefere Bush ou Gore.

"Cara? Bush, então. Muito obrigado pela sua atenção."

Custa caro fazer perguntas às pessoas, e sua empresa é muito pão-dura. Por isso, o dinheiro que você recebeu só é suficiente para entrevistar dezesseis pessoas. Lance uma moeda dezesseis vezes e conte o número de caras e o número de coroas.

Sua pesquisa chegou à resposta certa? Você mostrou que o eleitorado estava dividido exatamente ao meio, com oito pessoas votando em Bush e outras oito em Gore? Provavelmente não. Há uma chance de aproximadamente uma em cada cinco de que as dezesseis respostas se dividam exatamente ao meio, fornecendo uma resposta correta. Na maioria das vezes, sua pesquisa estará ligeiramente errada.

Com muita frequência, você registrará nove votos para Bush e sete para Gore, criando a ilusão de que o republicano está na frente com 56% dos votos contra 44% do adversário. Da mesma forma, é bem provável que você encontre sete eleitores de Bush e nove de Gore, fazendo parecer que o democrata está na frente, com 56%, contra 44% do adversário. Também é comum que um entrevistador consiga dez votos para Bush e seis para Gore, ou vice-versa – o que, aparentemente, significaria uma enorme diferença entre o primeiro colocado, com 62% dos votos, e o segundo, com 38%.

Se fizesse várias vezes a mesmíssima pesquisa (experimente!), você veria que os resultados obtidos seriam muito variados. Às vezes, a pesquisa atinge a precisão absoluta – fornece exatamente a resposta correta, mostrando que os candidatos estão pau a pau. Entretanto, na maioria das vezes, por puro acaso, você encontra um ou dois defensores a mais de Bush ou de Gore em sua amostra, criando a aparência falsa de que um dos candidatos está à frente do outro. Em exatas 80% das vezes, você chegará à resposta errada – por mera obra do acaso. Isso é um exemplo

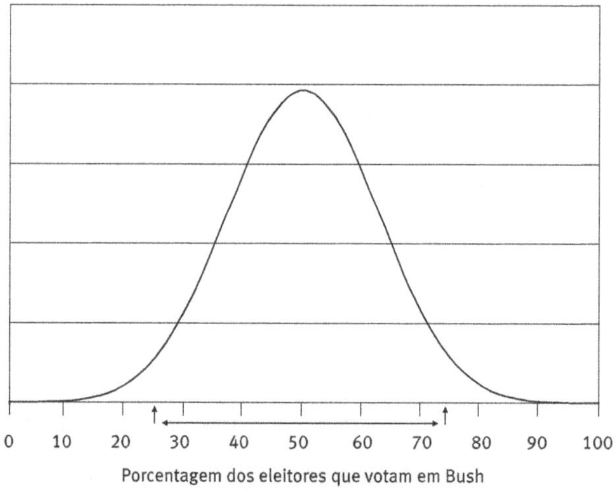

FIGURA 17 Resultados esperados em uma pesquisa com 16 entrevistados.

de erro estatístico, uma consequência inevitável da amostragem. As leis da aleatoriedade injetam alguma incerteza no processo das pesquisas de opinião. Nunca poderemos saber se nossa resposta representa a verdade.

Por sorte, o erro estatístico é extremamente previsível. Se você repetisse sua pesquisa de dezesseis pontos amostrais várias vezes e traçasse um gráfico com os resultados, eles seguiriam um padrão – uma curva em forma de sino.

Se o erro estatístico não existisse, se o resultado de sua pesquisa sempre fosse um reflexo perfeito da verdade, esse gráfico não seria uma curva; tudo o que teríamos seria uma linha fina como um risco de lápis repousando sobre a marca dos 50%. A cada repetição, a pesquisa chegaria ao mesmo resultado: 50% para Bush e 50% para Gore. Porém, não é assim que o mundo funciona. O erro estatístico garante que você tenha uma bela de uma curva larga. De vez em quando, a pesquisa lhe dá a resposta certa, mas, na maior parte das vezes, os resultados estão errados – muitas vezes, bastante errados. Quanto mais larga a curva, mais provável será que sua pesquisa esteja realmente longe da verdade.

Não há nada a fazer para eliminar o erro estatístico, mas você pode reduzi-lo. Se conseguir convencer os chefes da sua empresa a liberar um

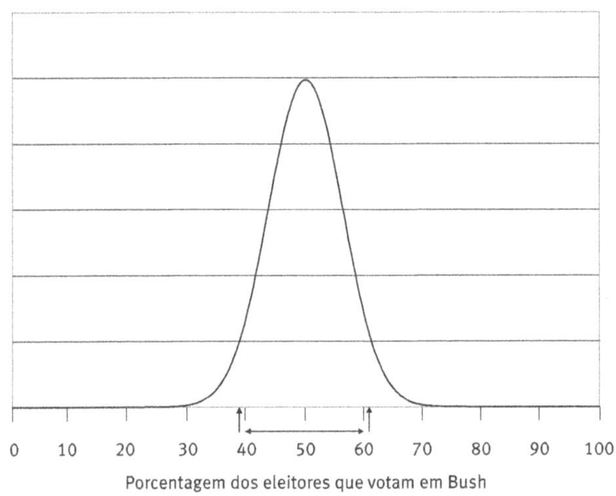

FIGURA 18 Resultados esperados em uma pesquisa com 64 entrevistados.

pouco mais de dinheiro e entrevistar 64 pessoas em vez de dezesseis, você verá que a curva ficará um pouco mais estreita.

Isso significa que sua pesquisa tem menos chances de estar completamente errada. Quanto mais pessoas você entrevistar, menos provável será que os erros aleatórios distorçam muito sua resposta. Esses erros nunca desaparecem por completo, mas você pode reduzi-los a um tamanho razoável incluindo uma grande quantidade de entrevistados na pesquisa. Se você conseguisse entrevistar 1.024 pessoas, por exemplo, a curva ficaria assim:

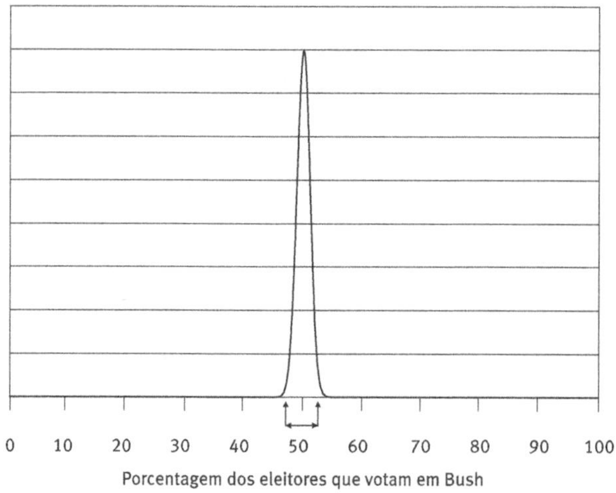

FIGURA 19 Resultados esperados de uma pesquisa com 1.024 entrevistados.

Como você pode perceber, na maioria das vezes, os resultados de sua pesquisa estarão relativamente próximos da verdade. Ao contrário da pesquisa com dezesseis entrevistados, em que era bem comum encontrar resultados que mostravam Bush ou Gore com uma liderança de vinte pontos percentuais, isso quase nunca acontece em um levantamento com 1.024 entrevistas.

E quanto à margem de erro? Essa é, essencialmente, uma medida da largura da curva. As margens de erro são as linhas, marcadas nos gráficos acima, de modo que 95% da curva em forma de sino fique situada entre elas. Na pesquisa com dezesseis entrevistados, em aproximadamente 95% das vezes, o resultado obtido indicará que a votação de Bush se situa em algum ponto entre 74% e 26% do total. Isso significa que há uma chance de 95% de que a conclusão da pesquisa esteja afastada da realidade, na qual a exata metade dos eleitores prefere o candidato republicano, por até 24 pontos percentuais. Esta é sua margem de erro: mais ou menos 24%. Serão raros os casos em que, em decorrência de erros estatísticos, a pesquisa estará errada em mais de 24 pontos percentuais (isso acontece, mas não com muita frequência).

Na pesquisa com 64 pessoas, a curva se estreitou, portanto a margem de erro diminuiu. Agora, em 95% das vezes, a reposta obtida está situada em algum ponto entre 61% e 39% dos votos para Bush – você está a uma distância de mais ou menos onze pontos percentuais da verdadeira intenção do eleitorado. Quanto maior o número de entrevistados, menor será a margem de erro. Na pesquisa com 1.024 eleitores, a curva ficou muito mais estreita. A margem de erro agora é de 3,1%; você tem 95% de confiança de que sua pesquisa está a uma distância de 3,1 pontos percentuais da verdade. Quanto mais estreita a curva, menos provável será que a pesquisa forneça um resultado distante da realidade, e menor será a margem de erro.

À medida que sua amostra vai aumentando, a margem de erro diminui. Ela nunca desaparece completamente, mas pode ser reduzida até um nível aceitável – deixando os pesquisadores livres para se preocupar com outros tipos de erros não estatísticos que podem potencialmente inutilizar uma pesquisa.

Anexo B: Votação eletrônica

Hoje, nenhum debate sobre fraude eleitoral estaria completo sem que a votação eletrônica seja ao menos mencionada. Muitos críticos – em particular os de esquerda – demonstram grande preocupação com o advento das máquinas de votação eletrônica. Apavora-lhes a possibilidade de que os equipamentos eletrônicos sumam com os nossos votos no éter digital, permitindo, talvez, que os políticos fraudem um resultado com um mero apertar de botão. É verdade que o voto eletrônico tem potencial para transformar as eleições em um caos. Ao mesmo tempo, porém, a votação digital é uma grande promessa, pois pode melhorar nosso sistema eleitoral, reduzindo os erros e proporcionando grande economia de tempo e dinheiro.

Sob condições ideais – quando as máquinas funcionam perfeitamente –, a votação eletrônica apresenta diversas vantagens. A mais óbvia é que não é mais necessário contar cédulas. Quando um eleitor pressiona um botão ou uma área da tela para indicar sua preferência, o voto é contado no exato momento em que é depositado. O ato de votar não é mais separado do ato de tabular os votos. Somente isso já economiza muito tempo e dinheiro. As autoridades eleitorais não precisam mais imprimir (e armazenar e transportar) cédulas em papel, reduzindo ainda mais os custos. Além disso, os equipamentos digitais são uma dádiva para os deficientes. As máquinas podem emitir sinais de áudio para eleitores cegos, por exemplo. Não é nenhuma surpresa que os responsáveis pela condução dos pleitos queiram apressar ao máximo a adoção do sistema de votação eletrônica.

Contudo, as máquinas apresentam uma desvantagem. Ao contrário do que ocorre nos sistemas que empregam cédulas em papel, não há nenhum registro físico em uma máquina de votação totalmente eletrônica. Pressionamos um botão e temos de confiar na máquina, esperando que ela registre nosso voto de maneira correta. É possível que nunca fiquemos sabendo se nosso voto foi realmente computado ou engolido pelo aparelho. Portanto, quando algo dá errado com as máquinas – o que de vez em quando acontece –, nossos votos podem ser simplesmente apagados.

Na eleição presidencial de 2000, um erro de programação apagou pelo menos 678 votos no Novo México. (Al Gore "venceu" no estado por meros 366 votos.) Relatos de máquinas engolindo votos surgiram em todo o planeta. Na França, por exemplo, um cientista da computação relatou, em 2008, que as zonas eleitorais com máquinas eletrônicas pareciam estar engolindo votos numa taxa alarmante.[1] Além disso, existe a possibilidade de que as máquinas criem votos do nada: em 2003, uma eleição em Boone County, Iowa, inicialmente registrou 144 mil votos em máquinas eletrônicas, embora só houvesse 19 mil eleitores cadastrados. Às vezes as máquinas roubam votos de um candidato e dão a outro. Em 2000, o sistema de votação eletrônica de um condado da Flórida registrou 16 mil votos *negativos* para Gore, enquanto Bush recebeu aproximadamente 2.800 votos – tudo em uma área com menos de seiscentos eleitores registrados. Grande parte dos equipamentos digitais de votação disponíveis hoje no mercado sofre *bugs* e são malprojetados, de maneira que muitos eleitores sentem-se (justamente) ressabiados em relação ao voto eletrônico.

Como os engenheiros podem garantir que as máquinas são confiáveis – que elas estão realmente contando nossos votos de forma correta? Este é um problema dificílimo. Quando queremos garantir que uma transação seja de fato registrada, costumamos pedir um recibo. Quando depositamos uma grande quantia de dinheiro no banco, por exemplo, a caixa eletrônica nos fornece um comprovante impresso em papel de que a transação ocorreu. Dessa maneira, se o banco deixar de registrar a transação, teremos como provar que foi cometido um erro. Infelizmente, não é possível obter um recibo eleitoral. Se isso fosse possível, estaríamos abrindo uma porta para atos gravíssimos: "Ei, cara – se amanhã você não me der um recibo provando que votou em Gordon Brown, eu quebro suas pernas." No momento em que damos aos cidadãos um meio de comprovar que votaram em determinado candidato, estamos criando um ambiente que é um prato cheio para a intimidação dos eleitores ou para a venda de votos. Portanto, o melhor é não permitir que nós eleitores, encostemos nossas mãos em qualquer tipo de recibo.

Outra possibilidade é que a máquina imprima um recibo e deixe o eleitor vê-lo – mas sem tocá-lo. Em vez disso, o recibo fica armazenado na máquina. Nesse caso, teríamos um "comprovante em papel verificado pelo eleitor", que apresentaria algumas vantagens em relação à votação totalmente eletrônica. Porém, esse sistema também tem algumas sérias desvantagens. Em primeiro lugar, seu custo seria mais alto, porque seria necessário comprar papel e tinta para alimentar as máquinas. Em segundo lugar, congestionamentos de papel ou erros na alimentação dos equipamentos tornariam essas máquinas mais suscetíveis a defeitos do que as totalmente eletrônicas. Mas essas são questões secundárias. O mais grave é que os comprovantes em papel não resolvem realmente o problema fundamental. Digamos que um fiscal eleitoral perceba que as contagens de uma máquina estão levemente diferentes do que os comprovantes em papel. Você confiaria nos números fornecidos pelo sistema digital ou nos comprovantes em papel? Esta decisão não é nada fácil. É bem possível que a discrepância tenha sido gerada por um *bug* do sistema, mas, por outro lado, pode ser que alguns recibos tenham ficado presos na máquina ou tenham sido perdidos pelos mesários, ou simplesmente mal contados (e, como vimos, isso geralmente acontece com as cédulas de papel). Qual é, afinal, a origem do erro? Na maior parte das vezes, as máquinas são mais confiáveis que os seres humanos, portanto não faria muito sentido dizer que a contagem manual dos comprovantes deva prevalecer sobre os números oferecidos pelo sistema digital.

Os comprovantes em papel verificados pelo eleitor aumentariam a confiabilidade dos sistemas eletrônicos, mas creio que tornar todas as máquinas abertas seria uma solução melhor. Se o software for aberto ao escrutínio público – se qualquer programador puder estudar o código-fonte à procura de erros –, a contagem eletrônica dos votos apresentaria um alto grau de confiabilidade. O mesmo é válido para o hardware da máquina. Enquanto os equipamentos de votação seguirem o modelo do proprietário, rodando software "bugados" que ninguém pode inspecionar, haverá bons motivos para relutarmos em confiar nossos votos a uma urna eletrônica.

Dito isso, houve apenas um único exemplo registrado de fraude eleitoral usando máquinas eletrônicas. Em uma eleição de 2007, no Kentucky, um juiz, um funcionário da justiça eleitoral, um mesário e diversos outros acusados teriam montado um esquema para fraudar as eleições locais por diversos meios, envolvendo, inclusive, as urnas eletrônicas. Segundo consta no processo, os conspiradores forneciam aos cidadãos orientações erradas sobre como usar as máquinas. Os acusados diziam aos eleitores que seus votos seriam registrados ao pressionar o botão "votar" da urna eletrônica. Na verdade, havia mais um passo a ser dado – uma etapa em que o eleitor tinha a oportunidade de conferir e, se assim o desejasse, alterar sua escolha. O voto não era oficialmente depositado até que o cidadão apertasse outro botão que dizia "depositar voto". Assim, quando os eleitores deixavam a urna depois de haver pressionado "votar", os fraudadores entrariam em cena, alterariam a escolha e depositariam os votos já "corrigidos". Esse esquema não envolvia alta tecnologia. A fraude não utilizava algum *bug* presente no sistema, mas explorava a confusão dos votantes, mostrando que a ameaça pode vir, muitas vezes, de um lugar inesperado.

A votação eletrônica de fato apresenta um risco potencial à confiabilidade de nosso sistema eleitoral, mas esse risco pode ser superado. Se bem-implementada, a tecnologia pode reduzir a taxa de erro inerente às eleições. Não estaríamos mais limitados pela capacidade humana de contar pedaços de papel com precisão. Afinal, o voto digital parece representar um problema razoavelmente pequeno – em especial quando comparado a outras maneiras pelas quais os políticos usam as falácias matemáticas para manipular o processo eleitoral.

Anexo C: A falácia do promotor

A falácia do promotor é um artifício desonesto nascido da dificuldade que nós, seres humanos temos de interpretar as probabilidades. Quando não conseguimos contextualizar uma probabilidade de modo adequado, um advogado pode criar a ilusão de que não há motivos para duvidar da culpa de um acusado, quando, na verdade, o caso está longe de oferecer uma certeza.

Para ilustrar a falácia, afastemo-nos do sistema judicial por um momento. Imagine que pesquisadores tenham acabado de descobrir uma doença rara e mortal – a Síndrome da Explosão da Cabeça (SEC). Ela é 100% fatal. Se você contraí-la, terá uma morte horrível e dolorosa, além de deixar a maior sujeira. Felizmente, os pesquisadores desenvolveram um exame de sangue muito eficaz para descobrir se alguém sofre ou não da moléstia. O teste é extremamente preciso – há apenas uma chance em 1 milhão de o exame de sangue fornecer um resultado errado. Usando essa técnica, os médicos começam a examinar a população para encontrar casos de SEC.

Digamos que você entre em um consultório, onde uma médica tire uma amostra de seu sangue, e saia da sala. Alguns minutos depois, ela volta, pálida como um fantasma. "O teste deu positivo", ela diz. Sendo o exame tão preciso – as chances de um erro são de um em 1 milhão –, é praticamente certo que você esteja com a SEC. Só existe uma chance em 1 milhão de que o teste esteja errado. Isso significa que só há uma chance em 1 milhão de que você não tenha a doença... certo?

Não vamos nos precipitar. Falta uma informação antes de você concluir que realmente tem SEC. É preciso saber quão rara é a doença. De fato, a SEC é extraordinariamente rara – os epidemiologistas estimam que a síndrome aflija uma em cada 1 bilhão de pessoas em todo o mundo. Isso significa que, dos 7 bilhões de habitantes de nosso planeta, espera-se que apenas sete sofram da doença. Esta informação é crucial, por permitir que você contextualize seu resultado positivo.

A chance de erro de um em 1 milhão no exame parece bem pequena, mas, se estivermos testando 7 bilhões de pessoas, uma possibilidade de um em 1 milhão significa que aproximadamente 7 mil pacientes farão um teste que dará a resposta errada. Isto é, 7 mil pessoas em todo o planeta receberão um resultado positivo, embora não tenham a doença. Como apenas sete pessoas em todo o mundo realmente desenvolverão a síndrome, isso significa que a grande maioria que tiver resultado positivo no exame na verdade não tem SEC. De fato, se seu exame der positivo, a probabilidade de você ter SEC é de sete dividido por 7 mil – ou um em mil. As chances são de 999/1.000 de que o exame esteja errado e você não tenha a doença. Você pode se acalmar. A probabilidade de um em 1 milhão de um resultado de exame incorreto era enganosa, a probabilidade não significava nada sozinha. Somente quando contextualizamos esse um em 1 milhão – comparando-o à incidência da doença, que é de um em 1 bilhão –, somos capazes de calcular suas chances de realmente ter SEC.

A lição que tiramos disso é que devemos analisar as probabilidades em seu devido contexto. É uma falácia analisar as chances de o exame estar errado e igualar esse dado à probabilidade de você ter uma doença. Em vez disso, é preciso, antes de tudo, comparar a probabilidade com as chances de ter a doença – e, quando a moléstia é rara, até uma pequeníssima probabilidade de erro em um exame pode parecer enorme.

Esta é a falácia do promotor apresentada de outra forma. Em vez de exames de sangue e doenças, a falácia lida com indícios e culpa, mas a matemática é exatamente a mesma. Um advogado apresenta uma probabilidade muito pequena sem contextualizá-la de maneira adequada, de modo que essa probabilidade ínfima baste para convencer o júri de que a acusação deve ser verdadeira.

Entretanto, se o advogado tivesse colocado a probabilidade em seu devido contexto, o poder de convencimento seria muito reduzido, e talvez até servisse para levar os jurados à conclusão contrária.

Por exemplo, Alan Dershowitz alegou que O.J. Simpson era inocente porque havia apenas uma chance em cada mil de alguém que agrediu a esposa viesse a matá-la. Esse número, segundo o advogado, significava que havia apenas uma chance em mil de que O.J. fosse culpado. Temos aqui um exemplo da falácia do promotor, pois Dershowitz não apresenta o número em seu contexto adequado. O valor de um em mil não leva em consideração que existe uma probabilidade extremamente baixa de que uma mulher de 35 anos como Nicole Brown seja assassinada em determinado ano – aproximadamente um em 40 mil. Assim como a chance de um em 1 bilhão de ter a doença fazia a chance de um em 1 milhão de um erro no exame parecer enorme em comparação, a chance de um em 40 mil de sofrer um assassinato faz a chance de um em mil de alguém que agrediu a esposa vir a matá-la parecer enorme. Quando os estatísticos calcularam os números em seu devido contexto, suas estimativas da probabilidade de O.J. ser culpado ficaram bem grandes – mais de 50%. O fato de que o réu já havia agredido a esposa antes aumentava muito as chances de que fosse ele o assassino, o que teria ficado claro se Dershowitz houvesse colocado o número no contexto adequado.

De maneira similar, mesmo que as probabilidades que sir Roy Meadow usou para condenar Sally Clark pela morte de seus filhos estivessem próximas da realidade (e não estavam), sozinhas, elas ainda seriam muito enganosas. Meadow não levou em consideração que a probabilidade de ser um assassino – ainda mais um assassino em série – no Reino Unido é bem pequena. Qualquer número que Meadow usasse deveria ter sido situado no contexto dessa probabilidade bem pequena, o que teria reduzido muito a impressão causada no júri pelos dados apresentados. De fato, um matemático estimou que a probabilidade real de que Sally Clark não fosse culpada estaria mais perto de nove em dez, com base apenas na morte de seus dois filhos – uma enorme distância da chance de um em 73 milhões defendida por Meadow.

A falácia do promotor é poderosa porque explora nossa incompreensão inata das probabilidades. É contraintuitivo que uma probabilidade tão pequena (uma chance de um em 1 milhão de um exame estar errado, por exemplo) possa, em certos contextos, acabar sendo extremamente grande. Por conseguinte, poucas pessoas percebem quando um promotor ignora o contexto e, recorrendo a números suspeitos, faz um caso duvidoso parecer tão sólido quanto uma rocha.

Notas

Introdução (p.7-10)

1. As anotações de um assessor presidencial revelam a confusão na Casa Branca: "205 ou 207? O Departamento de Estado não consegue descobrir os nomes; supomos que McCarthy também não os tenha. 57? Comunistas, segundo McCarthy. Não sabemos se McCarthy tem uma lista. Ele diz que tem. Não sabemos a quem ele se refere."

1. Falsos fatos, falsas cifras (p.11-36)

1. Alguns meses depois, talvez por não querer ser superado pela colega, Keith Olbermann, outro apresentador da mesma emissora, alardeou "um estudo de cinco anos recém-concluído pela Indiana University", provando que, "após o nascimento do primeiro filho, 100% dos pais perdem pelo menos 12 pontos de QI, com uma perda média de 20." Estes números, também, são uma ficção.
2. Isto não impede os cientistas de tentar. Para testar a eficácia de analgésicos em ratos, pesquisadores usam uma chapa aquecedora calibrada. A dor é medida cronometrando o tempo que os animais levam para pular ou reagir de alguma outra maneira à superfície aquecida.
3. Embora os cálculos do Park Service provavelmente fossem os mais acurados, algumas estimativas bem-fundamentadas chegavam até cerca de 900 mil pessoas – ainda menos de 1 milhão, embora mais que o dobro dos números oficiais. Isso serve apenas para mostrar que até o ato aparentemente simples de contar objetos pode ser difícil – e politicamente delicado.
4. Assim que a fraude foi denunciada pelo comediante Jon Stewart, no *The Daily Show*, Sean Hannity admitiu o "engano": "Metemos os pés pelas mãos. Foi um erro involuntário, mas, ainda assim, um erro." Em seguida, forçando um sorriso, agradeceu a Stewart por assistir ao programa.
5. E 36% dos leitores acreditarão nessa estatística.
6. Supondo que a "verdade" exista, o que nem sempre é tão evidente. Estamos lidando com distâncias atômicas, e o conceito de "comprimento" deixa de ter um significado definido quando falamos em medições com esse grau de precisão. Os átomos do lápis estão em movimento constante, de modo que ele se expande e contrai – assim, seu comprimento não permanece o mesmo por mais de um instante. Depois de certo ponto, a natureza conspira para nos impedir de encontrar o tamanho "verdadeiro" de um lápis, fazendo da própria verdade algo indefinido. Mas o ponto central continua a valer: toda medição traz em si um grau de erro que obscurece a verdade.

7. No Capítulo 4, trataremos da margem de erro, a forma de indefinição preferida dos institutos de pesquisa.
8. Boa dose de esforço científico é dedicada a aumentar a precisão das medidas para nos aproximar da verdade pelo acréscimo de uma ou duas casas decimais. Por exemplo, durante as duas últimas décadas, a estimativa dos cientistas para a idade do Universo foi de "aproximadamente 15 bilhões de anos", passando por "14 bilhões de anos" e chegando a "13,7 bilhões de anos". Essa mudança parece sutil, mas representa um avanço extraordinário – quase revolucionário – em nosso conhecimento do cosmo.
9. Isso é muito comum também no mundo da ciência, graças a um fenômeno conhecido como "viés de publicação". Os periódicos especializados colhem as cerejas mais bonitas, isto é, selecionam para publicação os artigos mais interessantes. Isso significa que as pesquisas de resultados extraordinários são publicadas em periódicos de destaque, enquanto as menos sedutoras (incluindo as de resultados negativos) ficam relegadas às revistas de menor importância, ou nem chegam a ser publicadas. O viés de publicação distorce a ciência, fazendo com que novas drogas, por exemplo, pareçam mais eficazes do que de fato são.
10. Ainda que eu aponte Al Gore como colhedor de cerejas, existem dados inequívocos mostrando que o aquecimento global ocorre de fato. A questão é que o nível dos oceanos não vai subir seis metros tão cedo.
11. Na verdade, existe aqui um terceiro tipo de colheita de cerejas. Mesmo admitindo a importância da matemática e da leitura, as escolas ensinam muitas outras disciplinas: redação, ciência, história, entre outras. Os dados dessas matérias mostram melhoras discretas ou, em alguns casos, declínio, em especial nas últimas séries. O foco na leitura e (especialmente) na matemática como indicadores da melhoria de uma escola é uma visão parcial da realidade.
12. Os orçamentos estão sempre sujeitos a falácias matemáticas. É do interesse de seus criadores que as despesas pareçam minúsculas. Seus críticos, por outro lado, tentam fazer com que os números pareçam grandes. Ainda que os detalhes sejam tortuosos demais para este livro, vale mencionar que, nos Estados Unidos, o governo deixa certas despesas (os gastos com seguridade social, por exemplo) fora do orçamento oficial, computando-as em separado. Assim, os políticos podem colher cerejas, ignorando as despesas extraorçamentárias quando for conveniente.
13. Em casos como este, muitas vezes é melhor usar o conceito de *mediana* para descobrir o que seria um salário típico. Para calcular a mediana, enfileiramos os números do menor para o maior e selecionamos o que está no meio. Aqui, o salário mediano seria de US$ 1, o que evidentemente é mais representativo do "típico" do que a média.

2. O demônio de Rorschach (p.37-60)

1. A outra metade previne a doença, claro. Nas palavras do colunista Ben Goldacre, os jornais "continuarão com a tarefa de Sísifo, de dividir todos os objetos inanimados do mundo entre os que causam e os que curam o câncer". Infelizmente, esse

trabalho não leva a nada, pois, se dermos crédito às manchetes, certos compostos, como o vinho tinto, *tanto* curam *quanto* provocam câncer.

2. Os leitores de olhar atento notarão que o gráfico passou por um polimento de maçãs. Assim como no caso da Aveia Quaker, no Capítulo 1, a escala foi manipulada, não partindo do zero, como seria esperado. Desse modo, o aumento nos casos de câncer parece muito mais drástico do que na realidade.
3. Foi por esse motivo que fiz exatamente isso – no *Journal of Neuropathology and Experimental Neurology*, claro. O editor chefe tinha um excelente senso de humor.
4. Os lobistas contrários ao aspartame afirmam também, de maneira igualmente infundada, que o produto causa outros males, como esclerose múltipla, lúpus, convulsões e deficiência mental. Os ativistas também gostam de lembrar que um ex-presidente da primeira empresa que desenvolveu e fabricou a substância foi ninguém mais ninguém menos que Donald Rumsfeld, secretário de Defesa de George W. Bush.
5. Evidentemente, o fato de não conseguirmos provar que algo é perigoso não equivale a uma prova de que é seguro. Olmey apresentou outros dados (um estudo em ratos, por exemplo) para defender sua tese. Porém, é razoável supor que o aspartame (e muitos outros itens que foram culpados pelo câncer cerebral, como os telefones celulares) seja inocente das acusações, em parte pelas razões aqui apresentadas.
6. Por mais ridículo que fosse o causuísmo de afirmar que o fumo leva ao consumo de heroína, os republicanos se viram forçados a adotar posição ainda mais idiota: a de que o cigarro não era uma coisa tão ruim. "Não é consenso entre os cientistas e médicos que o cigarro cause dependência", afirmou o senador e candidato presidencial republicano Bob Dole, em 1996. A posição de Dole sobre o fumo era, digamos assim, quixotesca. "Sabemos que [fumar] não é bom para nossos jovens", disse ele alguns dias antes. "Mas muitas outras coisas também não são. Há quem diga que leite faz mal."
7. A "freira do bolinho", descoberta no Tennessee, desapareceu em 2005. O bolinho voltou a aparecer em Seattle dois anos mais tarde, porém, quando este livro foi escrito, a religiosa estava sumida de novo.
8. Uma previsão frustrada é um sinal muito claro da falsidade de um padrão. Padrões nos permitem fazer previsões: se acreditamos que o vermelho proporciona uma vantagem sobre o azul, somos capazes de prever que, em média, haverá mais vencedores de vermelho numa competição. Podemos, inclusive, ganhar algum dinheiro em apostas. Um padrão falso não tem nenhuma capacidade preditiva, pode parecer muito útil para entender dados passados, mas não resiste a um teste com dados novos. Isso é algo que sempre se repete (sim, trata-se de um padrão).
9. Para reduzir o risco da aposta, a equipe fez algumas simulações complexas no computador, que indicaram o dia "histórico", quando as mulheres vencerão os homens nos cem metros rasos: entre 2064 e 2788.
10. Sim, a previsão chegava à casa dos centésimos de segundo – um caso exemplar de desestimativa.

11. Cansado de ouvir tantas bobagens sobre previsões, escrevi um artigo de opinião no *Post*, usando uma obscura sequência numérica, os números de 4-Knödel, para prever o resultado da eleição, e com eficácia comprovada em todos os pleitos desde 1952. Seria uma tolice afirmar que tal sequência podia determinar o vencedor de uma corrida presidencial, mas a tolice – e o erro – não era menor do que a da previsão dos economistas, com sua regressão à lua.
12. Para aqueles que notaram que a fórmula, na forma como foi apresentada, não faz nenhum sentido matemático... Vocês estão certos. Isso, porém, não tem quase nenhuma importância.

3. Negócio arriscado (p.61-82)

1. Infelizmente, essas trapaças não são exclusividade do *60 Minutes*. Em 1992, o programa *Dateline NBC* dedicou um segmento espetacular aos perigos dos caminhões da GM, mostrando um veículo que se incendiava depois de uma colisão lateral. Havia uma falha de projeto, mas o *Dateline* omitiu o fato de que, para iniciar a chama, o programa havia prendido explosivos ao tanque de combustível do caminhão. Ao contrário do *60 Minutes*, o *Dateline* foi forçado a se retratar por suas ações. Sem nenhum sinal de ironia, Don Hewitt, produtor executivo de *60 Minutes*, aproveitou a ocasião para apregoar os elevados padrões de ética do seu programa: "Se isso tivesse acontecido no *60 Minutes*, declarou ele ao *New York Times*, "eu estaria procurando emprego amanhã."
2. Os Estados Unidos não estão sozinhos no mau gerenciamento de risco de ataques terroristas. Em meados de 2009, o Reino Unido relaxou seu nível de ameaças terroristas, de cinco pontos, de 2 ("grave") para 3 ("substancial"). Foi a primeira vez, desde que o sistema foi divulgado ao público, em 2006, que o nível de alerta esteve tão baixo.
3. Deveria haver inspeções que impedissem esse tipo de jogo sujo. A Enron era auditada por uma empresa externa, a Arthur Andersen, que deveria assegurar a retidão contábil da companhia. Mas essas empresas de contabilidade enfrentam um enorme conflito de interesses, afinal, são pagas pelos mesmos clientes cujos registros contábeis estão inspecionando. Assim sendo, os "vigias" ou bem fecham os olhos para o mau gerenciamento de risco ou bem enfrentam a possibilidade de perder um cliente importante. Mais de uma década antes do caso da Enron, um padrão similar foi observado no escândalo das instituições de poupança e empréstimo, que custou bilhões aos contribuintes. O exemplo da texana Silverado Banking é típico. Como se declarou num artigo: "Em 1985, os auditores da Silverado, da empresa Ernst & Whitnney, forçaram a instituição a divulgar perdas de US$ 20 milhões em razão de problemas com empréstimos. Os gerentes da instituição não ficaram satisfeitos com esse resultado, então se livraram da Ernst & Whitnney e contrataram a Coopers & Lybrand, que adotou uma posição mais flexível em relação aos registros contábeis. Em 1986, a Silverado divulgou um lucro de US$ 15 milhões, e os gerentes receberam

US$ 2,7 milhões em bônus. Um ano e meio depois, a empresa ruiu, custando ao governo algo em torno de US$ 1 bilhão."

4. Tragédia dos comuns: assim chamada porque o exemplo original dizia respeito ao hábito inglês de instituir uma área comunal de engorda (*commons*), usada livremente pelos proprietários de gado. Com o passar do tempo, numa tentativa de capitalizar essa área comum, as pessoas começaram a comprar cada vez mais reses, superpovoando a pastagem, que, assim, se tornou inútil.
5. Quando eu terminava de escrever este livro, a hemorragia não dava sinais de chegar ao fim. Os jornais expressavam indignação com o fato de que o Citigroup havia anunciado que daria a seus 25 executivos sêniores enormes bônus, inclusive um no espantoso valor de US$ 98 milhões, fazendo a AIG parecer sovina.

4. As falácias matemáticas nas pesquisas de opinião (p.83-111)

1. Uma que encontrei esta manhã: "Jesus e a princesa Diana lideram a pesquisa de opinião de mortos que mais gostaríamos de encontrar."
2. Esta pode ser a etimologia da expressão *straw-poll* [uma votação com resultados desconhecidos], talvez relacionada ao costume de segurar uma palha [*straw*] contra o vento a fim de observar para que lado ele sopra.
3. As pesquisas de opinião não são o único recurso de que a imprensa dispõe para fabricar notícias. A escolha do Homem do Ano pela revista *Time* é um antigo exercício de chamar atenção com pseudonotícias. As listas de "dez melhores" ou "cem melhores" também são muito eficazes – e parecem se multiplicar com rapidez.
4. Na maioria das vezes, pelo menos. A cada eleição, diversos veículos de imprensa divulgam previsões astrológicas. Em meados de 2008, a rede de TV ABC divulgou que os astrólogos previam que Barack Obama "venceria a eleição presidencial em novembro" porque Saturno estava em oposição a Urano. Em 2004, a Reuters citou um astrólogo indiano: "É por uma injunção cósmica que George W. Bush não pode se tornar presidente dos Estados Unidos de novo." Essas histórias são frequentemente, mas nem sempre, relegadas às seções do tipo "notícias bizarras", em que os jornalistas atiçam a curiosidade do público flertando com óbvias falsidades.
5. Para ser mais exato, o erro estatístico diminui em proporção direta à raiz quadrada do tamanho da amostra.
6. Se você gosta de matemática, leia o Anexo A para uma explicação mais completa sobre erro estatístico e margens de erro.
7. Se, numa pesquisa de opinião, tivermos uma amostra de tamanho n, obteríamos uma excelente estimativa da margem de erro a partir da fórmula $0{,}98/\sqrt{n}$. É por isso que, hoje em dia, tantas pesquisas de opinião têm uma margem de erro de 3,1: ela corresponde a uma amostra de mil pessoas, tamanho bom e arredondado.
8. Os órgãos de imprensa adoram fingir que suas ações são motivadas por um desejo altruísta de colaborar para o bem público. Entretanto, na condição de empresas, elas

são mais frequentemente motivadas pelo oportunismo corporativo. Vários anos antes, o editor da *Digest* admitiu ao Congresso que suas pesquisas de opinião, por mais caras que fossem, eram "uma oferta comercial. Anexado a cada cartão-postal enviado para votação, havia uma proposta de assinatura da revista. Os retornos em assinaturas foram enormes e serviram para cobrir os custos da pesquisa."

9. Isso é impossível se estivermos falando de quantidade média parceiros sexuais, como o uso da palavra "médio" pela Associated Press deixa implícito. Entretanto, o estudo referia-se, na verdade, ao número *mediano* de parceiros, e não ao número médio. Tecnicamente, é *possível* que o número mediano de parceiros do sexo masculino seja drasticamente diferente do número mediano de parceiras do sexo feminino, mas isso é muito, muito improvável – e, na verdade, as pesquisas de opinião que divulgam o número médio de parceiros sexuais também apresentam essa mesma falha, afirmando que os homens fazem sexo com mais gente que as mulheres.
10. Supondo que o número de homens seja aproximadamente igual ao número de mulheres, o que é verdade.
11. As evidências das mentiras são claras. Em 2003, um estudo mostrou que, quando os participantes das pesquisas são conectados a um falso detector de mentiras, a diferença entre as respostas de homens e mulheres diminui drasticamente.
12. Quando as redes de comunicação descobriram o erro, seus executivos declararam que o problema os tornaria mais cuidadosos no que se refere ao uso de pesquisas de opinião para projetar o vencedor de uma corrida eleitoral. Com a previsibilidade de um relógio, a cada punhado de anos, uma pesquisa de boca de urna falha de maneira vergonhosa. Previsível como um relógio, a mídia promete ser mais cuidadosa da próxima vez. E nada muda.
13. Por exemplo, em janeiro de 2006, o *New York Times* fez duas perguntas sobre o controverso programa de escutas telefônicas sem ordem judicial que vinha a público na época. Uma pergunta continha uma frase sobre a alegação de Bush, de que as escutas telefônicas eram necessárias na luta contra o terrorismo. O público foi a favor, com 53% a 46%. Uma formulação alternativa da questão omitia a alegação de Bush, e o público foi contra, com 46% a 50%. Poucas organizações de notícias foram tão cuidadosas. Por exemplo, a pergunta da Rasmussen nem sequer mencionava a falta de autorização ou ordens judiciais para o uso de escutas telefônicas, de modo que não foi nenhuma surpresa que a pesquisa tenha chegado à conclusão de que a população apoiava os métodos do governo.
14. Imagine uma pesquisa de opinião em que perguntássemos à metade dos entrevistados: Você acha aceitável fumar enquanto reza? E, à outra metade: Você acha normal rezar enquanto fuma? Embora o comportamento posto em questão pelas duas perguntas seja essencialmente o mesmo, as duas redações produziriam resultados muito diferentes.

5. Disfunção eleitoral (p.112-47)

1. A votação eletrônica *é* um pouco diferente, no sentido de que não é mais necessário haver uma cédula física a ser contada. Ver mais sobre o assunto no Anexo B.
2. Coleman era perseguido por acusações – que motivaram uma investigação do FBI – a respeito de presentes inapropriados dados à sua mulher por um grande doador de fundos de campanha para a reeleição.
3. Também houve mentiras deslavadas. Knaak acusou uma juíza eleitoral de transporte irregular de urnas, porque conduziu-as no banco de trás de seu carro. A acusação foi reproduzida pelo *Wall Street Journal* e por diversos outros meios de comunicação – Sean Hannity citou o caso insistentemente, por várias noites seguidas. No fim das contas, tudo não passou de um boato.
4. Na verdade, nem os erros que se distribuem igualmente para ambos os lados "neutralizam-se uns aos outros", e pode-se esperar que eles produzam oscilações bem grandes a favor de um candidato ou de outro.
5. Se as pessoas cujos votos são contados realmente representam o ideal democrático da "vontade do povo", essa é uma questão mais profunda, que será abordada no próximo capítulo.
6. Muitos jornalistas não compreendem isso. Durante a recontagem em Minnesota, a afiliada à rede ABC em Mineápolis encomendou uma pesquisa de opinião para descobrir quem seria o vencedor caso se fizesse nova votação. Adoraria conhecer o gênio que achou que uma pesquisa cuja margem de erro era de 4,2% poderia esclarecer qualquer coisa a respeito de uma eleição em que o primeiro e o segundo colocados estavam separados por 0,007% dos votos depositados nas urnas.
7. Esse erro específico foi corrigido (na surdina) aproximadamente duas semanas depois de comunicado por mim à organização (sem fins lucrativos) Citizens for Election Integrity Minnesota, que, ao que parece, mexeu seus próprios pauzinhos para informar o escritório do secretário do estado de Minnesota acerca deste e de vários outros problemas que eu havia encontrado. No final, acabei escrevendo uma carta de quatro páginas para o secretário do estado e para os comitês dos dois candidatos, citando grande número de zonas eleitorais onde parecia haver erros de tabulação. Não tenho certeza se o documento chegou a ser lido, já que muitas das inconsistências por mim apontadas nunca foram abordadas, pelo que menos que eu tenha tomado conhecimento.
8. Naturalmente, os partidos costumavam procurar a imprensa para protestar sempre que o adversário recebia mais votos, e preferiam ficar calados quando os erros funcionavam a seu favor: um caso clássico de colheita de cerejas dos dois lados.
9. A escolha é feita por meio de um dispositivo de seleção aleatória de alta tecnologia: pedacinhos de papel retirados de uma bolsa de papel pardo. O secretário de Estado de Minnesota, Mark Ritchie, sentia certa vergonha desse procedimento, mas argumentava que o estado havia desistido do já experimentado e comprovado método do aquário de vidro quando o encarregado do sorteio ficou com a mão presa no aquário.

10. Se restringíssemos os números ao caso em que as cédulas não fossem contestadas por nenhum dos lados, a taxa de erro cairia aproximadamente pela metade, chegando a 0,02%, mas esse grau de erro subjacente é o mais baixo a que se pode chegar. Falhas na contagem são inevitáveis.
11. Essa motivação ficou claríssima quando as duas campanhas, ainda que a contragosto, retiraram suas contestações mais tolas. Os partidários de Coleman só mudaram de atitude depois que os de Franken retiraram algumas das contestações. Assim, quando os democratas abriam mão de algumas contestações, os republicanos retiravam quase exatamente o mesmo número. Essa era a única forma que os correligionários de Coleman encontraram de garantir a conservação de sua pseudoliderança na apuração dos votos.
12. A regra de que "não pode haver marcas de identificação" nos votos se mostrou particularmente problemática. Um número bastante alto de pessoas preenchia o espaço errado na cédula. Quando se davam conta do engano, colocavam um X sno espaço relativo ao candidato errado e cuidadosamente preenchiam o espaço do candidato certo. Esses desafortunados eleitores, então, punham suas iniciais na margem da cédula para indicar que aprovavam a mudança – como se faz em um contrato –, comprometendo, dessa forma, o voto, porque faziam uma marca de identificação.
13. A título de informação, acho que a decisão quanto aos homens-lagarto foi correta; era um voto duplo. No entanto, acredito que uma interpretação exageradamente rigorosa das leis eleitorais levou as forças pró-Coleman a uma mentira absurda – para conseguir o que queriam, tiveram de fingir uma crença sincera na existência de uma pessoa de carne e osso chamada "Homens-lagarto", que, de alguma forma, havia convencido um cidadão de Minnesota a votar nela para o Senado.
14. Nos Estados Unidos, as eleições presidenciais têm uma estrutura curiosa. Os cidadãos votam para eleger os "eleitores" que os representarão em um órgão – o colégio eleitoral – que determina formalmente quem será o próximo presidente. As regras de como indicar esses eleitores ficam a cargo de cada estado. Na maioria dos estados, funciona um sistema conhecido como "o vencedor ganha tudo"; aquele que conseguir mais votos na eleição (normalmente) obtém todos os votos dos eleitores do estado. Por conseguinte, em uma disputa presidencial apertada, os votos de um número de eleitores relativamente alto – ou mesmo suficiente para determinar o vencedor de uma disputa – pode depender de algumas centenas de votos. Foi isso o que aconteceu na Flórida.
15. O número de votos recebidos por Buchanan, cerca de 3.400, foi mais de dez vezes maior que o número de votos que se esperava para o candidato, considerando-se o histórico do condado e os padrões de votação dos habitantes da Flórida, mesmo sob condições extraordinárias. Quando o porta-voz de Bush – e posteriormente seu secretário de imprensa –, Ari Fleischer, explicou a anomalia insistindo que "o condado de Palm Beach é um baluarte de Pat Buchanan", até a equipe de Buchanan disse que a afirmação era uma "insensatez".
16. Outro exemplo de inversão de papéis veio de uma série de ações judiciais nos condados de Seminole e Martin. Esses processos baseavam-se em alegações de que agentes republicanos puderam alterar formulários preenchidos de maneira errada

por eleitores que haviam solicitado cédulas de voto por correspondência – procedimento questionável que deslegitimava milhares e milhares de votos enviados pelo correio nesses condados. As forças pró-Gore (mas não o próprio candidato, embora parte de sua equipe jurídica tenha querido convencê-lo a se juntar à ação) tentaram invalidar essas cédulas, já que isso parecia ser uma exigência da legislação estadual. (Regras são regras!) Se os autores das ações houvessem conseguido o que queriam, é provável que fosse eliminado um total de 2.000 a 2.500 votos de Bush, dando vitória a Gore. Como era de se esperar, as forças pró-Bush (inclusive sua equipe) lutaram com unhas e dentes para manter essas cédulas na disputa. (Que se conte cada voto!) Nessa batalha, em particular, a equipe de Bush acabou levando a melhor.

17. Tomando o coeficiente entre o número de votos populares e o de eleitores no colégio eleitoral como uma medida aproximada do valor de cada voto, um cidadão do distrito de Columbia tinha peso duas vezes maior que um californiano na eleição presidencial do ano 2000. Isso significa, obviamente, que os votos não têm o mesmo valor.
18. A maioria dos juízes reconheceu quão danoso era o argumento baseado na cláusula da igualdade. Tinham a intenção de eleger Bush, mas não queriam sofrer as consequências da lógica que adotavam; então, introduziram uma pequena observação na sentença, a fim de evitar que a decisão viesse a ser usada como precedente. "Nossa consideração é limitada às circunstâncias presentes, pois o problema de igualdade de proteção em processos eleitorais apresenta, em geral, muitas complexidades." Isso era algo inédito; nunca antes a Suprema Corte havia tentado se esquivar das consequências de suas deliberações. Ao tentar tomar uma decisão válida somente para aquele caso específico, a Suprema Corte criou um caos jurídico. ("Com todo respeito, a Suprema Corte não profere decisões que não possam ser usadas como precedentes", decretou um tribunal inferior, alguns anos mais tarde. Sabemos que as coisas estão desarrumadas quando instâncias inferiores contestam a Suprema Corte, e não o contrário.) O mero fato de citar o caso Bush contra Gore numa argumentação jurídica leva a um paradoxo lógico – como é possível basear um argumento na sentença da Suprema Corte se o próprio ato de citá-la significa que discordamos dela? (Obviamente, isso não impede que os advogados tentem fazê-lo!)
19. Além disso, a grande maioria das grandes discrepâncias numéricas mais significativas – de mais de um ou dois votos – era registrada no condado de Ramsey, onde Franken era o favorito. Como já foi mencionado, o registro do número de eleitores parecia estar sob os cuidados de um orangotango. Os erros eram evidentes e fáceis de demonstrar. A divergência se devia ao fato de que os dados acerca do comparecimento às urnas não eram confiáveis, e não a votos magicamente surgidos do nada (ou contados duas vezes).
20. Isto é, "até então despercebidos" por quem estava morando em Marte.
21. Foi isso o que fizeram na disputa entre Bush e Gore. Vários jornais gastaram rios de dinheiro e tempo contando e recontando os votos de várias maneiras. A conclusão a que chegaram: Gore venceu… ou Bush venceu, dependendo de como é feita a contagem.

6. Injustiça eleitoral (p.148-75)

1. Assim como inúmeros outros métodos de votação que os reformistas eleitorais gostam de debater, como a votação de Condorcet, a votação por aprovação etc., a lista é longa. A meu ver, o melhor sistema é o voto plural, pois emprega cédulas mais simples, minimizando assim a incidência de erros cometidos pelo eleitor.
2. Paradoxalmente, a Lei do Direito de Voto já foi interpretada como um *incentivo* à "gerrymandra" racial, como meio de conferir mais poder às minorias sub-representadas. Entretanto, casos julgados pela Suprema Corte em 1993 e 1995 serviram para dar um basta a essa prática.
3. Na década de 1990, os republicanos do Texas agruparam distritos pró-democratas de tal maneira que um pequeno número de congressistas democratas afro-americanos acabou tirando a vaga de um número maior de democratas brancos, de modo que o ganho para os afro-americanos representou, na verdade, uma perda para o Partido Democrata. Foi um plano diabolicamente inteligente, chamado por seus criadores de "Projeto *Ratfuck*".
4. A prática da gerrymandra é um problema que tem solução. Os matemáticos têm maneiras de determinar quais gerrymandras têm motivações políticas, de modo que é possível estabelecer critérios. Alguns estados possuem comitês externos apartidários encarregados de redesenhar os limites distritais, adequando-os às mudanças demográficas.
5. Esse tipo de cláusula isentava uma pessoa de pagar a taxa eleitoral se ela provasse que seu avô havia tido o direito de voto (coisa que os brancos, em geral, podiam fazer, mas não os afro-americanos). Hoje, sem o ranço racista original, a cláusula do avô se refere a um tipo de isenção estabelecido por alguma lei anterior.
6. É interessante observar que a palavra inglesa para votação, *poll*, usada na expressão *poll tax* (imposto de votação), não se refere especificamente a eleições, embora, na prática, funcione como um imposto sobre o comparecimento às urnas. O termo *poll* vem do inglês médio *polle*, "cabeça" – assim, uma *poll tax* era na verdade um imposto cobrado sobre a cabeça de cada pessoa (também conhecido como "capitação", ou imposto per capita). Um local de votação, por outro lado, é um lugar onde sua cabeça é contada, então, compartilha-se a etimologia. No entanto, é uma notável coincidência que os impostos de votação fossem usados para impedir as pessoas de votar.
7. Sem dúvida, pela presença da mais temida das "criaturas" marinhas, o monstro do acaso estatístico.
8. A oposição à amostragem e a outras formas de supressão de eleitores não está mais arraigada no Partido Republicano do que a defesa das minorias e do direito ao voto no pensamento da maior parte dos democratas. Se os papéis fossem invertidos – se fossem principalmente os republicanos contados a menos –, é bem provável que os democratas tentassem suprimir a amostragem, e os republicanos, lutado por ela. Tudo não passa de uma luta política mesquinha em busca de vantagens políticas.

9. Uma teoria é que a mudança foi motivada pelo medo de fazer um recenseamento que não fosse aprovado por Deus. Segundo a Bíblia, quando o rei Davi exigiu um recenseamento não sancionado, Deus o puniu enviando uma peste que matou 70 mil israelitas em três dias.
10. O termo *deck* ("maço") refere-se aqui a uma pilha de cartões perfurados, o que mostra há quanto tempo essa técnica está em uso – desde a primeira metade do século XX.
11. A Constituição exige que todas as pessoas sejam contadas, não apenas os cidadãos naturais dos Estados Unidos e os imigrantes legalizados.

7. Realidades paralelas (p.176-95)

1. O documentário de Errol Morris, *A tênue linha da morte*, faz um relato envolvente de um desses casos.
2. É difícil definir exatamente quantos. O próprio Grigson declarou, em meados da década de 1990, ter colaborado como testemunha em quase quatrocentos casos de pena capital; outras fontes avaliam o número em torno de 150 a duzentos. Seja como for, na maioria das vezes o médico considerou o réu um sociopata.
3. Esse caso me chamou atenção porque meu livro *Zero* e outro também sobre o número zero foram citados como apoio para essa opinião.
4. Apesar do absurdo numérico contido na sentença, acho que o caso foi decidido corretamente. Há uma cláusula nas regulamentações que lida especificamente com a reativação de serviços em uma ferrovia antes abandonada, e parece tornar desnecessária a elaboração de um relatório ambiental, a menos que haja um aumento de pelo menos oito trens por dia. (Mas as regulamentações são tão mal-escritas que é difícil ter certeza disso.)
5. Stevens também não é poupado pelo artigo, que aponta, corretamente, que a ausência de evidências a favor da existência de um efeito dissuasivo não equivale a uma evidência de que não há nenhum efeito dissuasivo. Em outras palavras, o fato de não haver provas de que a pena capital funciona não significa que ela não esteja funcionando.
6. Essa ainda é uma simplificação grosseira, pois pelo menos um condenado que teve sua sentença anulada graças a um exame de DNA havia de fato assinado uma confissão de culpa na tentativa de receber pena mais leve. Pra sermos mais exatos, isso significa que não deveríamos excluir todas as confissões de culpa; é preciso incluir de novo aqueles que se declararam culpados, mas sabiam ser inocentes. Isso reduziria o número para um pouco menos de um em vinte. (Esses valores, não passam, evidentemente, de uma tentativa de aproximação – não podemos nos esquecer do fator de dez, empregado como recurso retórico –, e não devem ser considerados como nada além de um bom chute.)

8. Propaganda baseada em números (p.196-214)

1. Sim, isso realmente aconteceu. O míssil em questão era um projétil antibalístico conhecido como Thaad, o teste foi realizado em 29 de março de 1999, e o oficial responsável foi o general de divisão Paul Kern, da Divisão de Aquisições do exército americano.
2. Como disse um jornalista em 1969: "Nos bastidores políticos, fala-se em conseguir uma fórmula da paz 'à prova de Alsop'. Isso significa uma fórmula que o colunista Joseph Alsop aceitasse, mesmo que de má vontade."
3. Argumento que Bellesiles negou com veemência.
4. Aqueles que desejarem conhecer mais detalhes sobre as interessantes (e inquietantes) implicações da teoria da informação talvez se interessem pelo meu livro *Decodificando o Universo*.
5. Ironicamente, os soviéticos *estavam* de fato violando um tratado sobre armas biológicas – mas não a proibição de testes nucleares.

Anexo B (p.220-3)

1. Houve uma diferença de quase 30% entre o número de eleitores franceses que foi às urnas votar e o número de votos registrados nos distritos com máquinas de votação eletrônica, em comparação a uma discrepância de 5% nos distritos que usavam as tradicionais cédulas em papel.

Referências bibliográficas

Documentos

Avery vs Georgia, 345 U.S. 559 (1953).

Baker vs Carr, 369 U.S. 186 (1962).

Barefoot vs Estelle, 463 U.S. 880 (1983).

Bartlett vs Strickland, 556 U.S. 880 (2009).

Baze vs Rees, 553 U.S. 880 (2008).

Berry vs Chaplin, 74 Cal. App. 2d 652; 169 P.2d 442 (1946).

Berry vs Chaplin, 74 Cal. App. 2d 669; 169 P.2d 453 (1946).

Bush vs Gore, 531 U.S. 98 (2000).

Bush vs Palm Beach County Canvassing Board, 531 U.S. 70 (2000).

Butler vs Thompson, 97 F. Supp. 17 U.S. District Court for the Eastern District of Virginia (1951).

Callins vs Collins, 510 U.S. 1141 (1994).

Clark, R vs [2000] EWCA Crim 54 (2 out 2000).

CNW Marketing Research, Inc. "Dust to Dust: The Energy Cost of New Vehicles from Conceptto Dispossal" (Mar 2007)

Coleman et al. vs Franken, n.62-CV-09-56 (2009).

Davis vs Bandemer, 478 U.S. 109 (1986).

Department of Commerce. *U.S. Census Monitoring Board, Final Report to Congress*, n.6, 1º set 2001.

Department of Commerce vs U.S. House of Representatives, 525 U.S. 326.

District Attorney's Office for the Third Judicial District vs Osborne, 521 F.3d 1118 (2009).

Durose, Matthew R. e Patrick A. Langan. "State Court Sentencing of Convicted Felons, 2002 Statistical Tables". NCJ 208910. Department of Justice, Office of Justice Programs, Bureau of Justice Statistics, mai 2005.

Fladell vs Palm Beach County Canvassing Board, SC00-2373, SC00-2376 (2000).

General Accounting Office. "Death Penalty Sentencing: Research Indicates Pattern of Racial Disparities". GAO-GGD-90-57, fev 1990.

______. "2000 Census: Coverage Measurement Programs' Results, Costs, and Lessons Learned". GAO-03-287, jan 2003.

Gore vs Harris, SC00-2431 (2000).

Harman vs Forssenius, 380 U.S. 528 (1965).

Harper vs Virginia Bd. of Elections, 383 U.S. 663 (1966).

Hennepin County Minnesota Voters Alliance vs City of Minneapolis, Minnesota Supreme Court A09-182 (2009).

Herrera vs Collins, 506 U.S. 390 (1993).
Jacobs vs Seminole County Canvassing Board, SC00-2447 (2000).
Kansas vs Marsh, 548 U.S. 390 (2006).
League of United Latin American Citizens vs Perry, 548 U.S. 399 (2006).
Lee, Margaret Mikyung. "Sampling for Census 2000: A Legal Overview". Library of Congress, Congressional Research Service, Report CRS-97-871, 30 dez 1998.
Lee's Summit vs Surface Transportation Board, 231 F.3d 39; 343 U.S. App. D.C. 405 (2000).
Lulac vs Perry, 548 U.S. 399 (2006).
Minnesota Election Laws 2008.
NAACP vs Harris, 01-120-CIV-GOLD / SIMONTON (2002).
Namudno vs Holder, 557 U.S. (2009).
Palm Beach County Canvassing Board vs Harris, SC00-2346 (2000).
People vs Collins, 68 Cal. 2d 319; 438 P.2d 33; 66 Cal. Rptr. 497 (1968).
Presidential Commission on the Space Shuttle Accident. *Report of the Presidential Commission on the Space Shuttle Accident*, 6 jun 1986.
Reunião do Minnesota State Canvassing Board, 18 nov 2008.
Reynolds vs Sims, 377 U.S. 533 (1964).
South Dakota Codified Laws.
Stewart vs Blackwell, n.05-3044, Sexta Corte de Apelação (2006).
Taylor vs Martin County Canvassing Board, SC00-2448 (2000).
Texas Code of Criminal Procedure.
Texas Health and Safety Code.
United States of America vs Russell Cletus Maricle et al., n.09-16-S-DCR. U.S. District Court, Eastern District of Kentucky, Southern Division, London (2009).
U.S. Commission on Civil Rights. "Voting rights enforcement & reauthorization", mai 2006.
U.S. Congress. House of Representatives, Committee on Oversight and Government Reform. "Hearings on the causes and effects of the AIG bailout", 7 out 2008.
U.S. House of Representatives vs U.S. Department of Commerce et al., Civ. A. n.98-0456.
Utah vs Evans, 536 U.S. 452 (2002).
Vieth vs Jubelirer, 541 U.S. 267 (2004).
Voting Rights Act of 1965.

Artigos e livros

Agresti, Alan e Brett Parnell. "Misvotes, undervotes and overvotes: The 2000 presidential election in Florida". *Statistical Science*, n.4, 2002, p.436-40.
"A Kerry win might be in the stars". Reuters, 29 out 2004.
Alexander, Michele G. e Terri D. Fisher. "Truth and consequences: using the Bogus Pipeline to examine sex differences in self-reported sexuality". *Journal of Sex Research*, fev 2003, p.27-35.

Alpert, Lukas I. "Academics develop formula for perfect butt". *New York Post*, 13 abr 2006.

Alsop, Joseph. "Joint vietnamization efforts are working in Delta Hamlets". *Washington Post*, 26 set 1969, A27.

Altman, Lawrence. "Stop those presses! Blondes, it seems, will survive after all". *New York Times*, 2 out 2002, A5.

Angier, Natalie. "2 experts say women who run may overtake men". *New York Times*, 7 jan 1992.

Ansolabehere, Stephen e Andrew Reeves. "Using recounts to measure the accuracy of vote tabulations: evidence from New Hampshire elections, 1946-2002". Caltech/ MIT Voting Technology Project, VTP Working Paper, 11 jan 2004.

Anúncio de revista do Heinz Tomato Juice. *Literary Digest*, 14 nov 1936, p.3.

"Average man sleeps with 7 women". Associated Press, 22 jun 2007.

Aynesworth, Hugh. "Texas 'Dr. Death' retires after 167 capital case trials; felt murderrers would kill again". *Washington Times*, 21 dez 2003, A02.

Backstrom, Charles H. e Leonard Robins. "The Supreme Court prohibits Gerrymandering: a gain or a loss for the States?". *Publius*, verão de 1987, p.101-9.

Bakst, Brian. "Coleman keeps edge as hand recount wraps up". Associated Press, 5 dez 2009.

______. "Most 'undervotes' cast in counties won by Obama". Associated Press, 7 nov 2008.

Baldus, David C., Charles Pulaski e George Woodworth. "Comparative review of death sentences: an empirical study of the Georgia experience". *Journal of Criminal Law and Criminology*, outono de 1983, p.661-753.

Baldus, David C. et al. "Identifying comparatively excessive sentences of death: a quantitative approach". *Stanford Law Review*, nov 1980, p.1-74.

Beil, Laura. "Groups expel Texas psychiatrist known for murder cases". *Dallas Morning News*, 26 jul 1995, A36.

Bell, Trudy E. e Karl Esch. "The space shuttle: a case of subjective engineering". *IEEE Spectrum*, jun 1989, p.42-6.

Bellesiles, Michael A. "The origins of gun culture in the United States, 1760-1865". *Journal of American History*, set 1996, p.425-55.

Benac, Nancy. "AP poll: americans optimistic for 2007". Associated Press, 30 dez 2006.

Benjamin, Burton. *The CBS Benjamin Report*. Washington, D.C., Media Institute, 1984.

"Bernanke on the Record". *NewsHour with Jim Lehrer*, 26 jul 2009.

Best, Joel. *Damned Lies and Statistics*. Berkeley, University of California Press, 2001.

______. *More Damned Lies and Statistics*. Berkeley, University of California Press, 2004.

Bialik, Carl. "The limits of exit polls". *Wall Street Journal*, 21 fev 2006.

Blau, Julian H. "A direct proof of arrow's theorem". *Econometrica*, jan 1972, p.61-7.

Blue Dog Coalition. "Bush administration breaks record". Nota à imprensa, 4 nov 2005.

Blue, Elizabeth. "October 26, 2028 could be our last day". *Herald* (Glasgow), 13 mar 1998, p.1.

Boorstin, Daniel J. *The Image: A Guide to Pseudo-Events in America*. Nova York, Vintage, 1987.

Bowles, Scott. "Park police can count on a disputed crowd figure; aerial photos, bus tallies crucial to accuracy". *Washington Post*, 15 out 1995.

Bradlee, Benjamin C. *Conversations with Kennedy*. Nova York, Norton, 1975.
Brean, Joseph. "Is the end nigh? Science experiment could swallow Earth, critics say". *National Post*, 9 set 2008, Al.
"Briefings: a ritual of noncommunication". *Time*, 10 out 1969.
Brigham, Erwin R. "Pacification measurement". *Military Review*, mai 1970, p.47-55.
Brind, J. et al. "Induced abortion as an independent risk factor for breast cancer: a comprehensive review and meta-analysis". *Journal of Epidemiology and Community Health*, n.50, 1996, p.481-96.
Brown, Curt. "Minnesota's vote: Cast into doubt". *Minneapolis Star-Tribune*, 14 dez 2008.
Bryson, Maurice C. "The literary digest poll: making of a statistical myth". *American Statistician*, nov 1976, p.184-5.
Busch, George W. *Homeland Security Presidential Directive 3*. Subject: Homeland Security Advsory System, 11 mar 2002.
______. *State of the Union Address*, 23 jan 2007.
Campbell, Denis. "Simple ways to make yourself far cleverer". *Observer* (UK), 5 mar 2006.
Carter, Bill. "3 networks admit error in Arizona primary calls". *New York Times*, 29 fev 1996, B9.
"Clinton assails Dole on Tobacco and Liquor Company on TV ads". Associated Press, 16 jun 1996.
Clymer, Adam. "Senate is told that cigarettes are 'entry' into hard drugs". *New York Times*, 11 mar 1994, p.22.
Cooke, Roger. *Experts in Uncertainty*. Oxford, Oxford University Press, 1991.
Condado de Stearns, Minnesota. "U.S. Senate Race Recount Facing More Challenges". Nota à imprensa, 24 nov 2008.
Cramer, Clayton E. "Why footnotes matter: checking *Arming America's* claims". *Plagiary: Cross-Disciplinary Studies in Plagiarism, Fabrication, and Falsification*, n.11, 2006, p.1-31.
Croen, Lisa A. et al. "The changing prevalence of autism in California". *Journal of Autism and Developmental Disorders*, jun 2002, p.207-15.
Daly, Christopher e Hamil Harris. "Boston U. Sets March At 837,000". *Washington Post*, 28 out 1995, C3.
Davis, Don. "Senate race in overtime". *Worthington (MN) Daily Globe*, 6 nov 2008.
De Sola Pool, Ithiel et al. *Hamlet Evaluation System Study (HES) ACG60F*. Cambridge, MA, Simulmatics Corporation, 1º mai 1968.
Derbyshire, David. "The world ends on Feb 1 2019 (possibly)". *Daily Telegraph* (UK), 25 jul 2002, p.3.
Diaz, Kevin e Bob von Sternberg. "$12 million later, still no senator from Minnesota". *Minneapolis Star-Tribune*, 16 abr 2009.
Donohue, John J. e Justin Wolfers. "Uses and abuses of empirical evidence in the death penalty debate". *Stanford Law Review*, n.3, 2006, p.791-845.
Dorin, Dennis D. "Far right of the mainstream: racism, rights, and remedies from the perspective of Justice Antonin Scalia's McCleskey Memorandum". *Mercer Law Review*, n.45, 1993-94, p.1036-88.

"'Digest' poll machinery speeding up". *Literary Digest*, 29 ago 1936, p.3.

Doyle, Pat e Mike Kaszuba. "Coleman makes dramatic switch in his strategy". *Minneapolis Star-Tribune*, 19 jan 2009.

Drentea, Patricia e Paul J. Lavrakas. "Over the limit: the association among health, race, and debt". *Social Science and Medicine*, n.50, 2000, p.517-29.

Duchschere, Kevin, Curt Brown e Pam Louwagie. "Recount: the Coleman-Franken brawl drags on". *Minneapolis Star-Tribune*, 5 nov 2008.

Duchschere, Kevin e Mike Kaszuba. "Senate race certification set for Monday with Franken up 225 votes". *Minneapolis Star-Tribune*, 4 jan 2009.

Dyer, Claire. "Sally Clark freed after appeal court quashes her convictions". *British Medical Journal*, 8 fev 2003, p.304.

Edington, Will E. "House Bill no. 246, Indiana State Legislature, 1897". *Proceedings of the Indiana Academy of Science*, n.45, 1935, p.206-10.

Eggen, Dan. "Justice staff saw Texas districting as illegal". *Washington Post*, 2 dez 2005, Al.

Ellul, Jacques. *Propaganda: The Formation of Men's Attitudes*. Nova York, Vintage, 1965.

Emma, Charles King. "Observations on physical inventory and stock record error". *Journal of Industrial Engineering*, jul 1967, p.396-402.

Enguehard, Chantal. "Transparency in electronic voting: the great challenge". Artigo apresentado à International Political Science Association, RC 10, sobre democracia eletrônica, conferência sobre "E-democracy – State of the art and future agenda". Stellenbosch University, África do Sul, 22-24 jan 2008.

Fair, Ray C. "The effect of economic events on votes for President". *Review of Economics and Statistics*, mai 1978, p.159-73.

______. "The effect of economic events on votes for President", atualização de 1992. *Political Behavior*, jun 1996, p.119-39.

"Farewell to the Follies". *Time*, 12 fev 1973.

Feynman, Richard. *What Do You Care What Other People Think?* Nova York, Norton, 1988.

Freedman, Samuel. *Letters to a Young Journalist*. Nova York, Basic Books, 2006.

Fried, Richard M. *Men Against McCarthy*. Nova York, Columbia University Press, 1976.

Fryar, Cheryl et al. "Drug use and sexual behaviors reported by adults: United States, 1999-2002". *Advance Data from Vital and Health Statistics*, n.384. National Center for Health Statistics, s/d.

Gallup, George e Saul Forbes Rae. *The Pulse of Democracy*. Nova York, Simon and Schuster, 1940.

Gardner, Martin. *Fads and Fallacies in the Name of Science*. Nova York, Dover, 1952.

Gissler, Mika, et al. "Injury deaths, suicides, and homicides associated with pregnancy, Finland, 1987-2000". *European Journal of Public Health*, n.5, 2005, p.459-63.

Goldacre, Ben. "You are hereby sentenced eternally to wander the newspapers, fruitlessly mocking nutriwoo". *Guardian* (UK), 19 jul 2008.

Good, I.G. "When batterer turns murderer". *Nature*, 15 jun 1995, p.541.

Griffith, Elmer Cummings. *The Rise and Development of the Gerrymander*. Tese de doutorado, Chicago, Scott, Foresman and Company, 1907.

Griffith, Robert. *The Politics of Fear*. Amherst, University of Massachusetts Press, 1987.

Gross, Samuel R. et al. "Exonerations in the United States 1989 through 2003". *Journal of Criminal Law and Criminology*, n.2, 2005, p.523-60.

Grofman, Bernard e Gary King. "The future of partisan symmetry as a judicial test for partisan gerrymandering after Lulac v. Perry". *Election Law Journal*, n.1, 2007, p.2-35.

Hall, Mimi. "Ridge Reveals Clashes on Alerts". *USA Today*, 10 de maio de 2005.

Hamill, Pete. *Irrational Ravings*. Nova York, Putnam, 1971.

Hammond, William M. *Reporting Vietnam*. Lawrence, University Press of Kansas, 1998.

Harsch, Joseph C. "The Politics of Peace". *Christian Science Monitor*, 9 jan 1969, p.18.

Hasen, Richard. "Looking for standards (in all the wrong places): partisan gerrymandering claims after Vieth". *Election Law Journal*, n.4, 2004, p.626-42.

Henry, William A., III. "Where NBC went wrong". *Time*, 22 fev 1993.

Hill, Ray. "Multiple sudden infant deaths-coincidence or beyond coincidence?". *Paediatric and Perinatal Epidemiology*, n.18, 2004, p.320-6.

Hill, Russell A. e Robert A. Barton. "Red enhances human performance in contests". *Nature*, 19 mai 2005, p.293.

Hofstadter, Richard. *Anti-Intellectualism in American Life*. Nova York, Vintage, 1962.

Hoppin, Jason, Dave Orrick e Rachel Stassen-Berger. "Recount in Senate race evokes memories of 2000". *St. Paul Pioneer Press*, 6 nov 2008.

Huber, Peter. "Manufacturing the Audi Scare". *Wall Street Journal*, 18 dez 1989, p.1.

Jeffries, John Calvin. *Justice Lewis F. Powell Jr.* Nova York, Fordham University Press, 2001.

Huff, Darrell. *How to Lie with Statistics*. Nova York, W.W. Norton, 1954.

Just, Ward. "The heart-mind gap in Vietnam War". *Washington Post*, 19 nov 1967, Bl.

Kaiser, Robert G. "Is this any way to pick a winner?". *Washington Post*, 26 mai 2000, Al.

Kaszuba, Mike. "Belair still waging battle with Dziedzic". *Minneapolis Star-Tribune*, 14 nov 1987, Bl.

Keating, Dan. "Lost votes in N.M. a cautionary tale". *Washington Post*, 22 ago 2004, A5.

Keen, Judy. "Dole still 'not certain' if tobacco is addictive; supporters are baffled by his stance". *USA Today*, 3 jul 1996, A5.

Knaak, Fritz. Conversa informal com a imprensa na assembleia estadual de Minnesota, 18 nov 2008.

Kolbert, Elizabeth. "NBC settles truck crash lawsuit, saying test was 'inappropriate'". *New York Times*, 10 fev 1993, Al.

"Landon, 1,293,669; Roosevelt, 972,897". *Literary Digest*, 31 out 1936, p.4.

Lawrence, Felicity. "MP calls for ban on 'unsafe' sweetener". *Guardian* (UK), 15 dez 2005.

Leake, Jonathan. "Physicists fear Big Bang machine could destroy Earth". *Calgary Herald*, 19 jul 2000, A7.

Lester, Will. "'Dewey defeats Truman' disaster haunts pollsters". Associated Press, 1º nov 1998.

Lewis, Anthony. "Bowing to racism". *New York Times*, 28 abr 1987, A31.

Lewis, Michael. "The man who crashed the world". *Vanity Fair*, ago 2009.

Limbaugh, Rush. *The Rush Limbaugh Show*, 13 mar 2007.

Lindgren, James. "Fall from grace: *Arming America* and the Bellesiles scandal". *Yale Law Journal*, jun 2002, p.2195-249.

Lippmann, Walter. *Public Opinion*. Parte VII, cap.XXIII.

Lopez, Patricia. "Franken's deficit: 236 votes". *Minneapolis Star-Tribune*, 7 nov 2008.

Mackowiak, Philip A. et al. "A critical appraisal of 98.6°F, the upper limit of the normal body temperature, and other legacies of Carl Reinhold August Wunderlich". *Journal of the American Medical Association*, 23-30 set 1992, p.1578-80.

Madsen, K.M. et al. "Thimerosal and the occurrence of autism: negative ecological evidence from Danish population-based data". *Pediatrics*, set 2003, p.604-6.

"Mann & woman". *Time*, 3 abr 1944.

Manning, J.T. et al. "The mystery of female beauty". *Nature*, 20 mai 1999, p.214-5.

______. "Women's waists and the sex ratio of their progeny: evolutionary aspects of the ideal body shape". *Journal of Human Evolution*, n.31, 1996, p.41-7.

"Marijuana and your teen's mental health",anúncio de revista, Office of National Drug Control Policy, c. 2005.

Marquis, Joshua. "The innocent and the shammed". *New York Times*, 26 jan 2006, A23.

______. "The myth of innocence". *Journal of Criminal Law and Criminology*, n.2, 2005, p.501-22.

Martis, Kenneth C. "The original gerrymander". *Political Geography*, nov 2008, p.833-9.

"M'Carthy insists Truman oust reds". *New York Times*, 12 fev 1950, p.5.

McCleskey v. Kemp, 481 U.S. 279 (1987).

Meadow, Roy. "Unnatural sudden infant death". *Archives of Disease in Childhood*, n.80, 1999, p.7-14.

______. "A case of murder and the BMJ". *British Medical Journal*, 5 jan 2002, p.41-3.

Medina, Jennifer. "Little progress for city schools on National Test". *New York Times*, 16 nov 2007.

______. "Reading and Math scores rise sharply across N.Y". *New York Times*, 24 jun 2008.

Miller, Judith. "Defectors Bolster U.S. Case Against Iraq, Officials Say". *New York Times*, 24 jan 2003, All.

______. "Experts split on flaws in pacts limiting nuclear tests". *New York Times*, 26 jul 1982, A3.

______. "U.S. confirms a plan to halt talks on a nuclear test ban". *New York Times*, 21 jul 1982, Al.

______. "U.S. said to decide against new talks to ban all A-tests". *New York Times*, 20 jul 1982, Al.

"Mischief in Minnesota". *Wall Street Journal*, 12 nov 2008.

Mooney, Chris. "John Zogby's creative polls". *American Prospect*, 1º fev 2003.

Olney, J.W. et al. "Increasing brain tumor rates: is there a link to aspartame?" *Journal of Neuropathology and Experimental Neurology*, nov 1996, p.1115-23.

O'Loughlin, John. "The identification and evaluation of racial gerrymandering". *Annals of the Association of American Geographers*, jun 1982, p.165-84.

Oshinsky, David M. *A Conspiracy So Immense*. Nova York, Free Press, 1983.

Paulos, John Allen. *A Mathematician Reads the Newspaper*. Nova York, Basic Books, 1995.

______. *Innumeracy*. Nova York, Hill and Wang, 1988.

Paulsen, Michael Stokes. "The Minnesota recount was unconstitutional". *Wall Street Journal*, 15 jan 2009.

Peck, Don e Caitlin Casey. "Packing, cracking, and kidnapping". *Atlantic Monthly*, jan-fev 2004, p.50-1.

"Poll: abandon flooded New Orleans". Associated Press, 9 set 2005.

Pyle, Richard e Horst Faas. *Lost over Laos*. Cambridge, MA, Da Capo, 2003.

Ragsdale, Jim. "A statistical dead heat, heating up". *St. Paul Pioneer Press*, 12 nov 2008.

Reed, Henry e Charles Thomas Cayce. *Awakening Your Psychic Powers*. Nova York, Macmillan, 1988.

"Researchers link bad debt to bad health". *New York Times*, 14 mar 2000, D8.

Risinger, D. Michael. "Innocents convicted: an empirically justified factual wrongful conviction rate". *Journal of Criminal Law and Criminology*, n.3, 2007, p.761-805.

Rookus, Matti A e Flora E. van Leeuwen. "Induced abortion and risk for breast cancer: reporting (recall) bias in a Dutch case-control study". *Journal of the National Cancer Institute*, 4 dez 1996, p.1759-64.

Rucker, Philip. "Activists bring 'Tea Party' to Capitol Hill". *Washington Post*, 6 nov 2009.

Sagan, Scott D. "Nuclear alerts and crisis management". *International Security*, primavera 1985, p.99-139.

Schuon, Marshall. "Audi redesigns and presses on". *New York Times*, 18 abr 1993, seção 8, p.14.

Schwartz, John. "Report linking sweetener to brain cancer is disputed; FDA finds no reason to question aspartame's safety". *Washington Post*, 19 nov 1996, A2.

"Security risks kept in jobs, senator says". *Washington Post*, 12 fev 1950, Ml.

Seife, Charles. "Columbia disaster underscores the risky nature of risk analysis". *Science*, 14 fev 2003, p.1001-2.

______. "Gambling with our votes". *Science*, 29 out 2004, p.798-9.

______. "Increasing brain tumor rates: is there a link to deficit spending?" *Journal of Neuropathology and Experimental Neurology*, abr 1999, p.404-5.

______. "Not every vote counts". *New York Times*, 4 dez 2008, A43.

______. "Pie in the sky". *New Scientist*, 10 abr 1999, p.1414.

______. "Predicting the presidents". *Washington Post*, 3 jun 2000, A15.

Shapiro, Jacob N. e Dara Kay Cohen. "Color bind: lessons from the failed homeland security advisory system". *International Security*, outono de 2007, p.121-54.

Shenon, Philip e Eric Lichtblau. "U.S. lowers warning level to 'Yellow,' but cautions that serious threat remains". *New York Times*, 28 fev 2003, A14.

"She's one in 300,000,000". *Chicago Sun-Times*, 18 out 2006, p.6.

Silk, Leonard. "Forecasting tool gives nod to Bush". *New York Times*, 20 mar 1992, D2.

Singh, Devandra e Robert J. Zambrano. "Offspring sex ratio in women with android body fat distribution. *Human Biology*, n.69, 1997, p.545-56.

Smith, Leef e Wendy Melillo. "If it's crowd size you want, park service says count it out". *Washington Post*, 13 out 1996, A34.

Squire, Peverill. "Why the 1936 literary digest poll failed". *Public Opinion Quarterly*, primavera de 1988, p.125-33.

Stassen-Berger, Rachel e Jason Hoppin. "In Senate recount, wrongly rejected votes seem more numerous than first thought". *St. Paul Pioneer Press*, 11 dez 2008.

Steinberg, Earl P. "The status of MRI in 1986: rates of adoption in the United States and worldwide". *American Journal of Radiology*, set 1986, p.453-5.

Sternberg, William. "Cooked books". *Atlantic Monthly*, jan 1992, p.20.

Stille, Alexander. "How the press saw the 2000 election". *New York Times*, 8 jan 2003.

Sunstein, Cass e Justin Wolfers. "A death penalty puzzle". *Washington Post*, 30 jun 2008, All.

Sunstein, Cass R. e Adrian Vermeule. "Is capital punishment morally required? Acts, omissions, and life-tradeoffs". *Stanford Law Review* n.3, 2005, p.703-50.

_______. "Deterring murder: a reply". *Stanford Law Review*, n.3, 2005, p.847-57.

Superville, Darlene. "Poll: americans see doom, gloom for 2007". Associated Press, 31 dez 2006.

Sweetland, Anders. *Item Analysis of the HES (Hamlet Evaluation System)*. 06-M-0004. Santa Monica, CA: Rand Corporation, 20 ago 1968.

Tatem, Andrew J. et al. "Momentous sprint at the 2156 Olympics?". *Nature*, 30 set 2004, p.525.

Taylor, Andrew. "AIG execs' retreat after bailout angers lawmakers". Associated Press, 7 out 2008.

Texas Defender Service. "A State of denial: Texas Justice and the death penalty". 16 out 2000.

Thayer, Thomas C. (org.). *A Systems Analysis View of the Vietnam War 1965-1972*, v.9-10. OASD(SA)RP Southeast Asia Intelligence Division, Pentagon, Washington, D.C., 18 fev 1975.

"They call him dr. death". *Time*, 1º jun 1981.

Thompson, William C. e Edward L. Schumann. "Interpretation of statistical evidence in criminal trials: the prosecutor's fallacy and the defense attorney's fallacy". *Law and Human Behavior*, set 1987, p.167-87.

Toobin, Jeffrey. "The great election grab". *New Yorker*, 8 dez 2003.

Tovee, M.J., J.E. Brown e D. Jacobs. "Maternal waist-to-hip ratio does not predict child gender". *Proceedings of the Royal Society of London B*, n.268, 2001, p.1007-10.

Torricelli, Robert G. e Andrew Carroll. *In Our Own Words*. Nova York, Washington Square Press, 1999.

Tuck, Angela. "'Objective truth' passes the test for letters to the editor". *Atlanta Journal Constitution*, 4 ago 2007, A15.

Tversky, Amos e Daniel Kahneman. "The framing of decisions and the psychology of choice". *Science*, 30 jan 1981, p.453-8.

"'Twinkiegate' candidate faces charges". *Associated Press*, 23 mai 1986.

"Twinkiegate case closed". *Houston Chronicle*, 5 jun, 1986, p.11.

Van der Vink, Gregory E. "The role of seismologists in debates over the comprehensive test Ban Treaty". *Annals of the New York Academy of Sciences*, n.866, 1998, p.84-113.

Von Sternberg, Bob. "A pre-count for the Coleman-Franken recount". *Minneapolis Star-Tribune*, 10 nov 2008.

Wallace, Nicole. "Donations to hurricane-relief efforts exceed $504 million". *Chronicle of Philanthropy*, 6 set 2005.

Weir, Bruce S. "DNA statistics in the Simpson matter". *Nature Genetics*, 11 dez 1995, p.365-8.

"We're number one, alas". *Wall Street Journal*, 13 jul 2007, Al2.

Whipp, Brian J. e Susan A. Ward. "Will women soon outrun men?". *Nature*, 2 jan 1992, p.25.

Whitman, Mark (org.). *Florida 2000: A Sourcebook on the Contested Presidential Election*. Boulder, CO, Lynne Rienner Publishers, 2003.

Will, George F. "Fuzzy climate Math". *Washington Post*, 12 abr 2007, A27.

Winerip, Michael. "One secret to better test scores: make state reading tests easier". *New York Times*, 5 out 2005.

Internet

"2008 Beijing Olympic Games Website". http://www.2008.nbcolympics.com/.

"ABC News was misquoted on crowd size". ABCNews.com, 13 set 2009. http://abcnews.go.com/Politics/protest-crowd-size-estimate-falsely-attributed-abc-news/story?id=8558055.

American Cancer Society. "Can having an abortion cause or contribute to breast cancer?" http://www.cancer.org/docroot/CRI/content/CRI_2_6x_Can_Having_an_Abortion_Cause_or_Contribute_to_Breast_Cancer.asp.

"American experience: LBJ". PBS. http://www.pbs.org/wgbh/ amex/presidents/36_l_johnson/filmmore/filmscript.html.

Anúncio de cigarro publicado na revista *Life*, 24 out 1955. http://tobaccodocuments.org/pollay_ads/Ches16.11.html.

Anúncio de televisão da L'Oreal Extra Volume Collagen Mascara, http://www.lorealparisusa.com/.

Anúncio de televisão do Vaseline Dry Skin, http://www.vaseline.com/.

Bellesiles, Michael A. "Statement of Michael Bellesiles on Emory University's Inquiry into Arming America". Ca., jul 2002. http://ww.w.emory.edu/news/Releases/B_statement.pdf

Blaze, Matt. "Is the e-voting honeymoon over?", 23 mar 2009. http://www.crypto.com/blog/vote_fraud_in_kentucky/.

"Blondes 'to die out in 200 years". BBC News, 27 set 2002. http://news.bbc.co.uk/2/hi/health/2284783.stm.

Bowen, Debra. "California Secretary of State Debra Bowen's report to the Election Assistance Commission concerning errors and deficiencies in Diebold/Premier GEMS Version 1.18.19", 2 mar 2009. www.sos.ca.gov/elections/voting_systems/sos-humboldt-report-to-eac-03-02-09.pdf.

Brauer, David. "Minneapolis election director speaks: 'Ballots in my car' story false". MinnPost.com, 12 nov 2008. http://www.minnpost.com/davidbrauer/2008/11/12/4565/minneapolis_election_director_speaks_ballots_in_my car_story false.

Bureau of Transportation Statistics. "December 2008 airline traffic data: system traffic down 5.7 Percent in December from 2007 and down 3.7 percent in 2008". http://www.bts.gov/press_releases/2009/bts012_09/html/bts012_09.html.

Bush, George W. "Address to the Nation on Iraq," 17 mar 2003. http://www.gpo.gov/fdsys/pkg/WCPD-2003- 03-24/html/WCPD-2003- 03-24-Pg338-2.htm.

______. *Discurso*, 19 fev 2004. http: //georgewbush-whitehouse.archives.gov/news/releases/2004/02/20040219-4.html.

Center for Science in the Public Interest. "Old Quaker labels and ads". http://cspinet.org/new/pdf/quaker.pdf.

"Clarification of erroneous news reports indicating WHO genetic research on hair color".

"Concept to disposal", mar 2007. http://cnwmr.com/nss-folder/automotiveenergy/.

Coleman, Norm. Entrevista coletiva, 5 nov 2008. http://www.talking pointsmemo.com/archives/243080.php.

Countdown with Keith Olbermann, 8 set 2004. http://www.msnbc.mn.com/id/5953239/.

The Daily Show with Jon Stewart, 10 nov 2009. http://www.thedailyshow.com/watch/tue-november-10-2009/sean-hannity-uses-glenn-beck-s-protest-footage. 12 nov 2009. http://www.thedailyshow.com/watch/thu-november-12- 2009/sean-hannity-apologizes-to-jon.

"Dan Rather opines on politics and the media". *Larry King Live*, 10 jan 2001. http://transcripts.cnn.com/TRANSCRIPTS/0101/10/1k1.00.html.

Deborah Norville Tonight, 12 mar 2004. http://www.msnbc.msn.com/id/4533441/.

"Election night: a media watch special report". PBS.org. http://www.pbs.org/newshour/ media/election2000/election_night.html.

"Every vote counts, unless you live in MN". *Talk of the Nation*, 8 dez 2008. http://www.npr.org/templates/player/mediaPlayer.html?action=l&t=1&islist=false&id=97960769&m=97960763.

Fair, Ray. "The effect of economic events on votes for President: atualização em 1988". http://fairmodel.econ.yale.edu/rayfair/pdf/1990C200.pdf.

Feige, David. "With Math skills like these, it's no wonder scalia is a lawyer". Slate.com, 27 mar 2008. http://www.slate.com/blogs/blogs/convictions/archive/2008/03/27/with-math-skills-like-these-it-s-no-wonder-scalia-is-a-lawyer.aspx.

Florida Commission on Capital Cases. "Case histories: a review of 24 individuals released from death row", 10 set 2002. http://www.floridacapitalcases.state.fl.us/Publications/innocentsproject.pdf. Florida Statutes (2000).

FYI: The American Institute of Physics Policy News, 9 fev 2005. http://www.aip.org/fyi/2005/017.html.

Gale, William G., Peter R. Orszag e Isaac Shapiro. "Distributional effects of the 2001 and 2003 tax cuts and their financing". Urban-Brookings Tax Policy Center, 3 jun 2004. http://www.taxpolicycenter.org/UploadedPDF/411018_ tax_cuts.pdf.

"George Gallup Jr. interview". PBS.org. http://www.pbs.org/fmc/interviews/ggallup.htm.

Gleick, Peter H. "Hummer vs Prius: 'Dust to dust' report misleads the media and public with bad science". Pacific Institute, mai 2007. http://www.pacinst.org/topics/integrity of science/case_studies/hummer_vs_prius.pdf.

Halvorson, Mark e Laura Wolff. "Report and analysis of the 2006 post-election audit of Minnesota's voting systems". Preparado por Citizens for Electoral Integrity, Minnesota, 4 abr 2007. http://www.ceimn.org/files/CEIMNAuditReport2006.pdf.

Himmelstein, David U. et al. "Illness and injury as contributors to bankruptcy". *Health Affairs* Web exclusive, 2 fev 2005, W5-63-W5-73. http://content.healthaffairs.org/cgi/reprint/hlthaffw5.63v1.

"'I don't like Monday 24 January". BBC News, 19 jan 2005. http://news.bbc.co.uk/2/hi/uk_news/4187183.stm.

"Indiana pi". Purdue University Department of Agricultural Economics Webpages. http://www.agecon.purdue.edu/crd/Localgov/Second%20Level%20pages/Indiana_Pi_Story.htm.

"Jesus and Princess Diana lead poll of dead people we most want to meet". Telegraph Online, 8 jun 2009. http://www.telegraph.co.uk/news/newstopics/religion/5474600/jesus-and-princess-Diana-lead-poll-of-dead-people-we-most-want-to-meet.html.

Jones, Tim. "Dewey defeats Truman". ChicagoTribune.com, 13 jul 2008. http://www.chicagotribune.com/news/politics/chi-chicagodays-deweydefeatsstory,0,6484067.story.

Katz, Stanley N., Hanna H. Gray e Laurel Thatcher Ulrich. "Report of the investigative committee in the matter of professor Michael Bellesiles". Emory University, 10 jul 2002. http://www.emory.edu/news/Releases/Final_Report.pdf.

"Kidnapped 'nun bun' resurfaces in Seattle". BoingBoing.net, 15 mar 2007. http://www.boingboing.net/2007/03/15/kidnapped-nun-bun-re.html.

Knoll, Michelle. "Poll: Senate results unchanged if election held today", 8 dez 2008. http://kstp.com/article/stories/5695337.shtml.

Kraushaar, Josh. "No joke: Minnesota race is sooooo ugly". Politico.com, 11 nov 2008. http://www.politico.com/news/stories/1108/15490.html.

Legenda da foto de Byron Rollins intitulada "Dewey defeats Truman". Associated Press, 4 nov 1948. www.apimages.com.

Naep Data Explorer. http://nces.ed.gov/nationsreportcard/naepdata/.

"National Security Agency". RasmussenReports.com, 26-27 dez 2005. http://legacy.rasmussenreports.com/2005/NSA.htm.

"New AIG CEO discusses company spending, troubles". *NewsHour with Jim Lehrer*, 22 out 2008. http://www.pbs.org/newshour/bb/business/july-dec08/aigcrisis_10-22.html.

"The New York Times/CBS News poll". 20-25 jan 2006. http://www.nytimes.com/packages/pdf/politics/20060127 poll_results.pdf.

Noah, Timothy. "The Bellesiles of the right?" Slate.com. http://www.slate.com/toolbar.aspx?action=print&id=2078084.

Paulos, John Allen. "Murder he wrote". http://www.math.temple.edu/-paulos/oj.html.

"Plans for spaceport Sweden". Nota à imprensa, virgingalactic.com, 3 abr 2008. http://www.virgingalactic.com/htmlsite/news.php.

Roberts, L. Clayton. Memorando dirigido a Al Cardenas, "Definitions of errors in vote tabulation", DE-00-11, 13 nov 2000. http://election.dos.state.fLus/opinions/new/2000/de0011.pdf.

______. Memorando dirigido a Charles E. Burton, "Deadline for certification on county results", DE-00-10, 13 nov 2000. http://election.dos.state.fl.us/opinions/new/2000/de0010.pdf.

"Rose Parade: big crowd, but who's counting?". LATimes.com, 6 jan 2009. http://latimesblogs.latimes.com/readers/2009/01/rose-parade-big.html.

Saad, Lydia. "Late upsets are rare, but have happened". Gallup.com. http://www.gallup.com/poll/111451/late-upsets-rare-happened.aspx.

Safire, William. Memorando dirigido a H.R. Haldeman, "In event of Moon disaster", 18 julho 1969. http://www.thesmokinggun.com/archive/apollol.html.

Sayer, Peter. "Study: electronic voting increased counting errors in France". PCWorld.com, 9 jul 2008. http://www.pcworld.com/printable/article/id,148112/printable.html.

Silver, Nate. "Projection: Franken to win by 27 votes". FiveThirtyEight.com, 23 nov 2008. http://www.fivethirtyeight.com/2008/11/projection-franken-to-winrecount-by-27.html.

"Statistical models now show Coleman as slight favorite". FiveThirtyEight.com, 2 dez 2008. http://www.fivethirtyeight.com/2008/12/statistical-modelsnow-show-coleman-as.html.

"Sir Roy Meadow struck off by GMC". BBC News, 5 jul 2005. http://news.bbc.co.uk/go/pr/fr/-/l/hi/health/4685511.stm.

"Spaceport America breaks ground in New Mexico". Nota à imprensa da spaceportamerica.com, 22 jun 2009. http://www.spaceportamerica.com/news/press-releases/244-spabreaksgroundnewmexico.html

Tapper, Jake. "Buchanan camp: Bush claims are 'nonsense.'" Salon.com, 10 nov 2000. http://dir.salon.com/story/politics/feature/2000/11/10/buchanan/.

Texas Department of Criminal Justice. "Last Statement – Thomas Barefoot". http://www.tdcj.state.tx.us/stat/barefootthomaslast.htm.

"'The digest' presidential poll is on!". *Literary Digest*, 22 ago 1936, p.3.

"The formula for happiness". BBC News, 6 jan 2003, http://news.bbc.co.uk/2/hi/health/2630869,stm.

"Thefts puncture Paris bike scheme". BBC News, 10 fev 2009. http://news.bbc.co.uk/2/hi/europe/7881079.stm.

The Journal Editorial Report. Fox News, 10 jan 2009.

"The official website of the Beijing 2008 Olympic Games". http://results.beijing2008.cn/WRM/ENG/Schedule/. (atualmente fora do ar).

"The Times and Iraq". *New York Times*, 26 mai 2004. http://www.nytimes.com/2004/05/26/international/middleeast/26FTE_NOTE.html?pagewanted=a11.

"Times poll: frequently asked questions". LATimes.com. http://www.latimes.com/news/custom/timespoll/latimespollfaq,1,2370162.htmlstory.

U.S. Department of State Bulletin, fev 1986. http://findarticles.com/p/articles/mi_m1079/is_v86/ai_4115455/.

Venkataraman, Nitya. "Bush in retrograde; Obama, McCain rising". ABC News, 2 jun 2008. http://abcnews.go.com/Politics/Vote2008/story?id=5286338&page=1.

Waxman, Henry A., et al. Carta a Tom Ridge, 4 jun 2003. http://oversight.house.gov/images/stories/documents/20040628114808-24103.pdf.

Weiner, Jay. "A blustery recount Saturday: 'We win' by 35-50 votes', says Franken lawyer; 'Hot air', replies Coleman spokesman". MinnPost.com, 20 dez 2008. http://www.minnpost.com/stories/2008/12/20/5443/a_blustery recount_s.

"Why will Virgin Galactic offer a safer way to travel to space (and back!)". virgingalactic.com. http://www.virgingalactic.com/htmlsite/faq.php?subtitle=Safety&src=141.

World Health Organization, 1º out 2002. http://www.who.int/mediacentre/news/statements/statement05/en/.

"Zogby America likely voters 30 mar 2005, thru 4/2/05 MOE +/− 3.2 percentage points". Zogby.com, 2 abr 2005. http://operationrescue.org/files/wf-Schiavo.pdf.

"Zogby Poll: Americans not in favor of starving Terri Schiavo". Zogby.com, 1º abr 2005. http://www.zogby.com/Soundbites/readclips.cfm?ID=11131.

Créditos das figuras

Figura 1: Aveia Quaker (redesenhada)

Figuras 5 e 6: *Journal of Neuropathology & Experimental Neurology* (figura 6, redesenhada).

Figuras 7 e 9: Nature Publishing Group

Figura 8: Dow Jones & Company, Inc.

Agradecimentos

Minha mais sincera gratidão a minha editora, Wendy Wolf, a meus revisores, Don Homolka e Roland Ottenwell, e a meus agentes, Katinka Matson e John Brockman – sem sua cuidadosa orientação desde a primeira ideia, passando pelo manuscrito até as provas finais, eu nunca teria sido capaz de concluir este livro.

Agradeço a meus colegas da NYU, que têm sido maravilhosos comigo. Um agradecimento especial a Pete Hamill pelas conversas sobre o Vietnã, mas também aos outros membros do corpo docente da escola de jornalismo e aos decanos que nos dão liberdade e apoio para que nos dediquemos a nossos interesses.

E, acima de tudo, sou grato pelo amor de minha família: meus pais, meu irmão e minha mulher Meredith – e, por último, mas não menos importante, agradeço a minha nova filha, Eliza Rose, que forneceu o melhor incentivo que um autor pode receber para cumprir um prazo.

Índice remissivo

ESTA OBRA FOI COMPOSTA POR MARI TABOADA EM DANTE PRO
E IMPRESSA EM PROCESSO SOB DEMANDA PELA UM LIVRO SOBRE
PAPEL OFFSET PARA A EDITORA SCHWARCZ A PARTIR DE 2025

FSC
www.fsc.org
MISTO
Apoiando o manejo florestal responsável
FSC® C128038

A marca FSC® é a garantia de que a madeira utilizada na fabricação do papel deste livro provém de florestas que foram gerenciadas de maneira ambientalmente correta, socialmente justa e economicamente viável, além de outras fontes de origem controlada.